U0150155

中國茶全書

—贵州黔西南卷—

黔西南州人民政府 组织编写　　王存良　主编

图书在版编目（CIP）数据

中国茶全书 . 贵州黔西南卷 / 黔西南州人民政府组织编写；王存良主编 .-- 北京：中国林业出版社，2023.11
ISBN 978-7-5219-1545-7

Ⅰ . ①中… Ⅱ . ①黔…②王… Ⅲ . ①茶文化—黔西南布依族苗族自治州 Ⅳ . ①
TS971.21

中国版本图书馆 CIP 数据核字 (2022) 第 001860 号

中国林业出版社
责任编辑：杜 娟 陈 慧
出版咨询：（010）83143553

出版：中国林业出版社（100009 北京市西城区刘海胡同 7 号）
网 站：http://www.forestry.gov.cn/lycb.html
印 刷：北京博海升彩色印刷有限公司
发 行：中国林业出版社
电 话：（010）83143500
版 次：2023 年 11 月第 1 版
印 次：2023 年 11 月第 1 次
开 本：787mm × 1092mm 1/16
印 张：16.75
字 数：350 千字
定 价：228.00 元

《中国茶全书》
总编纂委员会

总 顾 问：陈宗懋 刘仲华

顾 问：周国富 王 庆 江用文 禄智明

     王裕晏 孙忠焕 周重旺

主 任：李凤波

常务副主任：王德安

总 主 编：王德安

总 策 划：段植林

执行主编：朱 旗 覃中显

副 主 编：王 云 蒋跃登 李 杰 姬霞敏 丁云国 刘新安

     孙国华 李茂盛 杨普龙 张达伟 宗庆波 王安平

     王如良 宛晓春 高超君 曹天军 熊莉莎 毛立民

     罗列万 孙状云 陈 栋 饶原生

编 委：王立雄 王 凯 包太洋 谌孙武 匡 新 朱海燕

     刘贵芳 汤青峰 黎朝晖 郭运业 李学昌 唐金长

     刘德祥 何青高 余少尧 张式成 张莉莉 陈先枢

     陈建明 幸克坚 易祖强 周长树 胡启明 袁若宁

     陈昌辉 何 斌 陈开义 陈书谦 徐中华 冯 林

     唐彬 刘 刚 孙道伦 刘 俊 刘 琪 侯春霞

     李明红 罗学平 杨 谦 徐盛祥 黄昌凌 王 辉

     左 松 阮仕君 王有强 聂宗顺 王存良 徐俊昌

     刁学刚 温顺位 李廷学 李 蓉 李亚磊 龚自明

     高士伟 孙 冰 曾维超 郑鹏程 李细桃 胡卫华

     曾永强 李 巧 李 荣 吴华玲 郑为龙

副总策划：	赵玉平	张岳峰	伍崇岳	肖益平	张辉兵	王广德
	康建平	刘爱廷	罗 克	陈志达	喻清龙	丁云国
	吴浩人	孙状云	樊思亮	梁计朝		
策　　划：	周 宇	饶 佩	施 海	廖美华	吴德华	陈建春
	李细桃	胡卫华	郗志强	程真勇	牟益民	欧阳文亮
	敬多均	向海滨	张笑冰	高敏玲	文国伟	张学龙
	宋加兴	陈绍祥	卓尚渊	赵 娜	熊志伟	
编辑部：	杜 娟	陈 慧	王思源	陈 惠	薛瑞琦	马吉萍

《中国茶全书·贵州黔西南卷》
编纂委员会

总顾问： 陈昌旭　黄兴文

顾　问： 腾伟华　郭　俊　刘兴吉　谭代武　龙　强　黄健勇

徐　炼　齐红秋　徐祖荣　曹　宏

主　任： 李庆滑　刘　涵

副主任： 曹静秋　石　明

主　编： 王存良

副主编： 徐俊昌

编　委： 王存良　徐俊昌　岑鸿芸　杨矫萍　陈　怡　杜志华

李定容　杨　薇　丁　钊　张　燕　黄　龙　黄凌昌

李大文　赵久云　徐富林　冯　杰　董云富　田连启

罗琳杰　刘蔚蓝　贺尔闪　耿士英　马家丽　田素红

罗安如　周浩泽　耿士贵　高　剑　宋加兴　汪顺成

# 出版说明

2008年，《茶全书》构思于江西省萍乡市上栗县。

2009—2015年，本人对茶的有关著作，中央及地方对茶行业相关文件进行深入研究和学习。

2015年5月，项目在中国林业出版社正式立项，经过整3年时间，项目团队对全国18个产茶省的茶区调研和组织工作，得到了各地人民政府、农业农村局、供销社、茶产业办和茶行业协会的大力支持与肯定，并基本完成了《茶全书》的组织结构和框架设计。

2017年6月，在中国林业出版社领导的指导下，由王德安、段植林、李顺等商议，定名为《中国茶全书》。

2020年3月，《中国茶全书》获国家出版基金项目资助。

《中国茶全书》定位为大型公益性著作，各卷册内容由基层组织编写，相关资料都来源于地方多渠道的调研和组织。本套全书可以说是迄今为止最大型的茶类主题的集体著作。

《中国茶全书》体系设定为总卷、省卷、地市卷等系列，预计出版180卷左右，计划历时20年，在2030年前完成。

把茶文化、茶产业、茶科技统筹起来，将茶产业推动成为乡村振兴的支柱产业，我们将为之不懈努力。

王德安

2021年6月7日于长沙

前言

　　世界茶看中国，中国茶看贵州。黔西南是迄今为止世界唯一茶籽化石发源地，茶叶历史悠久，是助力乡村振兴的支柱产业。《中国茶全书·贵州黔西南卷》是一部历时五年，在黔西南州委、州人民政府的统筹下，由州农业农村局牵头，会同18家州直部门和8县（市）人民政府及州、县茶行业组织，共同完成的大型公益性著作。本书一举突破了长期以来存在的能高度涵盖并能很好展现黔西南茶产业现状、历程和发展的著作缺失现状。

　　《中国茶全书·贵州黔西南卷》分为茶史述略、茶区地理、茶产业扫描、茶类篇、名山茶泉古韵、茶器篇、茶人撷英、县市茶俗采风、茶馆文化、茶文化剪影、黔西南茶科教与行业组织、黔西南茶旅指南、茶政策篇、质量体系篇、茶产业与脱贫攻坚，共十五章，35万字。全书系统性地展示了黔西南茶文化、茶产业、茶科技的现状、历程和发展，结构完整紧凑、图文并茂、布局合理、体例得当、内容丰富，文字顺畅，具有鲜明的时代特征、行业特点和地方特色。

　　《中国茶全书·贵州黔西南卷》的出版，为全面了解和研究黔西南茶叶的历程和发展提供珍贵的第一手资料，对促进黔西南茶科技创新更好面对产业重大需要，突破当前茶文化、茶产业、茶科技面临的重大瓶颈，加快茶产业高质量发展意义重大。

（二级研究员、贵州省茶叶研究所所长、贵州省茶叶学会理事长）

2023 年 11 月 19 日

目 录

第一章　茶史述略

中国是茶的原产地，茶文化的发祥地。茶，发乎神农氏，闻于鲁周公，兴于唐，盛于宋，延续明清。如今，茶已成为风靡全世界的三大无酒精饮料之一。寻根溯源，世界各国最初所饮用的茶叶，从茶种的引进、培育、种植，到茶叶的加工，茶风茶俗和茶礼茶道等，都是直接或间接地从中国传播出去的。陈宗懋等专家学者认为，目前普遍认可世界茶叶原产地位于我国云南、贵州的西南部地区。而1980年在贵州西南部的黔西南州发现的距今百万年前新生代第三纪形成的四球茶籽化石，有力地证明了黔西南是地球茶类植物起源的核心地带之一。

第一节　黔西南州茶史钩沉

一、古代茶事

（一）茶市的萌芽

《华阳国志·南中志》记载楚襄王时期，即公元前298年至前262年，"遣将军庄蹻溯沅水，出且兰，以伐夜郎……且兰既克，夜郎又降"。汉代武帝时期，唐蒙奉命出使夜郎。《史记》《汉书》"西南夷传"都载唐蒙入使夜郎被认为都尉后，曾"发巴蜀卒治道，自僰道指牂柯江"。据考，庄蹻和唐蒙入夜郎，所到之地为今晴隆、普安青山、兴仁、兴义等地，即古夜郎的中心所在地，当时古夜郎是交通今川、滇、桂、粤各省的主要要道。20世纪80年代，考古学家在普安青山铜鼓山遗址发现了大批夜郎时期文物，考证其为战国至西汉时期。在兴义顶效、兴仁等地发掘汉墓数十座，出土铜车马二乘，陶盆、瓶、碗、壶、双耳杯等器皿上百件，此即可印证这一说法。据周润民、何积全《解析夜郎千古之谜》考："'临牂柯江'之夜郎国，当在今水城、六枝、盘县、普安、晴隆、贞丰、册亨、望谟、兴仁、兴义及安顺西部一带。"另从兴义的万屯、顶效、巴结，兴仁的交乐，普安的铜鼓山等发掘的汉墓和遗址中出土的大量器物可推断，古夜郎已经有了较为繁荣的商业贸易。其交易的品种，除了有供上层贵族阶级享乐的玉石、玛瑙、水晶等装饰品，金银器皿和部分青铜制品（图1-1），一些日常生产和生活所必需的盐、铁、陶器等，还有奴隶、牛马等的交易也出现了。据《史记》《汉书》记述，巴蜀商贾经常到西南夷地区即古夜郎"窃出商贾""取其筰马、僰僮、髦牛，以此巴蜀殷富"。对此，《史记·索隐》引韦昭云：

图1-1 东汉时期提梁铜壶（左）、铜锜（右）
（王存良摄）

"旧京师有僰婢。"巴蜀商贾因贩卖牛、马、仆人致富，而仆人竟然远卖至京师长安，可见作为古滇川粤桂交通要塞的古夜郎，其市场已经非常发达了。

扬雄在《方言》中说："蜀西南人，谓茶曰蔎。"汉代的蜀，除今四川省，还包括今云南和贵州的大部分地区。晋代傅巽《七诲》记载有"南中茶子"。"南中"，《华阳国志》释南中在"昔盖夷越之地，滇濮、句町、夜郎、叶榆、桐源、隽唐候五国十数"，即今普安晴隆以及古黔西北等地为南中主要部分。又《华阳国志·巴志》开篇第三段记载："其地，东至鱼复，西至僰道，北接汉中，南极黔涪……桑……茶、蜜……皆纳贡之。"其所说僰道为古牂牁江一带，包括今北盘江中游的普安晴隆等地，即早在周武王时期，茶就已经被作为贡品。据《贵州古代史》记述："在夜郎市场上，除了僰僮、筰马、髦牛外，还有茶等商品，商业较发达，市场是相当繁荣的。"说明，在汉代茶作为商品已出现在夜郎乡村集市。有专家学者据王褒《僮约》载"烹茶尽具"和"武阳买茶"而认为武阳（今四川彭山）为我国最早的茶市，实夜郎茶市比其早76年，即今黔西南州所辖地。

又《兴义府志》载："蜀汉时，有济火者从诸葛亮破孟获有功，后封罗甸国王，即保僇远祖也……白倮倮饮食无盘盂，无论蠕动之物，攫燔攒食，以贩茶为业。"亦可说明，蜀汉时期，贩茶这种商业活动在黔西南就已经非常普遍了，公元221—263年，黔西南州就已经形成了中国最早的茶市了。

2010年10月，在兴义市万屯镇阿红村南约0.5km处，发现阿红遗址，面积约2万m²，据专家鉴定，为秦汉时期遗址。在此遗址中发现了大量的陶器。这些陶器大多为泥质或者夹杂细砂，可以辨认的器型多为字母口器物口沿，还有一些器盖。陶器上所饰陶纹大多是绳纹，其次是刻画方格纹，有极少量的席纹，素面的最少。陶片的厚度差异较大，厚的1cm多，较薄的不到0.4cm。据专家鉴定，此时期的陶器主要是高领器，为方唇、直口和敞口器，多为圆底。这一时期的陶器，主要用来作为陶碗、盆等装盛食物器皿。

墓室里出土的酒器、陶碗器，为什么也可称之为茶具呢？最早利用茶叶"系咀嚼鲜叶，生煮羹饮"，"啜其汤，食其滓"，如今人煮菜汤，故有茗菜的说法。《晏子春秋》有载："婴相齐景公时，食脱粟之饭，炙三戈五卵、茗菜而已。"这句话是说晏婴在齐国为相时，吃糙米饭，烧三种禽鸟、五种蛋以及茶菜为食。这种原始的用茶方式，在黔西南普安县仍有遗留，当地的布依族人仍有以茶为菜的习惯，每逢有客人来，他们外出采集一些鲜茶叶，把鲜茶叶和豆子、芝麻等捣碎熬汤或者加入面粉揉成团，做成面食等，这是以茶为羹的遗风。由此我们可以推断，食茶之初无定器。作为食器的釜、罐，作为酒器的碗、耳杯等都能被当作茶器来使用。

老坟山是坐落于兴义市万屯镇阿红村阿红盆坝南侧的一座小山，总面积达5000m²，据考古学家推断，此墓葬应该在东汉中晚期。所出土的陶器主要有四种器型：单耳圆底罐、方格印纹硬陶罐、盘口圆底罐、双系罐，除了方格印纹陶为泥质灰陶，烧制火候较高外，其余皆为夹砂陶，烧制火候低。而相类似的陶罐在1975年发掘的兴义其他墓穴都有出土，其中较多为单耳罐。1987年发掘的兴仁交乐汉墓中出现了类似的双耳罐，大致年代为东汉早中期（图1-2）。

耳杯又称杯、具杯、羽觞，基本形制是扁椭圆，弧形壁，浅腹平底，饼形足或高足，口缘两侧各有一个半月形耳或方形耳（图1-2）。这种器物始于春秋战国，是由椭杯、舟等演变而来，盛行于秦汉至魏晋南北朝，唐代以后便很少见到。

东汉时期的陶罐、提梁壶等被黔西南本地族人继承下来，现普安、晴隆、兴仁一带仍沿用瓦罐、铜壶煮茶待客（图1-3）。

图1-2 东汉时期釉小陶罐（左）、铜耳杯（右）　　　图1-3 当代煮茶器

（二）茶马互市

明初，朱元璋实行"调北征南"之后，随着贵州置省以及各级行政建置的不断完善和兴建城池，境内出现"千丈之城，万家之邑"，商业网络初步形成。主要商业活动是官营的食盐运销（实行"纳米中盐"）和马匹经营，一度带来了茶马互市的景观。

明行茶马法，茶由官府专卖。明制，官府发茶引给产茶州县，商人购茶须先至官府纳钱千文，领取茶引，凭引购茶，也有纳米易茶或纳盐易茶的。规定每引可购茶百斤，另给由帖可购茶五十斤。引茶必须到指定地点销售，凡无引贩茶的为私茶，照律治罪。

明代需要大量军马，贵州为此做出了贡献。据《明实录》记载："洪武十七年五月辛丑，定茶、盐、布匹易马之数，乌撒（今贵州威宁一带）岁易马六千五百匹。马一匹，给布三十匹，或茶一百斤①，盐如之。""洪武十七年七月丁巳，诏户部以锦布往贵州，命宣慰霭翠易马，得马一千三百匹。""洪武十七年十一月丙子，宣宁侯曹泰自贵州水西按今贵州毕节地区大部及六盘水市一部市马还，得马五百匹。""洪武十七年十二月甲寅，

---

① 斤，古代质量单位，各代制度不一，今1斤=500g。此处和下文引用的各类文献涉及的传统非法定计量单位均保留原貌，便于体会原文意思，不影响阅读。另有本书中其他传统非法定计量单位也保留原貌。

贵州都司送所市马四百匹至京师。""洪武十八年正月癸酉，四川、贵州二都司送所市马一万一千六百匹至京师。""洪武十八年十二月丁巳，贵州、乌撒、宁川、毕节等司市马六千七百二十九匹。""洪武十九年二月己丑，资白金二万二千六百零五两，往乌撒等处市马，得马七百五十五匹。""洪武二十一年九月丙戌，乌撒军民府土酋叶原常献马三百匹、米四百石于征南将军西平侯沐英、靖宁侯叶升，以资军用。先是，上命以白金于其境内市马，故原常以是米来献，且言欲收集土军从征。英等以闻，诏从之，并免其市马。""洪武二十一年九月辛卯，贵州水西土官霭晖等进马，诏赐钞三百四十锭。""永乐元年十月戊辰，贵州宣慰使安卜葩，普安按今贵州盘县一带安抚使慈长，乌撒、乌蒙、东川、芒部军民府诸土官卜穆等来朝贡马。""永乐元年十一月壬午，镇守贵州镇远侯顾成遣指挥李宜进马。""永乐元年十二月癸未，镇守贵州镇远侯顾成遣人进马。""永乐二年正月丙寅，命镇守贵州镇远侯顾成以官所市马二千匹，悉给诸卫军。"

此外，还有许多记载明清以来，马市交易在贵州很繁盛，如安顺县（今安顺市）、关岭县的花江、贵阳市的花溪、黔西县的钟山、黔南的独山县和黔西南等均是牲畜集散市场，并以出售牛马为主，对贵州马的扩大分布起着关键的作用。由于对贵州马的需求量大，养马经济收入颇丰，大大刺激山民踊跃养马。因此，在贵州境内形成不少贩马线和牧马线等民间商道。

贵州高原，不但出产马，还出产茶。全省87个县市区有84个出产茶叶。古代贵州大部分属四川、云南管辖，所产茶叶被称为"川茶""滇茶"，是向"西番"购买马匹的主要物资。《明实录》有"命户部于四川、重庆、保宁三府及播州宣慰使司（今贵州省遵义市大部及黔南、黔东南自治州一部），置茶仓四所贮茶，以待客商纳米中买及与西番商人易马，各设官以掌之"等记载。出于买马的特殊需要，刺激茶叶生产的发展，贵州因此成为茶马交易的重要场所之一。

据宋人《竹洲集》《桂海虞衡志》《岭南代答》等相关史料记载，黔西南州的兴仁、兴义、普安、安龙属于自杞国。《邕州化外诸国土俗记》（《竹洲集·卷九》）载，宋代时的贩马路线有一条是从"横山寨"至"泗城州"，"又自泗城州稍北出古宜县、古郁县、龙唐山、安龙县、安龙州，渡都泥江，斗折而西，历上、中、下展州山獠、罗福州、雷闻岭、罗扶州，至毗那自杞国，又北出至大理国"。

各省商人和民间马帮利用川黔滇驿道、川黔驿道、滇黔驿道、楚黔驿道、"龙场九驿"等官道和其他商道，既贩牧贵州马，又进行茶叶的采集、运输。官方则在大量收购储藏茶叶，以备易马的同时，大量收购贵州马。各省商人和民间马帮还将贵州的茶叶、药材等土产远销外地，同时将贵州所需食盐、缯帛等源源运入，促进了商贸的发展。贵州"茶马互市"，繁荣异常。

明万历年间的总兵邓子龙在今晴隆县城南"莫忙亭"上写有"为名忙、为利忙、忙里偷闲，且喝一杯茶去"的联句，亦是饮茶历史的写照。

（三）清代安笼镇的饮茶补贴

《清实录·高宗实录》载，清乾隆二十八年八月壬午兵部议准："调任云贵总督吴达善奏称，黔省安笼镇属之罗斛汛，向设千总、外委各一员，兵一百三十名，分守一汛十三塘。该汛距长坝营五百四十余里，一切领饷办公，跋涉辽远未便。查该汛距定广协仅一百八十里，地界相连。应将罗斛一汛，就近改归定广协管辖。原管罗斛之千总，仍拨归长坝本营差操，酌拨定广协右营千总一员，并原设之外委一员，留兵一百名，驻罗斛巡查防守。其余兵三十名，原系续添，应于缺出时即裁。弁兵月粮，仍在罗斛州判仓内支领，应支茶饷，增入定广协兵饷内支给。"从之。

（四）贡　茶

贡茶起源于西周之初，迄今已有3000多年的历史。晋朝人常璩在公元350年左右所撰的《华阳国志·巴志》中就有记述："土植五谷……丹漆茶蜜……皆纳贡之。"这是最早有文字记载的贡茶。宋代寇宗奭《本草衍义》载，东晋元帝时，温峤官于宣城，上表贡茶千斤，茗三百斤。南朝宋山谦之《吴兴记》记载："乌程县西二十里有温山，出御荈。"乌程是今浙江长兴，那时的长兴温山就出产御茶。明代顾元庆《茶谱》述："隋文帝病脑痛，僧人以煮茗作药，服之果效。"杨广生病，浙江天台山智藏和尚，带茶到江都（今江苏扬州）替他治病，以博取帝王之宠。

唐初期皇室以征收各地的名茶作为贡品，一些贪图名位求官求职之士，投其所好，将地方上品质优良的茶献给皇室，以求升官发财。随着上层阶级的饮茶需求越来越大，这种土贡的形式已经不能再满足饮茶需求，官营督造专门生产贡茶的贡茶院也就应运而生了。

宋代贡茶在唐代的基础上又有了较大的发展。除了保留宜兴和长兴的顾渚山贡茶院之外，又在福建建安设置了规模更大的专门采制"建茶"的官焙。每年制造贡茶数万斤，除福建外，江西、四川、江苏等省都有御茶园和贡焙。

元朝仍继续保留着宋朝遗留下来的一些御茶园，主要以蒸青团饼茶为主，到明朝时期，随着炒青芽茶的出现，蒸青团饼茶渐渐减少，开始改为贡芽茶，也即散茶。由明代《一统志》可知，"贵州茶府县皆有"，明代的贵州茶叶贸易及茶业经济发展已具规模。

清沿明制，实行茶专卖，但只限于大批量贩运，茶商凭茶引买卖茶叶。清代前期，全国实行凭茶引购茶的省份有江苏、安徽、江西、浙江、湖北、湖南、甘肃、四川、云南、贵州等10省，各省都有额定的茶引，不准擅自增加。贵州额定茶引250引，每引配茶百斤。清代贵州茶课不多，额定每年课银60多两。清代后期茶叶专卖逐渐松弛。

史载清雍正五年（1727年），设永丰州，即今贵州贞丰县。其间，永丰州人吴永吉捐资修筑盘江九盘山石径路，在石径路旁建茶亭，以解行人之渴。

清嘉庆年间，奉命率兵平息南笼起义的清廷将领携带贞丰州名产坡柳茶回京，敬奉给嘉庆帝，且获得皇上嘉许，贞丰坡柳贡茶由此得名。

二、近现代黔西南茶叶发展

茶叶作为一种经济作物，自然具有商品属性，无论是茶马互市，还是乡村集市，茶叶都是一种重要的商品。茶叶早期被先民利用作药、菜食、饮品，但长时期处于野生自然利用。茶叶贸易的明确记载始于汉代，唐代已成为一项重要的商品，宋代更是大宗商品的时代。自唐宋以来的茶叶专卖制度，至明末有所松动，清雍正年间茶叶贸易终于放开。整个清代，茶叶对外贸易曾极度兴盛。在明清茶叶贸易发展中，特别是明中期以后，由于茶叶流通范围扩大，商人地位的提高，茶商队伍的扩大和商业竞争的激烈，出现了以地域为中心，以血缘乡谊为纽带，以"乡亲相助"为宗旨，以会馆、公所为联络计议之所的茶叶商帮。他们在长期商贸活动中形成了较为固定的经营区域，进行大规模长途贩运，拓展了市场空间。

清道光二十年（1840年），鸦片战争爆发后，随着贞丰的白层、安龙的坡脚、册亭的八渡、兴义的巴结等渡口通道的开通，以及黔、滇驿道的整治，沟通了黔、滇、桂三省的商业贸易。兴义府"远通羊城，近达象郡，贾商辐凑，货物骈臻"。同时，帝国主义的"洋货"（纱、布、煤油及日用百货）从广西线（英、日货）、云南线（法国货）大量输入倾销。兴义、新城（今兴仁）成为棉布产地和百货交换市场，四川、湖北等地商人贩运棉花到此销售，买回白铅、鸦片等以牟高利，商业较为繁荣。清咸丰年间，兴义黄草坝已成为贵州第二大"洋纱"销售市场。清光绪二十九年（1903年），兴义府境内有各种商号、行113家。此间，还出现以其省名命名的街巷，如兴义的"云南街""湖南街""川组街"，安龙的"广东街"等；有以其行市命名的"炮仗铺""草纸街""稻子巷""猪市坝"等。黄草坝（今兴义）成为黔、滇、桂三省接壤地区的物资集散地，每场期进出运输商品的马帮多达2000余匹，交易商品主要有当地的茶、酒、盐和土特产等。

三、当代茶叶生产发展

1949年中华人民共和国成立以后，我国的茶叶生产受到党和政府的高度重视，得以迅速恢复发展，并进入稳定发展时期。70多年来，黔西南州茶业的发展大体经历了统购统销、市场转型、全面发展3个时期：

（一）统购统销时期（1949—1978年）

这一时期由供销社对茶叶进行统购统销，并组织生产。特点是开荒种茶，扩大面积。

1949年前，全地区茶叶栽培上主要是移栽野生茶树，生产青毛茶、沱沱茶、娘娘茶、糯米茶等产品。1949年茶叶总产量为16t。20世纪50年代国营晴隆花贡茶场引进云南大叶茶种植。1958年在"扩大出口，保证边销，适当发展内销"的方针指导下，广大茶农开始制作金尖、金玉、工夫红茶和炒青绿茶。20世纪50年代茶叶生产得到迅速发展，1958年全州产茶151.7t，茶叶产量是1949年的9.48倍。

1955年兴义县城关镇私营商业茶社从业人数26人，年营业额4.66万元。1956年2月1日，兴义县胜利公司、新兴公司、和平商店联合申请加入公私合营商业。1956年3月5日，兴义专区农副产品采购局成立，国营商业经营的棉花、烟叶、麻类及外贸部门经营的茶叶、畜产品等业务，移交农副产品采购局主管。1956年3月12日，中共兴义地委"资改"领导小组召开对资本主义商业改造工作会议，各县及专区有关部门负责人共44人参加。

在20世纪50年代末至60年代初，晴隆县农业局在川洞建设茶叶育苗基地就地育苗，开辟西舍、廖基、砚瓦等茶场。

1958年，在晴隆县境内北部的中营区花贡创建"花贡劳改农场"。至1966年，发展茶园5004亩，花贡农场开垦种植基地上万亩种植茶叶。花贡茶叶以得天独厚的气候条件及良好的生态环境孕育上好的茶青，经过人工精心制作，生产出国家二套样"碎2"红茶产品，在20世纪70年代成为省、州、县机关单位的主要饮品，畅销省内外，并通过广东、上海口岸出口，曾一度获国内名优品牌，国家出口免检产品，享有较高声誉。

20世纪70年代初期，国营新茶场在外贸、农业部门的协助下，先后从云南引进大叶茶、福鼎大白茶、浙江小叶茶种植。1974年，黔西南州茶叶扩大发展，如晴隆沙子、花贡茶场和国营安龙新桥茶场等，总面积发展到3.3083万亩，产量达227.8t。1978年全地区有茶叶面积7.4548万亩，产量达352.1t，是本区茶叶史上发展高峰年。因此，1977年6月广州口岸公司主持召开红碎茶品质座谈会上，审评21个单位的20个茶样，黔西南州花贡红碎茶名列第四，随后作出不单独外销，作拼配的主要原料的决定。

20世纪70年代中期，根据中共兴义地委、兴义行政专署安排，晴隆县大办茶园，37个人民公社，社社有茶场，很多生产大队、生产小队均建有茶场（集体所有制企业）。全县有大大小小茶场120余个。

1974年，兴义地区商业局把恢复发展少数民族特需商品生产和销售，提高到落实党的民族政策、加强民族团结的高度来认识。从经营业务上，针对民族商品的地方特色，配合兴义地区轻工业局落实生产加工计划，由兴义县文化用品综合社加工生产铝茶壶等。

1976年，晴隆共建立茶厂8个，发展茶园10299亩，其中集中成片的有8570亩。

（二）市场转型时期（1979—2007年）

改革开放以后，国家经营体制发生了根本的变化。有一大批新生力量进入茶叶生产经营行业。本时期特点是稳定面积，着力改善茶园结构，提高单产和产品附加值，提高效益。

1979年，晴隆县农村实行联厂承包责任制，公社、生产队、大队将茶场分片承包给社员管理。

1980年7月9日在对晴隆县笋家箐等地野生茶树调查中，发现化石一块。1983年浙江省茶叶学会理事长、研究员李联标著文《源远流长的茶》（发表于《茶叶与健康文化学术研究会论文集》，117~120页）加以利用，论证了我国是茶的发源地，晴隆是茶的原产地之一。

1982年，黔西南州农场科曹佩剑主持的项目《茶园化学除草试验研究》获得贵州省农业厅技术推广奖。1993年，陈开德、肖兴玉、葛师慈、丁崇恩、王建敏主持的《新桥茶场茶园大面积丰收》项目获得贵州省农业厅的"农业丰收"计划奖三等奖。1994年，钱保霖、葛师慈、祝正凡、桂荣生、徐俊昌、陇光国等主持的《黔西南州茶园大面积实施丰产工程成效显著》项目获得贵州省农业厅的"农业丰收"计划奖三等奖。1996年，钱保霖、卢其明、陇光国、苏滕忠、林园银等《高产优质茶基地试验示范及开发》项目获得黔西南州政府科技进步奖一等奖。

全州要求种苗及植物产品的调出、调入都必须实施检疫，为了加强运检疫工作，黔西南州人民政府办公室以〔1998〕40号文件批转农业、林业、公安、交通、工商、邮电以及火车站等7个部门《加强黔西南州农业、林业植物产品调运检疫的联合通知》，1885—2000年对种苗及植物产品实施调运检疫，其中茶叶达582t。

1984年全州茶叶面积3.59万亩，产量344.1t。

从1985年起，黔西南州茶叶生产开始采用"公司+基地+农户"的产业化经营模式，集茶叶开发、种植、加工、销售于一体，提高了茶叶生产效率，如晴隆茶叶公司生产的"贵隆"牌系列产品质优价廉，畅销十多个省市；安龙国营新桥茶场生产了雪芽、春螺、奎尖、银峰、竹叶青等名茶。

1993年晴隆茶场生产的贵隆系列绿茶荣获中国首届农业博览会眉茶中唯一奖牌和中国星火科技成果金奖。1996年晴隆茶树良种苗圃场被农业部（现农业农村部）命名为

"南亚热带作物大叶茶名优生产基地"。1998年中国国际名茶推荐产品，贵隆"银芽"获1998年中国国际茶文化展览会"中华文化名茶"。

安龙新桥茶场送评的大叶种春螺（仿碧螺春）名茶项目，参加1993年11月由国家科委和广州人民政府联合主办的第五届中国新技术新产品博览会，荣获银奖。1994年8月9日，新桥茶场生产的"新桥御茗（茶）"荣获贵州新技术新产品展览交易会金奖，产品销往国内13个省、市、自治区，深受消费者好评。1999年7月2日，普安县万亩茶场和西南农业大学（现西南大学）食品科学学院共同研制开发的"细寨银峰"和"细寨雪芽"两个品牌茶叶，在国家茶叶质量最高奖——第三届"中华杯"名茶评比会上，分别获得银质奖和优质奖。

2000年，全州有茶叶面积62010亩，产量达1981t，单产提高到每亩31kg。

（三）全面发展时期（2008—2019年）

特点是茶叶结构和区域布局更加合理，科技含量增加，茶园单产进一步提高，茶叶质量水平显著提升，效益大幅增长，茶叶产业化进程显著加快，茶文化日益兴盛。

2008年，黔西南州茶叶种植面积为8.5万亩，投产5.09万亩，年产量2299t，总产值3301万元。2008年，黔西南州大叶茶种植总面积为1.35万亩，年产量18.3t。其中晴隆种植面积5000亩，年产量7.1t；安龙种植面积1700亩，年产量2t；普安种植面积5000亩，年产量4.5t；兴义种植面积1000亩，年产量0.7t；兴仁种植面积500亩，总产量2.5t；贞丰种植面积300亩，年产量1.5t。2008年6月，普安县茶业发展中心成立。

2009年4月，黔西南州茶产业考察团赴上海、浙江、安徽考察；7—8月，又先后两次组织各家茶叶企业负责人、各产茶乡镇党委书记、茶技干部、茶叶种植大户共52人组成茶产业考察组，前往遵义市湄潭县考察学习茶叶产业化经营和土地流转等茶产业发展工作的成功经验和做法。通过考察学习，增长茶产业发展知识，转变思想观念，增强发展的信心和决心。

2010年5月，晴隆县茶叶产业局批准成立"晴隆县茶叶产业协会"。2010年，晴隆县组织茶叶企业参加第17届上海国际茶文化节，晴隆茶业有限公司生产的贵隆翠芽、贵隆报春、贵隆毛尖3个产品一举夺得中国名茶金奖。2011年，晴隆县发掘的100万年前茶籽化石在"中国·贵州国际绿茶博览会"茶源馆中向观众展示。2012年，宁波对口帮扶兴义市七舍镇实施6500亩茶叶种植项目。2012年，晴隆县组织茶叶企业参加贵阳茶博会、台湾茶博会等茶事活动，荣获"全国重点产茶县"称号。2013年4月，普安县江西坡茶业现代高效农业示范园区成立。2014年，贵州省茶行业"十大系列"评选活动揭晓，晴隆县碧痕镇入选"十大古茶树之乡"，晴隆茶艺新品入选"十大最美茶旅线路"，1980年在晴隆碧痕云头村发现的茶籽化石入选"十大影响贵州茶叶发展的重大事件"。2015年，"晴隆化石茶·二十四道红"荣获2015年贵州省"黔茶杯"名茶评比赛红茶类最高奖"特等奖"。2017年，普安县颁布的《茶产业发展实施意见》，明确提出了发展茶产业的系列优惠政策，包括种植茶叶补助2.7万元/hm²；采用土地流转的方式，相对集中连片种植茶叶133.3hm²以上的企业或合作社，奖励1万元。县内新开设"普安红"专卖店的，经验收合格补助5万元；在黔西南州内其他县市开设"普安红"专卖店补助8万元；在其他地区开设"普安红"专卖店补助10万元，补助的经费主要用于店面装修和产品推广。2017年4月27日，在全国手工茶叶加工职业技能竞赛暨"遵义绿杯"全国手工绿茶制作技能大赛中，晴隆县茶叶产业局田连启、郑金刚、王霖分别获"个人二等奖""个人三等奖""个人优秀奖"。2017年8月，普安县荣获"中国茶文化之乡"称号。2017年9月，普安县被评为"全国十大魅力茶乡"。2017年11月3日，晴隆绿茶国家地理标志产品保护技术审查会在北京市海淀区辰茂鸿翔酒店三楼智翔厅举行，晴隆绿茶国家地理标志产品保护技术审查顺利通过。2017年11月，《黔西南布依族苗族自治州古茶树资源保护条例》发布。2017年11月，望谟郊纳八步紫茶获贵州省"古树茶茶王"称号。

2018年，黔西南州茶园面积43.17万亩；2019年，黔西南州茶叶种植面积达45.8万亩，产量达1.01万t，总产值14.29亿元，带动贫困人口8867人；在北京、上海、广州、深圳等省外大中城市，开设黔西南州茶叶销售窗口、茶叶专卖店或代销店，共开设茶叶销售点72个，其中专卖店28个、专柜15个、代销店29个；黔西南州80%以上茶园都在贫困乡镇，涉茶贫困人数2.24万人，已脱贫0.726万人，按每人增收1174元计算，茶农增收约1.68亿元。

2019年5月，在中央大力帮扶推动下，黔西南试验区"晴隆馆"正式落户北京世界园艺博览会。

第二节　重要历史贡献

一、茶籽化石

1979年，贵州省农业厅组织全省茶叶方面的专业技术人员，对全省茶类植物资源进行了一次全面调查。通过调查和比较分析，发现在全省各地野生茶类植物中，黔西南的野生茶树不仅数量最多、种属多，而且最原始、最古老，是地球茶类植物起源的核心地带之一。

1980年7月，"贵州野生茶树资源调查研究"课题主持人林蒙嘉，委派课题组参与人员卢其明，在晴隆实地调查项目新发现的红药红山茶的具体数量及分布情况。在海拔1650m的晴隆县碧痕镇新庄村（原晴隆县碧痕区箐口公社云头大队笋家箐）云头大山，卢其明发现一颗疑似茶籽化石的物品（图1-4、图1-5）。因无法自行判断是否为茶籽化石，便将其采回交到课题组，课题组主持人林蒙嘉将其交给时任贵州省茶叶研究所育种研究室负责人刘其志并对其开展了鉴定工作。随后贵州省茶叶科学研究所会同贵州省农业科学院、贵州省地质局、中国科学院贵阳地球化学研究所等单位专家组成专家组亲临化石发现地，对周边野生茶类植物生长的气候、土壤等自然环境，作全面综合考察，并联系中国科学院贵阳地球化学研究所等相关科研单位进行分析鉴定。1988年6月，中国科学院南京地质古生物研究所郭双兴发回鉴定复函，同意开展化石鉴定工作，并提出了初步鉴定方案（图1-6）。1988年10月，经古生物学家、中国科学院南京地质古生物研究所、中国科学院贵阳物理化学研究所、贵州省地质研究所、贵州省农业厅和贵州省茶叶研究所等多家单位多次现场勘查，并由中国科学院南京地质古生物研究所进行化石分析鉴定，最终由中国科学院南京地质古生物研究所研究员郭双兴出具鉴定结果（图1-7），鉴定结果为："化石的外形、大小、具种脐，其周边稍突起，种脐旁侧有凹痕，种子顶端扁平或微突。这些特征与现代四球茶的种子特征最相似。化石可归属于四球茶。""化石可能代表晚第三纪至第四纪的某个时期的沉积。"即在晴隆发现的茶籽化石，为距今100万年左右晚第三纪至第四纪时期的四球茶茶籽化石。为进一步确定鉴定的准确性和可靠性，专家组又专程到广州请教中山大学茶类植物学家张宏达教授，张教授看法与专家组鉴定基本一致。卢其明发掘的茶籽化石，最后由贵州省茶叶研究所负责保存研究。

图1-4 茶籽化石发现者卢其明（右二）、黔西南州茶办主任徐俊昌（右一）、晴隆县农业局局长罗琳杰（左二）、主编王存良（左一）（吴忠纯摄）

图1-5 珍藏于湄潭博物馆的茶籽化石（晴隆县供图）

图 1-6 鉴定意见说明书   图 1-7 化石鉴定单

2013 年 12 月，晴隆县政府在碧痕镇新庄村云头大山笋家箐茶籽化石发现地，树立碑记，以作永久记载。

化石鉴定单原文：

送样单位：贵州省茶叶科学研究所

化石产地：贵州省青龙县（晴隆县）

鉴定结果：化石标本的外形、大小、具种脐，其周边稍突起，种脐旁侧有凹痕，种子顶端扁平或微突。这些特征与现代四球茶的种子特征最相似。化石可归属于四球茶。

区别：化石与壳斗科的斛果接近，但壳斗科的果实均有壳斗种脐大而扁平，无周边突起。因此，化石与壳斗科无关。

时代：晚第三纪至第四纪。

鉴定者：郭双兴

一九八八年十月四日

鉴定意见说明书原文：

茶科化石在我国尚不见多，目前在浙江仅发现茶的叶化石。世界上茶科化石也甚罕见，尤其是茶科种子化石更是难得。贵州青龙（晴隆县）发现的茶科种子化石是非常珍贵的化石资料。它对研究我国的茶叶历史及茶科的发展演化提供宝贵的证据。

关于化石代表的地质时代，目前只能依据化石保存的状况做粗略的估计，化石已经石化，但石化的程度不高，岩石亦已胶结，但胶结程度也差。由此推测化石可能代表晚第三纪至第四纪的某个时期的沉积。由于未做实际地质调查，也未做绝对年龄测定，

目前只能做此推测。

郭双兴

1988 年 10 月 4 日

调查情况原文：

关于茶籽化石产地地质调查情况

1988 年 10 月，贵州省茶叶科学研究所刘其志、林蒙嘉二位高级工程师携带茶化石到我所鉴定。经过对化石外部形态观察，初步认为化石与现代四球茶的种子一致。但化石太小，不易确定具体的地质时代。需要到化石产地调查地层、采集样品，做孢粉分析和鉴定，和做同信素年龄测定，当从准确判断化石的地质时代。

这次在贵阳地化所范云才研究员的参与下，共同到晴隆县化石产地调查，发现茶籽化石产地地层可能不属于第三纪地层，但未发现化石证据，其地层情况属何时代不得而知，因而怀疑茶籽化石与岩石结核有关，需要请有关沉积岩专家鉴别。对化石产地和岩石做孢粉分析，以排除岩石结核的可能性，从而确定地质时代。

回贵阳后，将化石拿地化所的杨蔚华鉴定，他不能确定化石是岩石结核，并认为化石产地的岩石是沙岩，粉沙岩也不是三叠纪地层。因为三叠纪是石灰岩。因此，茶籽化石可能与结核无关。而化石产地地层也可能与三叠纪和第三纪地层有关，该地层究属于何时代，需要做孢粉分析鉴定后才能确定。

总之，茶籽化石的发现具有重要意义，需进一步查阅地质资料，继续在第三纪地层中寻找更多的证据，以揭示茶叶在我国发展演化的历史。

郭双兴

1988 年 11 月 30 日

"化石"是保存在地壳岩石中的古动物或古植物的遗体，或表明有遗体存在的证据。古生物化石是识别古代生物世界的窗口，为生命的起源和演化研究提供直接的证据。晴隆茶籽化石的发现，为茶树起源的地质年代、地层分布、生物演化提供了可靠依据，有力佐证了贵州是茶树的起源地。

山茶科植物最早起源于泛大陆分裂尚未加剧的中生代中期。这一时期，我国西南地区以半岛形势位于赤道附近，属于热带和亚热带气候，未受到海浸，气候温暖潮湿，三面临海，为从海生生物到陆生生物的起源发展奠定了优越的地理基础，被称为"世界多种植物的摇篮"。该地块在上三叠纪和侏罗纪时期，存在许多内陆湖泊和沼泽地带，因而沼积了陆相沉积的紫红色酸性砂质岩，并夹有煤层，可见当时植物生长繁茂。

进入白垩纪时期，气候变得干燥，沼积间断，古陆高地从古生代发展起来的裸子植物区系趋于毁灭，而被子植物则代为兴起，这为属被子植物门的茶树进一步演化，提供了生存保障。到更新世时期，冰河扩展至北温带，冰川和洪积大面积覆盖。所幸洪积物第四纪黄土对贵州的影响仅是局部性的，云贵高原的东北大斜坡、东南大斜坡，如川南盆缘地带、翻水凹陷地区、黔西南凹陷地区，以及部分地壳断裂深谷等，都为茶树的生存提供了天然避难场所。茶树喜生酸性土壤，需要潮湿且排水性能良好的生存条件，因而不可能在海相沉积的石灰岩为成土田质的土壤上生长，而只能在陆相沉积的酸性砂质岩为成土母质的土壤上才可生长。研究表明，今沿普安至兴仁的南北断裂带，越过西南走向的褶皱山脉，在每个褶皱相隔50km的地方，均有野生大树茶存在，且并未发现第四纪黄土的存在，而是发现了相同的紫红色土壤。经鉴定，均为侏罗纪、白垩纪陆盆沿积的紫红色砂页岩成土母质。

晴隆茶籽化石发现地云头大山为中上三叠纪时期上升形成的陆地，这时期与侏罗纪时期一样，有陆相沼积紫色砂页岩沉积和煤层存在，说明当时植物繁茂。白垩纪时期环境干燥，晚期的燕山运动在此地曾经生成一次旋钮运动，造成一系列的弧形断裂地带，最终构成了当今黔西南地区的涡轮构造地形。在新生代第三纪时，气候温和，雨水充沛，这些断裂谷底或坡面的零星部分留下了第三纪的堆积物，晴隆茶籽化石推测应就此形成。因为笋家箐是一处小型裂缝，邻近的普安县深断裂地带在相同的三叠纪地层上堆积第三纪岩层约达900m的厚度，故可推证先有茶树存在，其后有茶化石形成。

晴隆茶籽化石的形成条件与茶树起源的地质条件相吻合，是对"贵州是茶树起源地之一"的有力佐证。诚如对晴隆茶籽化石进行鉴定的中国科学院南京地质古生物研究所研究员郭双兴在其鉴定结果中所说："世界上茶科化石也甚罕见，尤其是茶科种子化石更是难得。贵州青龙（晴隆县）发现的茶科种子化石是非常珍贵的化石资料。它对研究我国的茶叶历史及茶科的发展演化提供宝贵的证据。"

二、茶马古道

"茶马古道"一词，是20世纪80年代出现的新名词。溯源此词出于"茶马互市"。由于我国中原地区缺马，而回纥、吐蕃地区缺茶，唐时开始实施以内地之茶交换边区之马的贸易政策，史称"茶马互市"。随着贸易的发展，交换茶与马外，还有内地的丝绸、布匹、五金、百货等，与青海、西藏、新疆、内蒙古等边区的皮张、羊毛、虫草贝母、麝香等土特产开展易货贸易。这样就形成了一些商旅、驮队、马帮运送货物的通道，这些道路源于"茶马互市",以运输茶叶、马匹为主的道路,故称为"茶马古道"。唐封演的《封氏闻见记》称"往年回纥入朝,大驱名马市茶而归",这是指唐贞元中期(785—805年)的事,开创了唐与回纥(蒙古草原及其周边地区的9个部落组成的联盟)茶马互市的先河。当时国都设在长安(今西安),主要是动用陕南汉中一带的边茶,汉茶不足还需调茶入京,于是形成几条运茶送马的古道,继而与西藏、青海、新疆等地进行茶马交易,这样茶马古道就形成了一个庞大的交通网络。仅以进入西藏的古道为例,主要的就有3条,即川藏茶马古道、青藏茶马古道、滇藏茶马古道。而进藏后,还有由拉萨继续外延至南亚、西亚和东南亚等古道,地跨数万里,时跨上千年。

我国古巴蜀(含四川及贵州北盘江以上的普安、晴隆、六盘水等地)是最早将茶叶作为商品贸易的地方,也是边茶最早的供应地。

(一)古驿道

1. 兴义段

1)市马道

现存滇黔古道兴义段从白碗窑镇甲马石村至万屯镇佐舍村一线,全长约60km的古道,途经乌沙镇、白碗窑镇、坪东街道办事处、黄草街道办事处、桔山街道办事处、马岭镇、顶效镇、郑屯镇、鲁屯镇、万屯镇等乡镇,由西向东贯穿全境,这条古道始建于自杞国前后。明清时期成为广西泗城府至云南曲靖府的交通要道,从泗城府将众多马匹转运至云南。

古道多建于自然岩石地段,有的地方用石料铺设,宽0.5~1.2m。现兴义古道已被分隔为数十段,其中乌沙镇大水井村、坪东街道洒金村、马岭木桥、鲁屯镇七一村等路段保存较为完好。该古道为清代兴义地区最重要的交通干道之一,为滇马、川马、滇铜、川盐等物资的转运做出了巨大贡献。

2)岔江渡段

岔江渡是兴义境内茶马古道的重要起点,古渡口遗址通往河边有25级台阶,宽约3m,三匹马并行无碍。渡口在清嘉庆十二年(1807年)由知县陈熙主持重修,附近各寨及抚州商人参与义筹,为了不收取来往驮马及行人分文,并解决每年对大小船只进行修缮、船夫的赡养等问题,当时抚州商民还捐钱购买了义田,将田租作此开支。购买的义田当时属于云南,位于河对岸的车湾、犀牛塘、岔江,为兴义的江西商人所购,因此在20世纪40年代初划界时被划入了兴义辖区。这样,兴义的辖区就像一把细长的钥匙沿着九河谷往西伸进云南罗平县,宽不过数百米,后人称这些地段为"滇黔锁钥"。南宋以来,兴义就是广西泗城府与云南曲靖府经济贸易往来的重要通道,也是川滇两省茶叶、马匹、食盐转运两广的重要通道，又是西南地区移民东南亚的重要走廊。

著名地理学家、旅行家徐宏祖（徐霞客）在明崇祯十一年（1638年）八月考察盘江流域时，在其《滇游日记·黄草坝札记》里就明确记载了乌沙江底古渡口及相连古道的存在："……若溪渡之险，莫如江底，崖削九天，墅嵌九地，盘江朋圃（今云南弥勒市南境）之渡，皆莫及焉。"足见岔江渡口之险要。在岔江的老百姓口中，至今流传着一首马帮歌谣："水急滩险一叶舟，马帮人聚困渡口。笑问船家何时渡？需待明日客无留。"足以说明当年这里热闹的景象。

3）马岭木桥段

现存马岭古道路段在兴义市顶效开发区所属黄桷树村至马岭镇光明村，全长约5km，穿行拥有国家自然遗产、国家重点风景名胜区、国家地质公园三大桂冠的马岭河风景区。

据清咸丰《兴义府志》记："木桥建于康熙年间，后圮，唯存石基。"清道光中年，知县汪自珍捐建续修，易名纳福桥，俗称"木桥"。清咸丰三年（1853年）五月，知县胡霖澍改建为单孔双洞石拱桥，并竖立建桥碑记。清光绪癸巳年（1893年），邑绅刘显世又复修此桥，民间仍称"木桥"，并沿袭至今。南岸古道上的关卡遗址和古道旁的碉楼遗址均存，残存的瞭望孔和射击孔清晰可见，是扼守古道，确保畅通的咽喉。峡谷以上台地，道路平缓，路边还留存有供马帮休息的地方和马匹饮水的泉眼。

木桥是滇黔桂三省边界马匹、药材、漆、铜、丹砂等物资转运最便捷通道，是交流沟通三省经济、文化的重要纽带，亦是当时兴义县6条主要驿道中最重要的交通节点，是县城通往贵阳、兴义二府的必经之地。

1984年，兴义县政府公布木桥为"县级文物保护单位"。2007年，第三次全国文物普查开始后，木桥随兴义古道被列入"茶马古道贵州段"。2013年3月，国务院公布茶马古道为"全国重点文物保护单位"，木桥成为国保单位之中的一部分（图1-8、图1-9）。

图1-8 滇黔南线茶马古道（徐俊昌摄）

图1-9 木桥桥段（徐俊昌摄）

4）永康桥段

永康桥位于兴义市西北部的岔江，地处滇、黔两省交界，横跨黄泥河，桥北为兴义，桥南为云南（图1-10）。兴义籍人士刘显潜（黔军游击军总司令、滇黔边防督办）提倡并主持修建了此桥。据《兴义县志》记载："刘显潜出资五万银元，修建永康桥。"1917年正式动工，1920年竣工。

图1-10 永康桥（徐俊昌摄）

横跨黄泥河上的永康桥，其两端分别连接着贵州、云南的古驿道。驿道在岩石面开凿，结合石头铺设，顺山势蜿蜒盘旋。桥长34m，加上两侧河岸的引桥，全长79.2m；桥面以青石逐级铺就，桥上至今留有马蹄印（图1-11）。永康桥北边的贵州桥头驿道上，有三道拐，每拐处原竖立有一通碑，现存有三道拐处的"永康桥颂并叙"碑。在山坡顶上的驿道边，保存有1920年的"永康桥记"碑。驿道边崖壁10m左右高处石壁上，镌刻有"滇黔锁钥"4个摩崖石刻楷书大字（图1-12）。在摩崖石刻近旁，用石头依山靠崖修建有一圆拱形关门，关门顶部中央镌刻有"峭壁"2个隶书大字。永康桥南岸，连接桥头的驿道与北岸驿道形状相同。在南岸山坡近顶部，距古驿道不远的地方，保存有石砌碉楼一座，整体呈圆柱形，由经过精细加工等厚的石料错缝砌筑。这座碉楼，俯瞰永康桥及山间古道，视野非常开阔，是控扼永康桥要

图1-11 永康桥上马蹄印（徐俊昌摄）

图1-12 滇黔锁钥（徐俊昌摄）

冲的军事堡垒。在江底寨子中，如今还残留着当年的马店建筑（和今天的宾馆性质相同），当地人称为"十八间马房"，其作用是当年为马帮路宿休整的旅馆。房屋呈四合天井，为当年吕姓人家所建，因而，也有人称之为"吕家四合大院"。那四合大院在当时算得上较好的旅店了，其余的马店（只相当今天的招待所），相对简单，如今只留下一二间房。

近百年来，永康桥一直是滇黔两省人民互相往来的咽喉要冲，是茶马古道的必经之路，故以"滇黔锁钥"著称。该桥的修建，为滇黔两省的地方经济、社会发展做出了很大的贡献。1988年，永康桥被贵州省兴义市人民政府公布为市级文物保护单位；2015年，被贵州省人民政府公布为省级文物保护单位。

2. 贞丰段

地处北盘江中上游花江段茶马古道（图1-13），与关岭县普利古驿道相接，为"南行经兴义出滇之道"，道宽1.8m，以青石砌筑，建于明洪武十五年（1382年）。民国《贵州通志·舆地志》记载："此桥清季新建，在永宁州东南四十里募役司南，为贵阳、安顺逾关索岭南行经兴义出滇之道，左右皆重岩垒嶂，行者危栗。"又据建桥碑记载，1895年历任贵州安义镇总兵、贵州提督的蒋宗汉带头捐款并主持修建花江铁索桥。

1900年花江铁索桥落成时，蒋宗汉专门请工匠在贞丰一侧的石壁上镌刻"花江桥"、七马图、"屹然大观"等摩崖石刻群；铁索桥用铁链14根，每根262环，拴在两岸人工凿成的石孔内，上铺木枋数百块作桥面。扶栏由22根铁链组成，亦拴在两岸石孔内。桥距水面70m余，长71m，宽2.9m。

云南作家杨凯在其著名茶文化专著《茶庄茶人茶事》中，对云南籍蒋宗汉的身世背景有详尽的记述，并对贞丰县坡柳茶"宋寅号记"、花江铁索桥及茶马古道均有记载。

2004年，黔西南茶叶研究者在贞丰县龙场镇坡柳村老茶农陈廷江家发现一方"宋寅号记"的木质印版（图1-14），与《茶庄茶人茶事》的记载不谋而合。

图1-13 茶马古道贞丰段（贞丰县供图）

图1-14 "宋寅号记"印版，藏于黔西南州茶叶博物馆（贞丰县供图）

3. 晴隆段

县之驿道，古而有之，民国《安南县志·卷三》载，蜀汉时期"（武）侯南征，道过斯，人马渴乏，忽见涌泉以济人，引水以济马……"及"城南三里鸦关下有饮马池，曰汉寿亭饮马池"。《贵州通史》谓："是寿亭侯之子关索遗迹。"可证，在汉、蜀时，已有驿道在县境内穿行。明清两代，驿道发达。县境内茶马古道有2条三支道。

县南境一条，分两支道，一支道由安顺、关岭过北盘江入县境之东地，东起盘江桥、经半坡塘、燕窝寨、灵官箐、哈马庄、哈马哨达县城，从县城往西延伸，经鸦关、乌云铺、沙子岭、保家楼抵江西坡桥，出县境达普安江西坡镇；另一支道由哈马哨分道往南经兴中、十字、花噶、木角、廖基、塘上、安谷、紫马大坝出境入兴仁县下山镇境。

县北境一条，北境驿道从安顺到郎岱、过打铁关、毛口进入县境之西陵渡（河塘）、五里牌、都田、母洒（纳屯）黄厂，翻过老鹰岩出县境，达普安之白沙，转由盘水镇会大道入滇，长约60km（图1-15）。在黄厂大奋田段的古驿道上的石拱桥仍保持完好，另外黄厂段上有两家古驿店的遗迹，是供古代过往行人及商家住宿之所。

至今保存较完好的有五里牌至花贡（简称五花驿道）一段约2km，母洒至老鹰岩至十八岗约1km。在花贡街边，现仍有指路碑。"五花驿道"宽约5尺，石块铺砌，遇弯就曲，系古匠人精心铺就，其中一段由于年代久远被荒草淹没，另一段现仍有人行马走（图1-16）。1988年6月2日，晴隆县政府公布其为第三批县级文物保护单位；2013年，国务院核定公布第七批全国重点文物保护单位"茶马古道"。

图1-15 茶马古道关晴北段（黔西南州农业农村局供图）

图1-16 茶马古道晴隆段遗址（黔西南州农业农村局供图）

4. 普安段

普安段茶马古道年久毁损，白沙古驿道和罐子窑段是保存较为完整一段。白沙古驿道位于距普安县城北33km的白沙乡白沙村境内，全长约20km，道宽约1.6m，系5块青石板铺就，至今保存完好的约4.2km。普安茶马古道开辟了大西南通往域外的经贸之路，让长期处于比较封闭环境的普安打开了门户，促进了普安经济社会的发展。2013年5月3日，普安铜鼓山遗址和白沙夜郎古驿道与云南、四川共同申报的茶马古道入选第七批全国重点文物保护单位。白沙夜郎古驿道，遂成为普安的一张历史名片。

1）普安县白沙烽火台遗址

罐子窑镇、白沙乡及窝沿乡的滇黔驿道旁等遗址，共6处。其中白沙烽火台为省文物保护单位，其余为县文物保护单位（图1-17）。多形成于清咸丰、同治年间，为确保黔滇驿道畅通而修建。为青石砌筑，平面呈方形。

图1-17 普安县白沙茶马古道（张进摄）

2）崧岢寺

崧岢寺位于普安县罐子窑镇红光村，省文物保护单位（图1-18）。始建于明代中期，清顺治年间增修，1922年重加修葺。坐北向南，原有过殿、两厢、正殿等，占地面积约1.5m²。现存后殿、两厢及牌楼大门，建筑面积477m²。后殿面阔5间，通面阔24.8m，进深3间，通进深11.8m，抬梁式歇山青瓦顶，格扇门窗。寺东存善权和尚墓，寺前有石狮1对、石碑2通。

图1-18 崧岢寺
（黔西南州农业农村局供图）

3）罐子窑段和"一品马店"

一品马店位于普安县罐子窑镇罐子窑上街，建于咸丰年间，坐北向南（图1-19至图1-22）。由正房、两厢及后墙组成，占地250m²，建筑面积约200m²。正房面3间，通面宽11.6m，进深3间，进深8.8m，穿斗式木结构硬山青瓦顶，门悬"西蜀一品马店"匾。

图1-19 古道上的马蹄印
（黔西南州农业农村局供图）

图1-20 一品马店遗址（黔西南州农业农村局供图）

图1-21 现存罐子窑段茶马古道
（黔西南州农业农村局供图）

图1-22 罐子窑段茶马古道夕阳（黔西南州农业农村局供图）

5. 兴仁段

兴仁不在茶马古驿道主线上，但在千百年来的历史演变下，形成了独具特色的盐茶古道。明朝在贵州设立行省后，在全省各地大修驿道、开驿站连接川藏和滇藏的茶马古道，这些古驿道承担着茶叶、良马等特色农产品外运，同时也让川盐和滇盐在黔中大地得以流通（图1-23）。

兴仁的盐茶古道有3条线路：① 关岭—百德—巴铃—兴仁—交乐—兴义—罗平；② 兴仁—巴铃—贞丰—白层；③ 兴仁—屯脚—安龙—坡脚。

图 1-23　兴仁古驿道上的巴铃软口河桥（兴仁市供图）

（二）古龙窑

兴义市白碗窑陶瓷技艺源远流长，在宋代已初具雏形。据第三次全国文物普查发现，在宋代晚期，这一地区曾出现"村村窑火，户户陶埏"的景观。到了明清两代，白碗窑瓷业进一步发展，"共计一坯之力，过手七十二，方克成器。其中微细节目，尚不能尽也"，由此可见，此时的制瓷手工技艺体系已经达到成熟状态。

发展到清代晚期，白碗窑附近村庄几乎家家烧制瓷器，主要有茶壶、茶碗、茶杯、花盆、饭碗等。白碗窑原名"碗窑龙场"，因当地陶土充足，一直有几个小作坊生产土瓷碗，但所出产的土碗色黄，质地粗糙。设窑的地点前后共迁移过3次，最先开设烧土碗的窑叫"新窑"，距离龙场约5km，约3年后，又另迁至村脚"下窑"，生产了约1年时间。清乾隆甲午年（1774年），湖南长沙直隶郴州桂东县普梁二都方胜来、郭绍武从新场来兴义贸易，经过多次考察，认为龙场陶土质量条件优越，白果树、梁子上、龙潭三处陶土质量最好、蕴藏量丰富，遂举家搬迁到龙场发展陶瓷生产（图1-24）。窑址有爬坡窑和倒焰窑两种，产品亦由黄瓷改进成白瓷，并饰以花纹，质料也细致得多，既好看又耐用，产品销路日渐宽广，人们因这里出产白釉碗，称其为"白碗窑"。

图 1-24　20世纪60年代兴建的白碗窑公社白碗窑遗址（王存良摄）

从清乾隆年间至20世纪50—60年代，随着时间的推移、技术的进步，通过多次研究，试制多种彩色原料。用墨和生铁煅制的为黑色颜料，用方解石和本质矿石煅制的为红色颜料，用红岩、酸化石、硫黄、矿石煅制的为绿色颜料，特别是红、绿两色对比色调的发明，看上去与江西瓷、湖南瓷相仿，从此兴义陶器更出色，也能用艺术的眼光对式样和写画进行改进和提高，通过碾压、过滤、澄浆、制胚、上釉等工序。每一窑5洞、7洞、

10洞或12洞，每次可烧百余个碗、茶杯、茶盘等。此外，还生产土碗、花瓶等瓷器。作坊从始建起至民国年间，通过茶马古道，所产陶器由马帮远销云南、广西、四川等地。1932年，曾获重庆市第二界国货展览会最优奖，由当时四川省省长刘湘颁发。兴义白陶的烧制成功对由陶器过渡到瓷器起了十分重要的作用。

（三）摩崖石刻与茶马文化

黔西南属高原，既出产茶，又出产马，茶马文化，相当发达。黔西南山多崖壁多，为人类在崖壁上作画提供了得天独厚的自然条件。目前黔西南州已发现兴义猫猫洞岩画、安龙七星洞岩画、贞丰"七马图"岩画、贞丰红崖脚岩画和册亨郭家洞岩画。贵州省内还分布着六枝桃花洞岩画、关岭"马马崖"岩画和牛角井岩画、开阳"画马崖"岩画、紫云打鼓洞岩画、长顺龙家院岩画和狮子山岩画、镇宁乐纪村岩画、丹寨银子洞岩画、息烽大塘口岩画、西秀毛栗坡岩画、龙里巫山岩画等数十处。贵州岩画具有完整的文化系列，是社会发展的真实写照。贵州岩画上的马，对研究古代贵州的社会生产、社会生活、军事斗争、民族关系、绘画历史、茶马互市、茶马古道，具有重要价值。

1. 贞丰"七马图"岩画

在"地无三里平"的黔西南高原上，驮马向来为主要运输工具。在贞丰县小花江村道旁的崖壁上，绘有七匹负鞍马，向西昂首做奔驰状行进，自前而后，排列成"二二三"队形，每匹马长约10cm、高约5cm，画面1m²。均用黑线白描，技法古拙。"七马图"岩画正是山区常见的运输场面。"七马图"岩画绘于岩石嶙峋、山路崎岖的盘江支流花江河段崖壁上，此段系横渡北盘江的重要通道。花江古渡，所有马匹朝同一方向奋力攀登，背上均有货架，以写实的手法，再现了当地古代运输情景，十分接近现实生活。该岩画在风格和技法上都与江（北盘江）对岸的"马马岩"岩画相似，画面十分清晰。

2. 安龙洒雨岩画

在安龙县洒雨镇聋保村牛滚凼海拔约1600m的茶林中，在3块破裂原生石上，刻有面积约1.9m²的岩画。刻画内容有人、马、鸟、昆虫、双圆圈、缠枝及骑马图等，线条粗，形象逼真。所刻图案与关岭马马岩、开阳画马岩和广顺写字岩的岩画相类似，其时代最晚可在明代。

贵州岩画上的马，大多画于明代，这与当时大量需要军马有关。据《明实录》载，明初，贵州为进贡军马和提供军马做出突出贡献。贵州出产的山地马，既可以代步，又可以驮运，是山民理想的交通运输工具。贵州盛产小型马，头小，颈长，身躯短，四肢长，只有这种体型的山地马，才能适合崎岖山地的需要。黔西南州岩画上的马，个体都非常小，有的看上去似乎像是狗，这除了与作者画技有关外，本身就是贵州盛产的山地马的真实写照。贵州省农业厅（现贵州省农业农村厅）曾组织专家对全省马品种进行调查，认为西部的黔西南、毕节、六盘水等地所产的马均属西南山地型，是国内主要的马品种，定名为"贵州马"。又因为主要产于贵州西部，也称"黔西马。"

三、历史贡茶——坡柳娘娘茶

贞丰坡柳茶，是贵州历史上著名的贡茶，也是贵州茗茶，据"贵州历史名茶研究组"的调查报告，贵州茗茶有都匀毛尖茶、贵定云雾茶、独山高寨茶、石阡坪山茶、开阳南贡茶、金沙清池茶、织金平桥茶、普定朵贝茶、大方海马官茶、纳雍姑箐茶、贞丰坡柳茶等11个。

据茶产地的布依族老人黄国典、黄俊武等回忆，他们祖辈由江西迁来坡柳种茶制茶已有十多辈人的历史，至今约有五六百年了。清咸丰三年（1853年）编撰的《兴义府志》记载："茶，产府亲辖境之北乡，屯脚诸处，即毛尖茶，是也。至苦茶，则合郡皆产。"贞丰为兴义府所辖之北乡，靠屯脚的诸处，属记载中"合郡"的范围。而尤以北乡、屯脚及毗邻的坡柳集中产毛尖茶为佳。又据1948年《贵州通志·风土志》记载："黔省各属皆产茶……铜仁之东山，贞丰之坡柳，仁怀之殊兰均属佳品……"说明贞丰坡柳茶不但历史悠久，而且属省内名茶上品。而坡柳茶中的"娘娘茶"，在200多年前曾作为贡品向朝廷进贡。

娘娘茶以百芽一枝，16枝为1束（当时通用16两为1市斤的秤，1枝约1两，1束约1市斤），用红绸包裹列为贡品。当地姑娘出嫁，都要事先采制几把带到婆家，故又叫"娘娘茶"。

据当地年逾花甲的布依族社员黄俊武回忆，祖辈从江西迁来，世代相传种茶，直到20世纪60年代，还保留着传统制法——用手捏成毛笔头状，雅称"状元笔"。1949年前还生产一种用木模压制的"沱沱茶"，类似滇东沱茶。"娘娘茶"是采摘一芽四叶的苔地茶加工而成，两种茶年产量达5000kg。

坡熬场是以茶叶交易为主的集市，产季每场上市200~300kg，商人收购转运安龙、兴仁、兴义、普安、晴隆诸县及广西百色等地销售。新中国成立前，500g"娘娘茶"售价约大洋3~4元，"沱沱茶"一块大洋可买2~2.5kg，足见当时坡柳茶的名贵。当地民歌中至今还流传着"吃茶要吃坡柳茶，倒在茶杯亮花花"的名句。

坡柳地处龙头大山支岭，茶树大多分布在海拔1100~1300m的中山地带。茶园土壤肥沃，结构疏松，pH值4.9~5.0，属微酸性。当地苔茶品种属中叶型，叶肉厚而柔软，茸毛多，嫩性较强，是适制绿茶的优良品种。茶园有高山作屏障，有苍翠的绿树蔽郁，常年云雾缭绕，涧流潺潺。环境、气候、土壤对茶树品质极为有利，故能孕育历史悠久的高山茗茶。

清明后，当地老百姓便采摘一芽四叶，长度15cm左右的苔茶，经杀青、揉捻、捡条、干燥等工序制作而成（图1-25）。柴火杀青，锅温240℃，投叶1kg；用双手滚揉，揉出茶汁并成条；把茶条抖直理顺成把，双手边旋转边捏紧，逐渐塑造成毛笔头形状；用白棉纸包扎好，日晒夜烤。由于坡柳茶是捏紧的茶团，在较低温度、较长时间让其自然发酵慢慢烤干或晒干，故有黄茶的特殊风味。

据坡柳村70多岁高龄的老人陈廷江介绍，为了能够确保成把的娘娘茶达到足够的干燥度，老辈们会将白天日晒的茶叶称重后，晚上再用微火炕，第二天一早再称重，如此反复3天，每天早上茶叶称重的重量一致，说明茶叶已经是足干了，这样就可以将茶叶密封保存了，茶叶也不会因为含水率过高而出现霉变现象。

坡柳茶虽然采摘粗大，但由于品质好，工艺独树一帜，成品则具有外观油润、色泽墨绿、内质香气浓郁、汤色红亮的风格。不仅是饮料佳品，还兼作药用。当地各族人民用坡柳茶治疗腹泻、肚胀、浮肿等病，有一定疗效。

传统的坡柳茶在新中国成立前最高年产量曾达万斤以上。成片的茶园面积约有500多亩，还有一些零星分布的茶树。新中国成立后，人民政府曾经采取过一些措施，扶持茶叶生产，并于1959年在堡堡附近建立了国营坡柳茶场，利用原有的几百亩茶山生产茶叶，并更新和种植了30多亩茶园，除了加工娘娘茶，当时还主要加工红条茶和边茶，生产盛期的1961—1963年，年产红茶3万多斤，边茶5万多斤，总产8万多斤。1963年茶场下放，茶山归附近生产队经营，1974年以后，除当地的苔茶、鸡咀茶、豆瓣茶等品种外，还从浙江引进小叶种在坡熬村的纳谢和白马山种植150多亩。党的十一届三中全会以后，农村实行联产承包责任制，大大调动了茶农的积极性，产量有所上升。

采摘　　　　　　　　　杀青　　　　　　　　揉捻

捡条　　　　　扎条　　　　成型茶　　　　干茶　　　　茶汤

图 1-25 坡柳娘娘茶（王波摄）

第二章　茶区地理

黔西南州是我国低纬度、高海拔、寡日照产茶区，其得天独厚的地域、土壤、气候环境，印证了"山高雾重出好茶"，润生出品质上乘、香气馥郁、鲜爽醇厚的优质茶。古往今来，所产茗茶，誉满神州。

第一节　黔西南州地理概况

黔西南州位于贵州省西南部，属亚热带季风湿润气候区。常年平均气温13.8~19.4℃。无霜期年平均317天，最长365天，最短219天，年平均日照时数1589.1h。年平均降水量1352.8mm，年平均降雨日数为189天。降雨集中在每年5—9月。热量充足，雨量充沛，雨热同季，无霜期长，终年温暖湿润，冬无严寒，夏无酷暑。

黔西南州属珠江水系南北盘江流域，典型的低纬度高海拔山区。整个地形西高东低，北高南低。最高点在兴义市七舍、捧乍高原顶峰，海拔2207.2m；最低点在望谟县红水河边大落河口，海拔275m，高差1932.2m，海拔大多在1000~2000m，土壤pH值在4.5~7。

第二节　黔西南州主要茶产区

黔西南州8个县（市）均产茶，茶叶种植主要分布在晴隆、普安、兴义、兴仁、安龙、贞丰、望谟等7个县（市）海拔800~2000m的43个乡镇（街道办），其中晴隆县11个、普安县9个、兴义市9个、安龙县5个、兴仁县4个、贞丰4个、望谟1个。2007年，晴隆、普安、兴义等3个县（市）列入贵州省茶产业规划建设的重点产茶县。至2019年，全州在工商注册的涉茶企业达1450家。

一、普安县

普安县位于南盘江、北盘江两大流域（图2-1），东与晴隆县接壤，南与兴仁县、兴义市相连，西靠盘县特区（今盘州市），北与水城特区、六枝特区相邻，全县总面积1429km²。县域年平均温度14℃左右，年无霜期290天，年均日照1563h，年均降水量1438.9mm，县域平均海拔1400m，极具"立体农业"自然条件；有pH值4.5~5.5的酸性黄壤，对发展绿色生态有机茶产业具有得天独厚的优势条件。宜茶面积30万亩，宜茶区

图 2-1　普安县茶源小镇
（黔西南州农业农村局供图）

域分布为：江西坡 1.5 万亩、地瓜 2 万亩、龙吟 2.5 万亩、新店 2.5 万亩、罗汉 2.5 万亩、青山 4.5 万亩、高棉 2.5 万亩、白沙 2.5 万亩、罐子窑 1.5 万亩、窝沿 1 万亩、楼下 4 万亩、盘水 0.5 万亩、三板桥 1 万亩、雪浦 1.5 万亩。种植的主要茶树品种有福鼎大白茶、黔湄 601、龙井 43 等。

二、晴隆县

晴隆县地处云贵高原东段（图 2-2），县境南北长 69km，东西宽 133km，全县总面积 1327.3km²。县内最高海拔 2025m，最低仅 543m，高低相差 1482m，由于地形地势的特殊差异性，形成晴隆"一山有四季，十里不同天"气候特征。年均降水量 1500~1650mm，是贵州省内降水较多的地区之一，无霜期约 280 天，平均相对湿度 85.4%。温度较高的河谷常常使江河流水不断蒸发，当河水蒸气向上漂浮到一定高度，遇冷空气冷却，便形成雨雾，故常年云雾缭绕。

图 2-2 晴隆县阿妹戚托小镇
（黔西南州农业农村局供图）

茶界专家认为，这种高海拔、低纬度、多雨雾、寡日照的独特气候环境为茶类物种的孕育生长、优异茶叶品质形成提供了得天独厚的自然条件。晴隆适宜茶树种植土地在 30 万亩以上，宜茶区域分布为：沙子镇 3.05 万亩、鸡场镇 4.4 万亩、碧痕镇 4.6 万亩、安谷乡 4.2 万亩、紫马乡 3.1 万亩、大厂镇 5 万亩、大田乡 5.2 万亩、花贡镇 2.6 万亩、三宝乡 0.65 万亩、马场乡 0.68 万亩、中营镇 1.2 万亩。主要土壤类型为黄壤，种植的主要品种有黔湄 601 号、云南大叶种、福鼎大白茶、龙井良种系列、安吉白茶等。

三、兴义市

兴义市位于黔西南州的西部，东邻安龙县，南与广西壮族自治区隆林、西林两县隔江（南盘江）相望，西和云南省罗平、富源两县以黄泥河为界，北连盘县（今盘州市）、普安、兴仁三县，是黔西南布依族苗族自治州首府。全市国土总面积 2911.1km²。

兴义市气候环境宜人宜居。海拔在 780~2207.2m，最高点位于西部七舍白龙山，海拔 2207.2m，最低点位于东南部巴结下游南盘江与马别河汇合口，仅为 780m，相对高差 1427.2m。受海洋性气候的影响，形成了区域内高原季风型气候特点，具有热量好，光照足，温暖、湿润的良好环境。降水量 1300~1600mm，年平均气温 15~18℃，空气湿度较高，适宜茶叶的生长（图2-3）。宜茶面积40万亩，现已种植茶叶区域分布为：七舍2.3万亩、捧乍1.5万亩、泥凼1.52万亩、猪场坪1.08万亩、雄武0.2万亩、敬南1.8万亩、清水河0.6万亩、鲁屯1万亩、万屯1.5万亩、乌沙1万亩、白碗窑2万亩、下五屯0.2万亩、洛万0.3万亩。种植的主要茶树品种有福鼎大白茶、浙江安吉白茶、永嘉乌牛早、黔湄601等。

图2-3 兴义市洒金绿茗茶厂
（黔西南州农业农村局供图）

四、安龙县

安龙县处于黔桂两省区结合部，是云贵高原向广西丘陵过渡地段，整个地势由西北向东南逐渐降低，地形呈多级台阶状逐级下降至南盘江河谷。中部较为平坦。境内最高点为北部龙山镇的龙头大山，主峰公龙山海拔1966.4m。最低点为南部坡脚乡者干河汇入南盘江处，海拔407m。属亚热带季风湿润气候区。年均气温15.3℃，年均降水量1256mm，无霜期达288天。

全县总面积2237.6km²，山清水秀，适宜发展茶叶相对集中的优势区域面积在10万亩左右（图2-4），尚有80%的宜茶面积亟待开发。

图2-4 安龙县平孔村黄金芽茶场
（黔西南州农业农村局供图）

五、兴仁县

兴仁市位于黔西南州中部，地处广西丘陵向贵州高原过渡的斜坡地带，平均海拔1300m，冬无严寒、夏无酷暑，常年平均气温15.2℃，湿润潮湿的气候环境为多种类茶叶的生长提供了独一无二的气候条件（图2-5）。

图2-5 富益茶山
（黔西南州农业农村局供图）

六、望谟县

望谟县位于贵州西南部，东与罗甸接壤，南与广西乐业县隔红水河相望，西隔北盘江与贞丰、册亨毗邻，北与紫云、镇宁衔接，总面积3005.5km²。地势西北高东南低，最高点为打易镇跑马坪，海拔1718.1m；最低点为昂武乡打乐河口，海拔275m。

望谟县属亚热带温湿季风气候，具有明显的春早、夏长、秋晚、冬短的特点，年平均气温为19℃，年均降水量1222.5mm，无霜期339天，冬无严寒，夏无酷暑，雨热同季，中部和南部地区农作物一年三熟，其他地区一年两熟。

望谟县八步茶古茶分布区域主要位于郊纳镇八步村、铁炉村、冗岩村等，其森林覆盖率高，生态环境优良，空气湿度大，没有污染，具备生产原生态优质茶叶的先决条件。

七、贞丰县

贞丰县位于贵州省西南部，历史上曾经是有名的产茶大县和名茶产区（图2-6），县域属于亚热带高原季风湿润气候，冬无严寒、夏无酷暑、四季分明、雨热同季。贞丰县国土总面积1511km²，东西最大距离长52km，南北最大距离宽67km。

图2-6 贵州省"十佳最美茶山"贞丰县小屯茶场
（贞丰县供图）

贞丰县西部龙头大山主峰公龙山为境内最高点，海拔1966.8m；东南部北盘江处为全县最低点，海拔324m，相对高差1642.8m。县域年平均气温16.6℃，年降水量在1000~1400mm；全年无霜期290天左右，年平均日照时数1563h。

第三节　主要茶产区茶园种植及加工概况

一、茶园种植及加工

（一）种　植

1970—1980年，安龙新桥茶场和社队茶场主要引进云南凤庆大叶种、浙江鸠坑种、金华小叶种以及福鼎大白茶种子种植，采用单行条植，种子直播，大、中叶种行距1.5m、窝距30~35cm；小叶种行距1.2m、窝距20~25cm，每窝用种3~5粒。

1980—2000年，普安县茶场、晴隆县茶业公司主要引种云南凤庆大叶种、福鼎大白茶等有性系品种，云抗10号、福云6号、黔湄系列（419、502、601、701号）等无性系品种。统一采用等高环带开沟，用种子直播或苗木移栽，宽窄行种植的方式，大行距1.2~1.5m，小行距20~30cm，株距10~15cm。

2000—2006年，重点推广无性系品种种植，双行条栽密植，大行距1.5m，小行距30~35cm，株距30~35cm，每丛2株。

2007年后，新建茶园完全使用无性系茶苗种植，品种有福鼎大白、龙井43、龙井长叶、乌牛早、安吉白茶、黔湄809号、金观音、福云6号、浙江黄茶、黄金芽等。推广早、中、晚品种合理搭配2∶5∶3，采用双行单株条栽，其中大叶种大行距1.5m、小行距30~35cm、株距30~35cm，中、小叶种大行距1.2m、小行距25~30cm、株距25~30cm。种植时茶苗根部均用生根粉打浆处理，旱坡地种植成活率在80%以上。

（二）加 工

至2018年底，全州有注册企业138个，合作社139个，其中有加工能力的企业71个，有加工能力的合作社82个，规模以上企业（合作社）66个，固定资产总额13.04亿元。省级龙头企业9家，州级龙头企业37家，工商部门注册登记商标数114个，通过SC认证24家，获对外贸易经营资格1家，小型初制加工企业75家，中型初制加工企业14家，大型初制加工企业7家，清洁化生产线13条，精加工企业2家，深加工企业2家。

全州共有茶叶加工点278家，共有厂房面积72900m²，2018年新建加工企业新建厂房8960m²，清洁化生产线7条，初制加工企业13家，精加工企业5家，深加工企业2家。截至12月底茶叶综合产值17.74亿元，一产产值7.25亿元，二产产值1.84亿元，三产产值8.65亿元。2018年引进茶产业企业5个，总投资8503万元，企业来源地为浙江、湖南等。

2018年全州茶叶总产量15215.48t，茶叶总产值10.08亿元，其中名优茶产量4904.3t，名优茶产值7.1亿元，大宗茶产量10311.18t，大宗茶总产值2.98亿元；春茶产量5346t，春茶产值7.06亿元，夏茶产量5930.7t，夏茶产值1.57亿元，秋茶产量3938.78t，秋茶产值1.45亿元；绿茶产量10290t，红茶产量4882.83t，工艺白茶产量42.65t。

二、主要茶产区茶园种植及加工

（一）普安县

1. 茶园种植

新中国成立前，普安茶叶种植主要集中在地瓜坡、江西坡。1949年，茶叶总产量9100kg。1966年，普安县组织群众种植茶树47亩。1977年，普安创办茶场39个，种茶面积达4144亩。1984年，全县有新寨、江西坡、青山等主要茶园，引进外来品种云南大叶茶和福建福鼎茶，种植面积2306亩，年产20700kg。1985年，贵州省农业厅茶叶项目办与普安县政府在江西坡镇联合开发万亩红碎茶基地，成立了普安县茶场（国有茶场），采用"公司+基地+农户"模式进行发展。至此，普安茶贸进入了一个新阶段。20世纪

80年代末有大量红茶销往苏联等国家和地区。1987年，茶园面积7565亩；1993年，普安茶叶种植面积10815亩，产茶量331t；2000年，产茶量730t；2010年，茶叶种植面积28875亩，产茶量达1200t；2012—2017年，全县新增茶园7.9万亩，新增面积占总茶园面积的55.24%。

截至2018年底，普安现有茶园面积14.27903万亩，主要分布在江西坡镇、高棉乡、兴中镇、白沙乡、青山镇、龙吟镇、地瓜镇等乡镇（街道），种植品种主要有福鼎大白茶、龙井43、云南大叶种、乌牛早、铁观音、四球茶、安吉白茶、黔湄601、黄金芽等。全县茶园种植情况分布如表2-1所示：

表2-1 普安县茶产业发展现状及布局（2018年）

乡镇（街道）	总面积（万亩）	投产面积（万亩）	地块落实面积（万亩）	种植品种
江西坡镇	7.78942	5.326	0.466	福鼎大白茶、龙井43、云南大叶种、乌牛早、铁观音等
高棉乡	1.5471	0.90227	0.2655	福鼎大白茶、龙井43、乌牛早、安吉白茶
罗汉乡	0.9482	0.611	0.421	福鼎大白茶
青山镇	0.6861	0.552	0.375	四球茶、安吉白茶
龙吟镇	0.707	0.53	0.31	福鼎大白茶、龙井43、白茶
地瓜镇	1.43575	0.9007	0.2088	福鼎大白茶、龙井43、乌牛早、黔湄601、四球茶
新店乡	0.30676	0.251	0.49	福鼎大白茶
盘水街道	0.6359	0.008	0.5025	龙井43、乌牛早、黄金芽、黔湄601、云南大叶种
南湖街道	0.0117	0	0.2714	中茶108
兴中镇	0.001	0	0.635	云南大叶种
楼下镇	0.1001	0	0.4054	黔湄601
白沙乡	0.11	0	0.6494	四球茶
总计	14.27903	9.08097	5	

2. 加 工

全县涉茶企业（合作社）243家，其中企业126家，合作社117家。现有省级龙头企业2家：黔西南州富洪茶叶有限公司、普安县宏鑫茶业开发有限公司。州级龙头企业9家：普安县贵安茶叶有限责任公司、普安县江西坡镇白水冲茶叶有限公司、普安县玛琅古茶叶有限公司、普安县江西坡朗通茶叶发展有限责任公司、贵州省怡丰原生态茶业发展有限责任公司、贵州普安盘江源茶业发展有限公司、普安县德鑫茶产业专业合作社、普安县朝林茶业发展有限公司、普安县龙吟镇普钠茶叶专业合作社。县内茶企业取得食品生产许可的企业9家。

3. 成　效

1）基地规模持续增长

全县茶园总面积14.3万亩，投产茶园面积9.1万亩。特别是党的十八大以来，普安茶园面积增长迅猛，2012—2017年，全县新增茶园7.9万亩，7年时间新增面积占总茶园面积的55.24%。

2）茶已成茶农重要收入支撑

2018年完成茶青产量32175t，干茶产量7150t（其中春茶2244t、夏秋茶4906t），干茶产值3.99亿元，实现综合产值11.6亿元。带动全县茶农7022户26954人实现户均增收4.55万元（其中贫困户2354户9766人，户均增收1.41万元）。

3）茶叶质量稳步提高

普安县持续开展茶叶禁、限用农药法律法规知识宣传培训，指导茶农科学合理使用农药，2018年，开展相关培训3场（次），培训企业、种植大户、茶农共计120余人（次）。强化农药经营监管，从源头管理上堵住茶叶禁、限用药流入市场。积极组织企业（合作社）推进茶叶标准化生产，完成了15家加工厂清洁化改造。

4）销售市场逐步拓展

大宗茶主要销往广西横县、河南等地，年交易量可达4400t左右，春季名优茶主要销往浙江、江苏、山东、安徽、河南、福建、广西及省内，部分还销往北京、上海、广州等地，年交易量达1300t左右。县内销售以小门市现货交易为主，包括专卖店、茶庄、茶馆、商场专柜、卖场、超市等自产自销，年销售量100t左右。

5）品牌建设取得成效

近年来，普安红茶、普安四球茶先后获得国家质量监督检验检疫总局地理标志产品和国家工商总局地理标志证明商标（原产地地理标志管理职责现归国家市场监督管理总局国家知识产权局）。得益于品牌影响力的提升，截至2018年，全国已开设"普安红"销售中心/专卖店56个（省外17个，省内39个），"普安红"销售专柜100余家。普安县宏鑫茶业公司已在深圳建立了"普安红"全球营销中心（占地1500m²），主攻产品研发、电子商务、品牌推广，瞄准国际国内市场开展业务。

6）探索完善利益联结模式，全力助推脱贫攻坚

以正山堂公司为代表的入股分红型，正山堂吸纳江西坡500户贫困户户均2万元入股，通过提高茶青收购价格、年终分红等，贫困户茶园亩均收入超过9000元；以普安富洪茶

叶公司为代表的辐射带动型，采取"公司+合作社+农户"的经营模式，辐射带动普安县江西坡、白沙2个乡镇1000多户农户和40多家合作社建设茶园2万余亩，其中贫困户117户，公司每年在收购茶青时均比市场价高0.2元，2018年贫困户仅销售茶青人均收入就达4000元，高的突破1万元，茶产业已成为当地农户稳定的收入来源；以宏鑫茶业公司为代表的吸纳就业型，贫困户将土地或茶园流转给公司，公司以每年200~800元/亩支付给贫困户，让贫困户有稳定的收益，公司有针对性地招聘其为产业工人，确保贫困户能有合适的岗位上岗，增加收入。

（二）晴隆县

1. 茶园种植

清代中晚期，晴隆县民已将野生茶树改为人工栽培驯化，并具备了茶叶制作的简单工艺。1949年以前县的茶叶产量常处于1000斤左右；1949年后，茶叶生产发展迅速。1955年10月，经上级批准在中营区建立花贡农场，开始大力引进苗木，各年苗圃面积在30~50亩，累计培育苗木100多万株，累计支援外单位苗木5万余株，当时引进成功的就有云南大叶种茶。1958年以国营茶场为骨干，在栽培好地方茶树的同时，引进优质高产的云南大叶茶，当年种植5295亩，茶叶总产量达31.95t。

1959年，花贡茶场从云南凤庆县引进云南大叶茶种苗试种。试种后长势良好，平均亩产比小叶茶高出30%~60%。茶场技术力量强大，在栽培、管理、采摘、初制、精制、评审、包装、销售、出口等方面有丰富的实践经验。贵州省茶叶科学研究所十分重视晴隆县茶树良种苗圃基地建设，多次派科研人员到县指导工作，从湄潭县引进茶树新品种种植，其科学技术人员对茶树种植、育种、制茶等方面进行长期培训指导。是年，晴隆县农业局在砚瓦、川洞、廖基、西舍等地创建茶场300余亩。

1964、1965两年，以发展社队茶园为主，全县37个公社都有茶树栽培。因面广，管理和技术跟不上，仅有少部分茶场尚存。1973年县成立多种经营办公室，下设茶叶专业组，集中适宜产茶地区的劳动力，开垦茶园万余亩，从浙江引进金华小叶茶，种植5000余亩。1975年，兴义地委决定大规模发展茶叶产业，晴隆县开始大面积种植茶园。各人民公社党委、人民委员会，充分调动生产队劳动力，开辟建设公社茶场。全县除莲城镇外，其他37个人民公社调动生产队劳动力，开垦荒山种植茶树，社社建有茶场（集体所有制茶场），种植面积约2万余亩。1978年，农村实行联产承包责任制，部分公社茶场承包给个人管理，后因管理不善，大部分茶园被社员占为己有。

1987年，晴隆县政府决定建设沙子茶叶苗圃基地，育优良茶苗推广种植。由国家农牧渔业部（现农业农村部）、贵州省农业厅（现贵州省农业农村厅）、黔西南布依族苗族自治州人民政府、晴隆县政府四级联合投资95万元，新建"贵州省晴隆县茶树良种苗圃"，以苗圃为依托，向农户提供苗木和技术服务，连片发展大叶茶出口商品基地1万亩。11月，晴隆县茶树良种苗圃基地选址于沙子乡、沙子水库周围茶场内。是年，种植茶园550亩，其中母本园150亩、苗圃园100亩、良种示范园300亩。

1989年，晴隆县茶树良种苗圃基地建成。"贵州晴隆茶树良种苗圃"基地的根本任务是推广优良茶树，繁殖良种。贵州省茶叶科学研究所十分重视晴隆县茶树良种苗圃基地建设，多次派科技人员到县进行指导，并从外地引进茶树新品种试种植。通过引种，采用无性繁殖方法，生产"云南大叶茶"良种及其他杂交型大叶茶良种以及中、小叶茶良种种苗，并建立试验场地、示范园、附属加工厂，提供良种选育试验场地，举办良种选育、栽培、制茶等技术培训班，推广茶树良种化，为黔西南发展新茶园，改造老茶园提高优良种苗，为农民脱贫致富提供优良的生产资料。

1989年，全县种植茶园面积8763亩，建立沙子、箐口、廖基为中心的茶园基地。1990年，苗圃基地出苗木1500万株，可以供种植良种茶园3000亩，每株价格按2分计算，总产值30万元。300亩示范园亩产精制红碎茶200斤，年产量30t，总产值12万元。1992年，晴隆县新建优质高产茶园5025亩，建成省级茶树苗圃基地1个，建成初具加工规模茶场7个。1993年，茶园种植面积1.2345万亩。

2000年，全县有茶园面积2.226万亩（其中苦丁茶4700亩），投产茶园5000亩。

2007年全县产茶超过763t。全县新建茶园10250亩，补植补种2337亩，其中引进大户10家，投资444.96万元；建成高标准茶园2224.8亩，茶苗种植数1731.88万株；建成茶树良种苗圃207.1亩；新建70亩母本园的项目实施地点在晴隆县碧痕镇营头。茶叶产业作为全县的农业支柱特色产业，已初步具备产业化、标准化和规模化的发展水平。

2008年，晴隆县委、县政府高度重视茶产业的发展，把茶产业作为全县农业结构调整、促进农民增收和新农村建设的重要支柱产业来抓，先后从政策、组织、机构设置、资金投入、技术人员等各个方面给予保证，为茶叶产业的发展创造有利条件。全县新建无性系良种茶园4645.8亩（其中大厂镇高岭村新建高标准无性系示范茶园400亩），占下达任务数的46.5%，平均每亩栽种3266株，折价补贴522.5元；涉及10个乡镇，12个村，1485户，其中花贡、三宝、紫马均为当地大户承包种植；全县平均成活率为51.5%。种植品种7个，其中，大叶品种2个，栽种面积2381亩；中小叶品种5个，栽种面积2264.8亩；2008年全县改造低产茶园4500亩，其中沙子镇3500亩、碧痕镇500亩、大厂镇200亩、鸡场镇300亩。

2009年，全县茶园总面积逾4.0995万亩，投产面积1.21万亩，其中通过农业部无公害茶园认证的有2.47万亩，通过绿色食品认证的有2.2万亩。

2010年，县新植无性系良种优质茶园2万亩，其中补植补种5000亩，新建15000亩。完成任务数的100%，新建高标准茶园3400亩。

2011年，晴隆县中央财政现代农业生产发展资金茶产业项目约2万亩优质无性系良种茶园建设。工程布局在沙子、碧痕、大厂、安谷、鸡场、三宝、马场、花贡、中营等9个乡镇，其中沙子镇建设茶园1616.4亩，品种为黔湄601、龙井43等，成活率达95%；碧痕镇建设茶园5424亩，品种为黔湄601、龙井43、龙井长叶等，成活率达96%；大厂镇建设茶园3519亩，品种为黔湄601、龙井43、龙井长叶等，成活率达97.5%；安谷乡建设茶园1462亩，品种为龙井43、龙井长叶等，成活率达98.5%；鸡场镇建设茶园2119.6亩，品种为龙井43、龙井长叶等，成活率达95.5%；三宝乡建设茶园1101亩，品种为安吉白茶、龙井长叶等，成活率达95.5%；马场乡建设茶园1169亩，品种为黔湄601、龙井长叶等，成活率达92%；花贡镇建设茶园2719亩，品种为龙井43、福鼎大白等，成活率达96.6%；中营镇建设茶园670亩，品种为福鼎大白，成活率达96.6%。

2012年，全县茶园总面积达到9.915万亩。其中新建茶园20127亩，按照图斑设计种植13825亩，零星种植6302亩。分布在晴隆县十个乡镇：沙子镇1081.5亩，其中图斑面积435亩，零星种植646.5亩；碧痕镇3735亩，其中图斑面积831亩，零星种植2904亩；大厂镇7805亩，其中图斑面积5774亩，零星种植2031亩；紫马乡图斑面积267亩；安谷乡图斑面积1546亩；三宝乡图斑面积357亩；鸡场镇2109.5亩，其中图斑面积1389亩，零星种植720.5亩；马场乡图斑面积345亩；花贡镇图斑面积1890亩；中营镇图斑面积991亩。投产茶园4万余亩，涉及茶农3.6万户近16万人，产值6000多万元。全县注册茶叶商标有"贵隆""花贡""禄祥""晴隆绿茶"等。

2013年，全县茶园总面积12.9315万亩。其中新建茶园1万亩，完成年财政扶贫资金0.5万亩特色茶叶种植，完成无性系良种茶园建设2.0127万亩，占年度目标任务的100%；完成茶苗种植1180.5188万株。金观音种植1510亩、安吉白茶3490亩，共完成特色茶叶种植5000亩，其中碧痕镇新庄村种植1313亩（安吉白茶270亩、金观音1043亩），碧痕镇碧痕村种植金观音187亩，大厂镇嘎木村种植安吉白茶1670亩，大厂镇高岭村种植安吉白茶180亩，鸡场镇木角村种植安吉白茶870亩，三宝乡大坪村种植安吉白茶500亩，花贡镇白胜村种植金观音280亩。

2014年，按照产业化、标准化、规模化发展要求，调整和优化茶叶种植的区域结构和生产布局，鼓励茶农建设优质、高效无公害生态茶园，扩大无性系良种种植规模。全县新建茶园1万亩，在沙子镇、碧痕镇、大厂镇、安谷乡、紫马乡、鸡场镇、马场乡、花贡镇等8个乡镇的23个村，连接现有茶园的荒山荒坡区域实施。完成无性系良种茶园建设0.96万亩占年度目标任务的96%，全县茶园总面积达13.8915万亩。其中龙井43号509亩，福鼎大白145亩，安吉白茶1592亩，金观音805亩，黔湄601号224亩；沙子、碧痕、大厂、安谷等乡（镇）开垦土地0.69万亩；实施茶树夏季修剪0.85万亩，使茶园得到更新复壮，不断提高茶园生产能力。

2015年，碧痕镇政府建设"绿色产业带"茶园。引进国家级无性系茶树良种苗木1142.4万株，在东风、碧痕、新庄等村组定植优质茶园4150亩，碧痕村朝天洞组新植茶园850亩，加上原有茶园326亩，实现茶叶全覆盖，户户有茶园的村民组，为"高效茶叶示范园区"建设起到积极的推进作用。

2016年，全县调运茶苗1352万株，完成茶园种植4236亩，其中新植2350亩、补植1886亩，茶园总面积达14.907万亩。

2017年，全县茶园面积15.37万亩，投产茶园面积7.1万亩。

2018年，稳定不变。

2019年全县茶园面积15.37万亩，投产茶园面积8.5万亩。全县种植涉茶12个乡镇（街道办）49个行政村，辐射带动农户22978户114866人（其中贫困户15170户61971人）。全县生产干茶6850t，茶叶综合产值35508万元。

2019年晴隆县委、县政府整合资金1500万元投入在沙子新建苗圃繁育基地750亩（量化到6个村集体），苗圃基地的建设，解决贫困户务工人员2万人次以上，实现贫困户增加收入。利用东西部协作项目资金700万元，在碧痕新庄村建设育苗基地400亩，覆盖350户贫困户，每户贫困户以2万元资金量化入股，每年保底分红1000元（3年，第一年按5%、第二年按6%、第三年按7%）。

2. 加 工

晴隆县茶叶产业，经过数十年的发展，几起几落，进入21世纪后初具规模。特别是从2008年，县成立专门管理机构茶叶产业局后，茶叶产业发展突飞猛进，取得显著成效。至2019年，全县现有注册茶叶企业、合作社、小作坊201家。其中省级龙头企业5家，州级龙头企业11家，年生产能力5000t加工企业1家，年生产能力500t以上加工企业5家。目前全县已获"SC"质量生产安全许可认证的茶叶加工企业有10家。

3. 成 效

1）整合资源力度增强，茶园基地设施不断完善

2008年以来，晴隆县积极争取中央、省财政现代农业发展专项资金支持，整合交通、

国土、水利、林业等方面资金，大力招商引资，广泛吸纳民间资本投入茶园建设和完善基础设施。经过多年的发展，2019年茶园种植面积从2007年的2.382万亩，扩展到15.37万亩，新增茶园12.988万亩；茶园区水、电、路等基础设施改造建设基本完善，茶园基本功能得到充分发挥。

2）生产能力大幅度增强，企业品牌打造实现新突破

2019年，全县建成茶叶加工厂28座，年加工生产能力19200t。在茶叶体系建设中，有5家省级龙头企业，7家为州级龙头企业，茶叶加工占地面积25.68万m²。主要品牌"晴隆茶"系列"化石茶""贵隆""清韵""禄祥""二十四道红"等10余个产品，其品牌已产生较好的效应，在省内外有一定的影响力。茶叶产业覆盖27个村96个村民组，茶农2.8万余户，从业人数8.6万人，其中贫困户961户、贫困人口4960人。

3）标准化实施稳步推进，生态茶园建设实现新突破

至2019年，无性系茶树良种繁育苗圃面积1450余亩，可出圃无性系茶苗2.1亿株，成为黔西南乃至贵州省最大无性系茶树育苗基地。

4）现代茶业发展取得新的突破，茶产业创新能力不断增强

晴隆县茶叶产业局以茶产业为载体，不断探索和突破影响茶产业发展的资金、技术、规模、人力等核心要素，加速全县茶产业从传统产业向现代茶业的转化进程。成功探索推行"公司＋基地＋合作社＋农民"模式；成功探索推行"土地流转、规模经营"模式；成功探索推行"生态建园"模式。

5）古茶树资源得到合理保护和有效利用

由于晴隆地理位置和气候特性，古茶树种群区域分布广，种群数量多。现已查明，从东到西、从北到南均有分布，古茶树资源是在考证和研究茶树起源、演化和分类研究上具有重要学术价值的自然资源。随着茶产业日益推进，晴隆县已完成古茶树资源的调查和保护等工作，并落实保护措施，实施挂牌保护工作。同时也进行了古茶树资源的开发利用工作，晴隆县化石茶业公司对古茶树资源进行开发利用，并取得了一定成效。

6）发展意识增强，发展实现新跨越

通过广泛宣传，茶叶绿色生态理念深入人心，投资者信心增强，群众种茶热情高涨；对茶文化宣传力度进一步加强，省内外茶商及企业深入考察投资，初步形成"内联外动、上下借力"的强大合力，助力于县茶产业健康、快速发展。

根据晴隆县统计局《国民经济及社会发展统计资料》，晴隆县1980—2017年茶叶生产情况如表2-2。1992年以来晴隆茶获奖情况如表2-3。

表 2-2　晴隆县 1980—2017 年茶叶生产表

年度	茶叶面积 / 亩	产量 /t	年度	茶叶面积 / 亩	产量 /t
1980	6994	311.9	1999	18930	524
1981	8131	405.75	2000	22260	658
1982	8354	270.75	2001	40035	489
1983	8431	238.75	2002	36645	546
1984	8004	257.8	2003	36705	585
1985	8856	284.05	2004	31080	557
1986	9474	339	2005	32205	558
1987	8521	343	2006	35985	906
1988	8347	343	2007	23820	763
1989	8763	301.39	2008	27495	738
1990	8376	292.59	2009	40995	1141
1991	8512	249	2010	57990	1095
1992	9525	273.5	2011	68190	1804
1993	12345	276	2012	99150	2245
1994	13710	278	2013	129315	2559
1995	13920	276	2014	138915	2627
1996	14100	329	2015	149085	2750
1997	12270	311	2016	149070	4095
1998	14115	434	2017	153700	3067

表 2-3　1992 年以来晴隆茶获奖表

茶产品（茶行业、个人）	奖项	颁发部门	时间
晴隆绿茶	铜质奖	首届农业博览会	1992
晴隆绿茶	金奖	贵州省首届星火计划新产品博览会	1995
晴隆县茶树良种苗圃	高产优质茶基地及科技开发进步一等奖	黔西南州政府	1997
晴隆县茶树良种苗圃	中华文化名茶（银芽茶）	中国中际茶文化研究会、博览交易会	1998
晴隆县茶树良种苗圃	"贵隆绿茶"推荐产品	贵州省食品工业协会	1999
贵隆牌系列产品	中国名牌产品	中国调查事务所	1999
"贵隆"银芽明前毛峰	国际名茶银奖	韩国茶人联合会国际名茶评审会中国国际茶博览交易会	1999
贵隆"银芽"	银奖	中国国际茶博览交易会	2000
贵隆"毛峰"	银奖	中国国际茶博览交易会	2000

茶产品（茶行业、个人）	奖项	颁发部门	时间
贵隆"毛峰"	银奖	中国国际茶博览交易会	2000
晴隆县茶业公司	优秀企业	中国技术监督情报所	2001
晴隆县茶业公司	名优企业、品牌风采展示单位	中国保护消费者基金会	2002
晴隆县茶业公司	发展乡镇企业先进企业	贵州省委、省政府	2002
晴隆县茶业公司	发展乡镇企业先进企业	黔西南州委、州政府	2002
晴隆县茶业公司	农业产业经营"州级龙头前沿企业"	黔西南州委、州政府	2003
贵隆系列	名牌农产品	首届贵州名特优产品展销会组委会	2003
晴隆县茶业公司	农业产业经营"省级重点龙头企业"	贵州省农业产业化经营联席会	2003
晴隆县茶业公司	贵州省茶业行业优秀企业	贵州省食品工业协会茶叶分会	2004
贵隆翠芽	银奖	第十六届中国上海国际茶文化节"中国名茶"评选组委会	2009
清韵茶业	银奖	第七届中绿杯	2009
吉祥茶叶绿祥翠芽	金奖	上海茶文化节	2010
花贡巨金贡峰牌毛尖	金奖	中国第十届茶博览会	2013
清韵茶业青茶	二等奖	黔茶杯	2014
巨鑫茶叶胡州巨	黔西南州种茶能手	中共黔西南州委	2015
巨鑫茶叶胡州巨	劳动模范	黔西南州政府	2015
晴隆县茶业局、总工会	团体优秀奖	贵州省六届茶艺赛	2015
晴隆县茶业公司贵隆"小兰花"	一等奖	"黔茶杯"	2017
晴隆县茶业公司贵隆"化石绿"	二等奖	"黔茶杯"	2017
晴隆县茶业公司贵隆"小兰花"	银奖	"黔茶杯"	2018

（三）兴义市

1. 茶园种植

新中国成立前，兴义县境内有零星茶树分散种植在林旁、沟边地角和房前屋后，产量很低，年产量仅1.35t。

中华人民共和国成立初期，县内仅有零星分散茶树，多为农民自种自用，进入市场出售者极少，商品生产率极低。1952年全县产茶6.45t，1957年产30t。

1972—1975年，遵照"以粮为纲，全面发展"和"以后山坡上要多多开辟茶园"的指示，兴义地区外贸部门从云南引进大叶茶种，福建引进中叶茶种，浙江引进小叶茶种，在全地区发展社队茶园近十万亩。为适应生产发展的需要，兴义地区外贸、供销部门派30余人到安徽省农学院茶叶系（现安徽农业大学茶学专业）进行专业培训，结业后分赴社队茶场指导生产。兴义地区外贸部门还举办短期培训班，为社队茶场培训技术员。化肥在供应上给予保证，先后帮助兴义白碗窑公社茶场、晴隆大厂公社茶场和兴仁木桥公社茶场购置55型揉茶机各2台，44型揉捻机各1台，烘干机各2台，解块机各1台，转子机各1台，萎凋机各1套。在茶叶加工厂房方面，也从资金、物资方面给予支持。

据《兴义县志》（278~279页）记载：1974—1975年，县的农业、外贸、供销等部门支持生产队种茶1.9995万亩，1978年增至2.24万亩。后因粮茶争肥、争工、水土流失、管理技术跟不上等原因，1980年茶地产量下降到1.47万亩。1982年兴义实行农村土地联产承包责任制后，茶园面积锐减。1983年增到1.86万亩，年产茶85t。县境内茶园主要分布在七舍、敬南、捧乍、白碗窑、乌沙、鲁布格、桔山、品甸、仓更、下五屯、顶效（万屯磨盘山）等区，所产茶叶比温凉丘陵地区茶叶质地好。当时白碗窑公社建有万亩茶场一个，猪场坪公社建有"建国"茶场，万屯公社建有磨盘山茶场，泥溪公社建有泥溪茶场等。

1994年，全县茶园总种植面积1.4万亩，年产量121t。之后由于茶园分到每家每户，实行市场经济，自由贸易，同时受茶叶产品销售市场、茶叶加工技术、品牌及大规模的开荒种粮等因素的影响，茶园面积大规模减少，至2008年全市有新老茶叶种植面积1.57万亩，茶园大都处于半丢荒状态，至2009年底兴义市茶叶种植面积2.57万亩（含原有老茶园及2009年新建茶园1万亩）。

至2018年底，兴义市有茶园面积5.75万亩，主要品种有福鼎大白、龙井43号、鸠坑种（20世纪70年代用茶籽种植的老茶园）、乌牛早、安吉白茶、中茶108号、名山白毫131号、梅占、黔湄601、小叶女贞科苦丁茶等。其中福鼎大白2.17万亩、龙井43号1.55万亩、鸠坑种0.82万亩、乌牛早0.12万亩、安吉白茶0.1万余亩、中茶108号0.08万亩、名山白毫131号0.05万亩、其他（梅占、黔湄601等）约0.06万亩、苦丁茶0.8万亩。

至2018年底，全市茶园主要分布如下：七舍镇2.62万亩，分布在七舍、革上、糯泥、鲁坎、马革闹、侠家米6个村；泥凼镇0.85万亩（其中苦丁茶0.8万亩），山茶科茶叶主要分布在乌舍村、女贞科苦丁茶主要分布在老寨、梨树、学校3个村；敬南镇0.529万亩，主要分布在白河、高山、吴家坪3个村；捧乍镇0.544万亩，主要分布在大坪子、平洼、黄泥堡、堡堡上4个村；清水河镇0.35万亩，分布在补打村牛角湾、双桥村洛者；乌沙镇0.287万亩，分布在乌沙、抹角、磨舍、窑上4个村；猪场坪乡0.21万亩，主要分布在丫口寨、猪场坪、田湾3个村；坪东街道办0.18万亩，分布在洒金村；雄武乡0.1万亩，分布在雄武村；木贾街道办0.05万亩，分布在干沟村；鲁布格镇0.03万亩，分布在中寨村。

2. 加　工

截至2018年底，兴义市有涉及茶叶企业464家，其中直接从事茶叶种植加工的企业（合作社）有30家（省级龙头企业6家、市州级龙头企业15家）；有7家企业取得SC认证；有茶馆茶楼20余家，茶叶专卖店50多家；已建成茶叶加工厂17个，另有个体手工作坊式加工厂30余家。

3. 成　效

1）茶叶面积逐步增加，效益显著

截至到2018年底，全市投产茶园面积3.72万亩，其中取得无公害认定的茶园面积4.7275万余亩、有机认定的茶园面积0.1万亩；2018年全市茶叶总产量为601.8t（其中利用老叶生产的大宗苦丁茶257.5t、嫩叶苦丁茶5t），实现产值为10984.12万元。主要产品为毛峰、毛尖、扁茶、红茶、苦丁茶等。茶叶产品除本地销售外，还通过电商平台建网店、省外建专卖店和合作营销点等方式，远销到北京、上海、浙江、广州、福建、重庆、陕西、广西、甘肃、四川成都等地区，在国内外也有一定销售，取得了较好的效果。

2）品牌丰富，产品优质

全市注册的茶叶商标有"松风竹韵""钦香国茶""云盘山涵香""云盘山高原红""云盘山香珠""羽韵绿茗""万峰春韵""南古盘香""金顶银狐""七户人家""革上怡香""绿山耕耘""泥凼何氏苦丁茶"等30个，其中嘉宏公司生产的"云盘山涵香"绿茶在"第十六届上海茶博会"荣获金奖；"云盘山高原红"红茶在"2015年贵州省秋茶斗茶大赛"上荣获金奖茶王；"云盘山香珠"荣获2016年贵州省"黔茶杯"名优茶评比特等奖；华曦公司生产的"松风竹韵"荣获2013年"黔茶杯"名优茶评比一等奖，荣获2017年全省秋季斗茶大赛优秀奖；绿茗公司生产的"羽韵绿茗"荣获"2015年贵州省春茶斗茶大赛"优质奖；"万峰春韵绿茶"荣获2017年第十二届"中茶杯"全国名优茶评比一等奖。

2018年10月16日，国家知识产权局正式受理"七舍茶"证明商标申请，地理标志保护涵盖范围包括七舍、捧乍、猪场坪、敬南4个乡镇，为兴义市的茶叶产业品牌发展起到积极的推动作用。

（四）安龙县

1. 茶园种植

1975—1977年，安龙县洒雨区先后调进浙江小叶茶、云南大叶茶超200t，种植保存面积7964亩。2005年安龙茶叶产量306t，2006年产量337t，2007年334t，2008年316t。至2009年，安龙县茶叶种植面积0.95万亩，其中投产茶园面积为0.65万亩，新建茶园0.2万亩，茶叶产量136.5t；新规划苗圃面积100亩，其中福鼎大白茶60亩，安吉白茶

40亩。截至2010年，全县茶叶种植面积达1.3万亩，主要分布在新桥、海子、洒雨、龙山、兴隆、普坪等乡镇，其中新建无性系良种茶园面积5500亩，改造低产老茶园1000亩，投产茶园6500亩，茶叶总产149.5t，产值1898.65万元。已注册有新桥茶场、仙鹤茶场、天香公司和南天门茶叶农民专业合作社等4家茶叶企业。茶叶销售主要以本地市场和浙江、湖北等地为主。茶叶产品销售价格差距大，高档茶叶比重小，高档茶叶的销售价格可达到每公斤1300元以上，而低档大宗茶叶销售价格每公斤不到20元。安龙县栽培品种以云南大叶茶、福鼎大白茶、浙江小叶茶及本地茶为主，原有茶园基本上是种子繁殖。近年来，开始引进安吉白茶、龙井43、乌牛早、中茶108等无性系良种茶苗进行种植。1949—2020年安龙县茶叶总产量见表2-4。

表2-4 安龙县 1949—2020 年茶叶总产量

年份	总产量（t）	年份	总产量（t）	年份	总产量（t）
1949	7	1968	25	1987	172
1950	7.1	1969	8.7	1988	168
1951	7.2	1970	4.4	2005	306
1952	7.5	1971	1.5	2006	337
1953	7.8	1972	3.9	2007	334
1954	7.5	1973	6.5	2008	316
1955	7.5	1974	5.9	2009	136.5
1956	24.9	1975	0.9	2010	149.5
1957	20	1976	5.2	2011	188.5
1958	16.6	1977	23.7	2012	240.7
1959	31	1978	28.9	2013	247
1960	18	1979	37	2014	360
1961	16	1980	49.3	2015	388.6
1962	1.5	1981	66.5	2016	355
1963	25	1982	111	2017	441
1964	27.5	1983	108	2018	479.2
1965	20	1984	138	2019	620
1966	18.7	1985	138	2020	638.44
1967	19	1986	145		

2011年茶叶总产量为188.5t；至2012年全县茶叶种植面积1.8万亩，投产茶园0.83万亩，加工品种均为绿茶，全年总产量240.7t，产值3201.31万元，名优茶总产量40t。全年完成新建无性系良种茶园面积1.5万亩，标准化示范茶园0.1万亩。主要品种有龙井43、

安吉白茶等；采取补植与台刈相结合改造低产老茶园1.5万亩，其中洒雨镇0.9万亩，海子乡0.6万亩。全县现有注册茶叶企业3个，茶叶农民专业合作社2个，注册茶叶商标2个。2012年茶叶产业建设完成投资2700万元，政府整合项目投资85万元，用于补助新建无性系良种茶园建设补助，引导企业、合作社、农户投入2615万元。

至2017年，安龙县茶园总面积2.2万亩，其中投产茶园面积1.5万亩。从茶园结构来看，企业自有茶园1.6万亩，农户茶园0.6万亩。涉及茶农1200户，企业28家，茶叶专业合作社6个，15亩以上的茶叶家庭农场有68户。

至2018年，安龙县茶叶种植总面积2.6万亩，投产面积2.24万亩，茶叶产量479.2t，产值5977.5万元，主要生产绿茶和白茶（表2-5）。销售方式以大量批发销往浙江、安徽、山东等省外地区为主，本地零售和省内小订单批发为辅。安龙县各年度茶叶情况如表2-6。

表2-5 2018、2019年安龙茶园分布表

乡镇	村名	2018年茶园面积（亩）	2019年茶园面积（亩）
龙山镇	半坡村	2800	2800
	丫科村	1400	1400
	巧岭村	3583	3800
普坪镇	讲埂村	1100	1100
	胡巷村	300	300
	纳利村	200	200
	廷必村	400	400
	竜堡村	960	960
	下陇村	1840	1840
	堵瓦村	2500	2500
洒雨镇	竜金村	900	900
	免底村	360	360
	陇松村	410	410
	格红村	1407	1700
	峰岩村	230	230
	场坝村	2110	2300
	马赤黑村	1900	2100
海子镇	安岭村	300	300
	卡作村	400	400
笃山镇	云上村	600	800
招堤街道办事处	石灰村	1000	1000
	钢厂村	1300	1300
总计		26000	27100

表 2-6 安龙县各年度茶叶情况统计

年份	茶园面积	投产茶园面积	主要品种	产量（t）	产值（万元）	销售量（t）	销售额（万元）
2009	0.95	0.65	福鼎大白、凤庆大叶种、安吉白茶、龙井43	136.5	1897.35	126	1751.4
2010	1.3	0.65	福鼎大白、凤庆大叶种、安吉白茶、龙井43	149.5	1898.65	137	1739.9
2011	1.5	0.65	福鼎大白、凤庆大叶种、安吉白茶、龙井43	188.5	2620.15	179	2488.1
2012	1.8	0.83	福鼎大白、安吉白茶、凤庆大叶种、龙井43	240.7	3201.31	223	2965.9
2013	1.87	0.95	福鼎大白、安吉白茶、凤庆大叶种、龙井43	247	2988.7	227	2746.7
2014	1.96	1.2	福鼎大白、安吉白茶、龙井43、云南凤庆大叶种、乌牛早、黄金芽	360	4500	334	4175
2015	2.05	1.34	福鼎大白、安吉白茶、龙井43、云南凤庆大叶种、乌牛早、黄金芽	388.6	4818.64	357	4426.8
2016	2.13	1.42	福鼎大白、安吉白茶、龙井43、云南凤庆大叶种、乌牛早、黄金芽	355	4508.5	339	4305.3
2017	2.2	1.5	福鼎大白、安吉白茶、龙井43、乌牛早、黄金芽	441	5199.39	405	4774.95
2018	2.6	2.24	福鼎大白、安吉白茶、云南凤庆大叶种、龙井43、乌牛早、黄金芽	479.2	5975.624	460	5736.2
2019	2.71	2.4	福鼎大白、安吉白茶、云南凤庆大叶种、龙井43、乌牛早、黄金芽、黄金叶	620	8010.4	580	7493.6

　　截至2019年底，茶园面积2.71万亩，产量620t，产值8010.4万元，主要分布在洒雨、龙山、普坪、招堤、海子、笃山等街道、镇，种植品种主要有福鼎大白茶、安吉白茶、龙井43、黄金叶、黄金芽、乌牛早等。全县茶园种植情况分布如表2-7。

表 2-7 2019 年安龙县茶产业发展现状及布局

乡镇（街道）	总面积（万亩）	投产面积（万亩）	地块落实面积（万亩）	种植品种
笃山镇	0.08	0.06	0.02	安吉白茶、龙井43、等
海子镇	0.28	0.11	0.17	安吉白茶、龙井43、黄金叶、黄金芽、乌牛早等
龙山镇	0.8	0.77	0.03	福鼎大白茶、安吉白茶、龙井43、黄金叶、黄金芽、乌牛早等
普坪镇	0.2	0.2	0	福鼎大白茶、安吉白茶、龙井43 等

乡镇 （街道）	总面积 （万亩）	投产面积 （万亩）	地块落实面积 （万亩）	种植品种
洒雨镇	1.12	1.04	0.08	福鼎大白茶、安吉白茶、龙井43、黄金叶、黄金芽、乌牛早等
招堤街道	0.23	0.22	0.01	安吉白茶、龙井43、乌牛早等
总计	**2.71**	**2.4**	**0.31**	

至2020年，安龙县企业自有茶园面积2.464万亩，投产面积2.083万亩，农户自有面积0.886万亩，投产面积0.059万亩。茶叶专业合作社6个，茶叶企业26个，茶树种植主要品种有龙井43、安吉白茶和福鼎大白，种植面积分别为1.4万亩、0.85万亩和0.79万亩，分布在6个乡镇。2020年以草治草面积1.83万亩，其中推广白三叶草面积0.92万亩。从茶产业从业人员情况来看，2020年，安龙县茶业从业人员5025人，其中行业管理人员190人，科研推广人员11人，茶园管理人员3150人，茶叶加工人员865人，营销人员540人，茶文化从业人员70人，质量检验检测人员95人。

2. 加 工

以体制创新为动力，依靠科技进步，培育壮大茶叶企业，安龙茶企经营模式一步步由20世纪80年代初期的国营企业向90年代的私营企业转变。采取政府引导、龙头企业辐射带动的方式，现有企业（合作社）38家，其中企业8家，合作社8家，个体经营户22家。其中州级龙头企业2家。

3. 成 效

安龙县以农业产业结构调整为主线，以发展高品质茶为方向，以市场为导向，逐步形成集中连片成带的茶产业布局；推广先进适用技术，进一步提质增效，保障茶叶产品质量安全，提高茶业综合效益，促进茶产业的可持续发展。积极发展"公司＋基地＋茶叶专业合作社＋农户"的茶叶产业化经营模式，发挥劳动力资源丰富的优势，充分吸收农户到茶叶种植基地就业，让农户直接参与到茶企管理、采摘、加工、生产、销售环节。为了解决贫困人口有劳动能力，想致富、想脱贫但是无发展方向和资金的问题，茶企优先吸纳贫困户在基地务工，主要从事基地管护、采摘、加工等，平均一天80—130元，年收入13000元以上。同时通过农户经营，企业带动，统一管理，统一回购茶青，通过流转土地、入股茶企分红、到基地务工、自主经营等方式切实增加贫困户收入和调动贫困户种植茶叶的积极性，使茶产业成为助力安龙县脱贫攻坚、减贫摘帽的重要支柱产业之一。

积极争取各类茶展会的参展名额，利用好展销平台，大力宣传和展示本地茶叶品牌。组织各茶企进行品牌展销，以茶会友，与全国各地的茶界人士交流茶文化，助力产业发展。大力建设县、镇、村三级电商服务体系。全县发展农业电子商务实体企业7家，建成乡、村电子商务服务站99个，依托淘宝安龙馆、淘宝天猫、贵州电商扶贫项目"黔邮乡情"等电商平台，加强茶产业与电子商务融合发展，促进茶叶生产企业、农民专业合作社电商化，助力优质茶产品走出大山。

对外开放，扬长避短。打开大门招引外地茶商收购茶叶，内销、外销结合，实现产不愁销，让茶农想种、敢种，想富、能富。

加强实体专卖店的建设，拓宽销售市场。2019年上半年新建省内茶叶实体专卖店3个，充分发挥实物展销和茶艺交流的优势，大力宣传品牌，提升知名度，增加市场竞争力。

（五）望谟县

1. 茶园种植

截至2019年，望谟县紫茶基地约6400亩，其中投产面积400亩，产量约3t，相比2017年茶园面积增加了5900亩，投产面积增加了250亩，产量增加了1.95t（表2-8）。茶园基地主要分布在郊纳的八步村、铁炉村、冗岩村等地，望谟县坚持走特色紫茶发展体系，严格控制外来茶品的入侵，严格要求所有茶园、苗圃基地用苗都必须是本县特色的八步古茶品系，已有育苗基地面积约650亩，苗圃枝条主要来自于八步村、铁炉村和鸭龙村等的古茶树及合作社苗圃中的八步紫茶母本种质资源。

表2-8 2017—2019年望谟县紫茶基本情况

年度	茶园面积	投产面积	产量（t）	产值（万元）
2017	500	150	1.05	25.2
2018	5600	325	2.28	68.4
2019	6400	400	3	90

2. 加 工

望谟县以有效保护与合理开发利用为核心，形成紫茶产业链，集八步紫茶的科研、种植、加工、文化四位一体发展模式，坚持以一条龙、一站式、庄园型的形式对八步紫茶进行保护开发。随着望谟县紫茶面积的逐渐扩大，加工设备也逐渐优化，已经具备深加工、精包装条件。现八步紫茶的茶品主要是以红茶为主，其中以王母铁红、蛮王古茶、八步古茶为代表，无论口感和品质都得到了消费者的认可。

目前望谟县已有注册茶企八家。虽然望谟县八步紫茶资源开发较晚，但八步茶茶树鲜叶为紫色，花青素含量较高，是茶科类的独有品种，堪称"茶界中的大熊猫"，因而"八步紫鹃"茶得到社会各界的一致认可。自2017年以来，八步村积极动员贫困户参与土地流转种植茶叶，按平均每亩300元的土地流转费用，截至2019年望谟郊纳镇土地流转面积达13000余亩。优先选择建档立卡贫困户进茶园基地务工，以"点天工"和"片区承包制"方式分配务工类型，每人每天收入100~120元不等。在2017年全省秋季斗茶赛中，王母铁红茶业选送的古茶产品"八步古茶"获"古树茶""茶王"称号，为望谟县八步茶产业的推介提升了含金量。望谟紫茶产业的打造，不仅使八步古茶得到有效的保护，还为百姓开辟了一条就地务工增收之路。

截至2019年，紫茶产业带动贫困户735户3531人，随着产业规模的逐渐扩大，该产业必将成为望谟县重要的特色支柱产业，为农民带来更多、更大的收益。

（六）兴仁市

1. 茶园种植

兴仁市现有茶园面积2.81万亩，其中投产茶园面积1.8万亩，已形成5000亩以上的茶叶乡镇3个（巴铃、屯脚和城南），主要分布在城南、真武山、巴铃、屯脚、回龙等，品种以云南凤庆大叶茶、福鼎大白茶、龙井系列为主（图2-7、图2-8）。基地在3000亩以上的茶叶企业（公司）有3家。

图2-7 兴仁茶叶苗圃（黔西南州农业农村局供图）　　图2-8 扦插苗（黔西南州农业农村局供图）

2. 加 工

历史上，受生产工具的限制，兴仁市茶叶加工主以手工为主，通过人工采摘、人工炒制形成产品。这种方式较为粗放，最难在于控制火候，要经验丰富的制茶师才得炒制出上好的茶叶，这种制茶方式的优点是容易控制口感，形成不同风格的茶产品，缺点是制作周期长，产量少。

直到20世纪80年代，兴仁才出现半机械化制茶。通过多年的演变和发展，兴仁市现有茶叶加工企业10家，全市干茶年产量达到534t，产值超过6000万元以上。

（七）贞丰县

1. 茶园种植

1944年，贞丰县茶叶种植面积达500亩，茶叶产量16t，属当年全省茶叶产量超百市担（一市担合100斤）的23个县份之一。1955年，全县茶叶种植面积176亩；1958年，全县茶叶种植面积1545亩；1963年，全县茶叶种植面积653亩；1964年，全县茶叶种植面积477亩；1965年，全县茶叶种植面积689亩；1970年，全县茶叶种植面积533亩。

"文革"期间，县境内较有规模和名气的茶场茶园计有大碑茶场（珉谷镇）、高龙茶场（珉谷镇）、盘龙茶场（珉谷镇）、牛场区的董畔茶场（北盘江镇）、龙场区的坡柳茶场（龙场镇）等。董畔茶场在20世纪70—80年代成为全县著名的模范茶场及全县茶技术人才的培训基地（图2-9、图2-10）。

图2-9 20世纪70—80年代贞丰县模范茶场董畔茶场场部（贞丰县供图）　　图2-10 20世纪70年代董畔茶场加工设备（贞丰县供图）

1971年贞丰县从云南引进大叶茶种和从浙江引进金华地区小叶茶种共100万斤。1973年，长田七三茶场建成，全县茶叶种植面积1999亩，产量29t。

1974年，长田黑石茶场和长田陇塔白石岩茶场建成，全县茶叶播种面积共计1.5万亩，产量31.5t。种茶区从坡柳、挽澜扩大到龙场、大碑、白腊、盘龙、大长田、青杠林、木桑、小电、头毛、定塘、三河、者相、纳窝、这艾、鲁贡、鲁容、沙坪等20个乡，其中种植面积在千亩以上的社队茶场有团结、木桑、高陇、三岔河、大碑、董畔、"三七"、陇塔等7个茶场（图2-11至图2-14）。据贞丰县普查结果，全县引进茶叶品种20个。

为了提高茶叶制作技术，贞丰县供销社先后购买茶叶制作机械9套，支援重点茶场，又用5万元扶贫生产资金购买茶叶种和制茶机械，无偿支持生产队。为提高茶园管理水

图2-11 贞丰县珉谷街道办事处高陇茶场（贞丰县供图）　　图2-12 贞丰县长田镇甘田村七三茶场（贞丰县供图）

图 2-13 贞丰县永丰街道办盘龙茶场
（贞丰县供图）

图 2-14 贞丰县珉谷街道办事处大碑茶场
（贞丰县供图）

平，供销社先后组织种茶社队代表120多人次前往湖南省的桃源及本省湄潭等地参观学习，并帮助社队培训茶叶技术人员500余人。

1976年3月7日，贞丰县农业局、县供销社联合向县农办、县财办提交《关于一九七六年茶叶生产工作意见的请示报告》。3月19日，贞丰县农业局、县供销社联合向县农办、县财办呈文《关于召开春茶加工现场训验会议的请示报告》。5月24日，贞丰自治县农业局、县供销社联合下发《关于分配补助茶叶生产专用化肥的通知》（图2-15）。1976年全县茶叶种植面积7932亩，产量37.6t。1977年，全县茶叶种植面积11023亩，产量39t，1978年，全县茶叶种植面积14143亩，产量211t。

图 2-15 1976 年贞丰县农业局、县供销社联合下发的茶产业文件
（贞丰县供图）

20世纪80年代初农村实行联产承包责任制以后，相当一部分乡镇出现毁茶种粮现象。截至1985年末，全县保留下来的茶园面积为7513亩，茶叶产量149.4t；1990年全县茶叶产量为51.09t。

截至2018年底，贞丰县有茶园面积4.58万亩，主要分布在珉谷街道、长田镇、小屯镇、龙场镇、挽澜镇、北盘江镇、连环乡等乡镇（街道），种植品种主要有金观音、福鼎大白、龙井43、乌牛早、黄金叶、中茶108、白茶等。至2018年全县茶园种植情况分布如表2-9所示：

表 2-9 2018 年贞丰县茶产业发展状况及布局

乡镇（街道）	总面积（万亩）	投产面积（万亩）	地块落实面积（万亩）	种植品种
小屯镇	2.1	1.02	0.2	金观音、福鼎大白、龙井43、乌牛早、黄金叶、中茶108、白茶

乡镇 （街道）	总面积 （万亩）	投产面积 （万亩）	地块落实面积（万亩）	种植品种
龙场镇	0.8	0.43	0.2	金观音、福鼎大白、龙井43、乌牛早、中茶108
长田镇	1.0	0.86	0.2	金观音、福鼎大白、龙井43、乌牛早、黄金叶、中茶108、白茶
珉谷街道	0.08	0.065	0.005	福鼎大白、龙井43、乌牛早、黄金叶、白茶
挽澜镇	0.18	0.046	0.1	福鼎大白、龙井43、中茶108
北盘江镇	0.25	0.032	0.05	金观音、龙井43、黄金叶
连环乡	0.17	0.06	0.05	龙井43、乌牛早、白茶
总计	4.58	2.513	0.805	

2. 加 工

截至2018年底，全县工商注册涉茶企业（合作社）206家，其中有州级龙头企业3家：贞丰县圣丰茶业综合开发有限公司、贞丰县小屯龙井茶叶有限公司、贞丰县瑞香茶叶开发有限公司；大型茶叶加工厂9家，规模企业2家，SC认证1家，注册品牌5个；全县实现茶叶产量1707t，产值6696万元，带动贫困人口2780人实现脱贫。

截至2018年末，全县茶叶年产量和种植规模在全州均居第三至第四位；贞丰县秉承巩固老茶园，发展新茶园的指导思想加强基地建设，茶园面积逐年扩大，茶叶产量逐年提高，茶已成茶农重要收入支撑。

为提高茶叶生产质量，2017年6月，贞丰县在长田镇举办首届"盘江制茶师"夏秋茶制作培训，陆续注册"盘江绿""盘江红"等地方茶叶品牌。2018年9月，贞丰县政府与贵州大学茶学院联合举办脱贫攻坚"夏秋攻势"茶叶管护及制作培训班，培训学员70多名，壮大茶农和茶叶生产技术队伍，提高茶农对花园的管护水平。2018年11月，宁波市海曙区派驻贞丰县开展对口帮扶的茶学博士吴颖对全县40名茶叶种植户进行红茶制作和田间管理培训，为全县茶产业发展奠定了坚实的人才基础；持续开展茶叶禁、限用农药法律法规知识宣传培训，指导茶农科学合理使用农药。2018年共开展相关培训2场（次），培训企业、种植大户、茶农共计100余人（次）。强化农药经营监管，从源头管理上堵住茶叶禁、限用药流入市场。积极组织企业（合作社）推进茶叶标准化生产，完成了2家加工厂清洁化改造。

2018年12月，贞丰县利用东西部协作帮扶城市——宁波市海曙区400万专项扶持资金，在长田镇建成占地面积2600m²的集贸易与服务于一体的"中国金县黔西南贞丰茶叶交易市场"；县内春季名优茶主要销往浙江、山东、安徽、福建及省内各地，年交易量为371t左右；县内销售主要以小门市现货交易为主，包括专卖店、茶庄、茶馆、商场专柜、卖场、超市等自产自销，年销售量51t左右。"中国金县黔西南贞丰茶叶交易市场"开市以来，各涉茶乡镇相继制订出台一系列针对茶农茶商的优惠政策，2018年完成茶青产量1484t、干茶产量371t，干茶产值5800万元，带动全县茶农547户，总人口数1840人，其中贫困户242户1071人，茶农及加工作坊农户户均实现收入超过1万余元。

近年来，贞丰县先后推进以"盘江红""盘江绿"为代表的"贞丰茶"品牌建设，陆续申报和完成"贞丰茶"有机、绿色产地认证。借助贵州大学茶学院和相关农学院的技术力量，进一步加强坡柳"娘娘茶""白茶""扁形茶"等多种茶类茶产品的标准和技术规范，其中"坡柳娘娘茶"先后获得国家质量监督检验检疫总局地理标志产品和国家工商总局地理标志认证。

第四节　特色优势茶产业带

一、普安一园两区三带

普安是古茶树之乡，因其独特的土壤、气候等优势而成为贵州西部茶叶优势产区。其所辖江西坡、高棉、罗汉、龙吟、地瓜、青山、新店、白沙、兴中、楼下、南湖、盘水共12个乡（镇、街道）都可发展茶园，是全省20个重点产茶县之一。目前普安以"一园两区三带"为茶产业发展战略规划，力争2025年实现年产茶达12万t（其中名优茶青1.2万t），茶产业综合产值达20亿元，建成全县农业第一支柱产业，贵州西部重点优质茶生产基地县。

"一园"指"白叶一号"感恩茶园。2018年6月，习近平总书记"增强饮水思源、不忘党恩的意识，弘扬为党分忧、先富帮后富的精神……"的重要指示精神和中央、省、州有关工作部署，在国务院扶贫办（现国家乡村振兴局）和浙江省黄杜村的关心支持下，普安县被列为白叶一号茶苗受捐地，共计2000亩，覆盖地瓜镇、白沙乡2个乡镇10个村（社区）贫困户862户2577人。"白叶一号"工程按照村社合一运行机制，即龙头企业主体实施茶园建设、管理、销售经营、扩大生产、利润分配；专业合作社牵头全员入社、联产承包、生产竞赛；贫困农户参与管理、因人设岗、折股分红来运作。至2019年，茶苗全部定植完成，成活率98%以上。

"两区"指的是江西坡国家级出口食品农产品质量安全示范区、青山古茶树核心区。江西坡是普安产茶大镇，种植茶叶及出口茶叶的历史悠久，茶品质优良，20世纪末其生产的红茶曾大量出口苏联，其打造国家级出口食品农产品质量安全示范区基础雄厚。青山镇古茶树分布最多，当地土壤pH值4.5~5.5，是古茶树最适宜生长的pH值范围，且因四球古茶树世界唯一，可以专供高端客户，现售价已达6800元/斤，提质后可达到1.6万元/斤，是茶中的稀缺产品，销售前景非常好（图2-16、图2-17）。

<table>
<tr><td>图 2-16 已被保护起来的四球古茶园
（黔西南州农业农村局供图）</td><td>图 2-17 四球古茶树茶花
（黔西南州农业农村局供图）</td></tr>
</table>

"三带"指的是罗汉—新店产业带、地瓜—江西坡产业带、江西坡—高棉—白沙产业带。江西坡、地瓜、罗汉、新店、高棉种有福鼎大白、龙井43、云南大叶种、乌牛早白茶、铁观音、安吉白茶等优良茶叶品种。目前涉及这些产业带的乡镇正大力扩大茶园面积，为进一步实现普安产业转型、茶产业规模化发展打下了坚实的基础。

二、兴义高山中小叶绿茶产业带

兴义在"十二五"期间列入黔西南州高山中小叶绿茶产业带。根据兴义高海拔、低纬度的地理位置及立体型的气候特点，将兴义的茶产业分为：

① **中低海拔绿茶苦丁茶产业带（1000~1300m）**：以泥凼镇乌舍、老寨，捧乍镇的养马、平洼、等乡镇村组为主。

② **中高海拔无性绿茶（20世纪70年代种植的中小叶浙江金华种）产业带（1400~1600m）**：以清水河镇的补打村，敬南镇的吴家坪村、白河村，猪场坪乡的丫口寨村、田湾村等乡镇办为主的实生苗绿茶产业带；乌沙革里、坪东办洒金村、木贾办干沟村等乡镇办的村组为主的无性系绿茶产业带。

③ **高海拔无性系中小叶绿茶产业带（海拔1600m以上）**：以七舍、捧乍、敬南、猪场坪、雄武等乡镇为主的高山中小叶绿茶产业带。

④ **以古茶树为主的高山古茶树产业带（海拔1700~1900m）**：依托"七舍茶"地理标志保护产品品牌，以现有的七舍、捧乍、鲁布格、雄武、猪场坪、敬南、清水河、坪东、木贾、乌沙、泥凼等11个乡镇（街道）为中心，茶叶种植规模达10万亩以上，逐步形成高山古茶树产业带。

三、晴隆花贡—沙子—碧痕—大厂特色优势茶叶带

按照晴隆茶叶发展总体规划，晴隆县建设4个特色优势茶产业带：花贡—沙子—碧痕—大厂4个乡镇。

（一）县北部花贡特色优势茶叶产业带

花贡镇距县城60km，该区历史以来为滇黔要道，明清时期由安顺至郎岱，过打铁关、毛口、进入县境西陵渡河塘、五里碑、都田、母酒，翻过老鹰岩经十八岗出县境，建有古驿道，依山傍水，峰回路转，风光秀丽。该区茶叶生产历史悠久，技术成熟。20世纪50年代省属国营花贡农场建场于此，自1958年开始发展生产。20世纪70年代，开发产品红碎茶2号为出口免检产品。该区具有山高、谷深、坡陡等特点。海拔高差大，自然植被丰富；花贡镇土地肥沃，土为黄壤、黄棕壤上，适宜茶树生长发育。2008年以来，花贡镇以普纳山茶场为中心，大力发展茶园，种植金观音等新品种。据贵州省农业厅宜茶土壤普查，宜茶面积2.6万亩以上，发展茶叶有较大空间，按照沿江沿河原则发展茶产业，至2016年，有茶园2万余亩。

（二）中部沙子特色优势茶叶产业带

沙子镇距县城15km，辖21个村104个村民组，共4760余户2.17万人。区内立体气候明显。海拔高低差异大（800~1400m），年降水量在1300mm左右，年均温14.1℃，无霜期280天。气候温和湿润，雨热同季，土壤主要为黄壤、黄泥沙土等，适宜发展茶叶作物。该镇是县茶叶主产区，是茶叶产业种植、加工聚集区，有晴隆茶树良种苗圃，晴隆县茶业公司、晴隆县兴鑫茶业公司。沪昆、晴兴高速穿境而过，交通条件十分便利，发展茶产业有优越条件，按照晴隆县"十三五""沿景、沿路"原则，该区规划为特色优势茶产业带。2008—2016年，晴隆县中央财政现代农业生产发展资金茶产业项目2万亩优质无性系良种茶园建设，沿沪昆高速公路沿线、晴兴高速公路沿线，以贵州省晴隆茶树良种苗圃、县茶业公司、县兴鑫茶业公司轴心布局，建设特色优势茶叶产业带，现已基本建成。

（三）西南部碧痕特色优势茶叶产业带

碧痕镇地处县西南面，距县城27km，辖区总面积97km²，辖8个行政村，66个村民组，该镇属温凉湿润的高原亚热带季风气候区，气候温和，雨水充沛，年平均气温14℃，总降水量1650mm，无霜期300天。土壤为黄壤、黄沙壤土，适宜发展茶叶等作物。区内现有茶园3.03万亩，大型加工厂1座，经过多年不断建设，加工基础设施日益完善，加工技术成熟，茶农意识强，农村富余劳动力多。据贵州省农业厅宜茶土壤普查，宜茶面积4.6万亩以上，"十三五"规划为特色优势茶产业带建设。2008年，晴隆县在碧痕镇新庄村营头，新建70亩母本园同步配置30亩品比园。茶叶产业作为晴隆县的农业支柱特色产业，

已初步具备产业化、标准化和规模化的发展水平。2009—2015年，碧痕镇政府抓住省级《晴隆县现代高效茶叶示范园区》项目建设机遇，充分借助"世界唯一茶籽化石发掘地"和"贵州十大古茶树之乡"两张名片，结合本镇宜茶生态环境、土地资源和得天独厚的气候条件，加大招商引资力度，吸引有实力企业、个体和种植大户参与，建设"2万亩绿色产业带"茶园。引进国家级无性系茶树良种苗木1142.4万株，在东风、碧痕、新庄等村组定植优质茶园4150亩，碧痕村朝天洞组新植茶园850亩，加上原有茶园326亩，实现茶叶全覆盖，户户有茶园的村民组，为"高效茶叶示范园区"建设起到积极的推进作用。

（四）南部大厂特色优势茶叶产业带

大厂是县经济重镇，位于西南部，距县城约43km。镇内地势南低北高，海拔差异大（1050~2004m），年均温13.6℃。年降水量1500mm以上，土类为山地黄壤、黄棕壤土，土质疏松，土壤肥沃，有机质丰富，保水保肥力强，是种茶不可多得的地方。据贵州省农业厅宜茶土壤普查显示，该镇宜茶面积在5万亩以上，"十三五"规划已列为特色优势茶产业带。2008年，大厂镇高岭村新建高标准无性系示范茶园400亩。2009—2011年，晴隆县中央财政现代农业生产发展资金茶产业项目2万亩优质无性系良种茶园建设，以省级风景名胜区三望坪为核心进行安排布局，在大厂镇嘎木村种植安吉白茶1670亩、大厂镇高岭村种植安吉白茶180亩。至今，其特色优势茶叶产业带已经形成，带动了周边农民脱贫致富。

四、兴仁高山生态有机茗龙茶—石角龙茶—清真白茶产业带

（一）高山生态有机茗龙茶产业带

高山生态有机茗龙茶基地，海拔在1400~1680m，年均气温在15.2℃、降水量1315.3mm，地理条件优越，常年无霜、云雾缭绕，土壤肥沃、雨量充沛、日照充足。

基地由兴仁县富益茶业有限公司于2009年6月在以巴铃镇百卡村、屯脚镇坪寨村和屯上村三村交界处的营盘山为中心流转土地、开发荒山建设，占地面积20000余亩。截至2018年初，累计投资1.04亿元，完成种植13000余亩（其中3000亩已获得有机认证），带动农户种植3000余亩。

（二）石角龙茶茶叶带

石角龙茶产于黔西南州兴仁县城南街道办事处洛渭屯居委会，种植面积1500余亩，境内方圆几十公里，群山绵绵，云雾缭绕，土质深厚、疏松、肥沃，有机质含量高，万亩森林与千亩茶场连片，山清水美，无公害，无任何污染。其茶树叶大根深，属本地大叶茶品种，品质优越。

兴仁石角龙茶原名龙角茶，历史悠久，是夜郎国时期就有的茶树，因茶树生长在龙潭边，而龙潭中有一对形似龙角的石头，所以称为"龙角茶"，也就是现在的龙角组。老人们流传，这棵茶叶树有3丈多高，每年到清明节，方圆几十里的人都要来这里摘茶叶吃，人们有句古话，就说"清明节吃龙角茶，一年到头口回润"，将其命名龙角茶（图2-18、图2-19）。

图 2-18 石角龙茶茶叶带
（兴仁市供图）

图 2-19 中国长寿之乡养生名优产品

（三）清针白茶产业带

图 2-20 清针白茶产业带
（黔西南州农业农村局供图）

清针白茶产业带位于兴仁县真武山马家屯国有林场（图2-20），由贵州黔仁茶生态农业旅游开发有限公司打造，2013年投资建设生态观光茶园基地4000亩，重点发展白茶产业，同步打造"现代生态茶旅一体化"旅游点，目前，主要栽种品种是安吉白茶，同时栽种了黄金芽、福鼎大白、青心乌龙等。

五、贞丰龙场、小屯、长田特色茶叶产业带

贞丰县主要建设龙场、小屯、长田三大特色茶叶产业带。龙场—挽澜茶叶种植带主要分布在龙场镇、挽澜镇，2017年种植面积0.7万亩，覆盖贫困户357户1200人；2018年种植面积0.9万亩，覆盖贫困户370户1300人；2019年种植面积1.3万亩，覆盖贫困户473户1800人。小屯—珉谷茶叶种植带主要布局在小屯镇、珉谷办，2017年种植面积0.68万亩，覆盖贫困户184户768人；2018年种植面积1万亩，覆盖贫困户218户920人；2019年种植面积1.12万亩，覆盖贫困户303户1274人。长田茶叶种植带主要布局在长田镇，2017年种植面积0.7万亩，覆盖贫困户70户280人；2018年种植面积1.2万亩，覆盖贫困户140户560人；2019年种植面积1.5万亩，覆盖贫困户170户680人。

到2019年末，全县茶叶产业投入资金5.2亿元，其中千亩茶园乡镇建设1.8亿元，龙场镇、小屯镇、长田镇三大特色茶叶产业带建设1.5亿元，种植基地基础设施建设1亿元，新建加工厂1个0.5亿元，打造"盘江红、盘江绿"两个茶叶品牌0.4亿元。茶产业带建设资金来源为省产业脱贫攻坚基金（产业基金）投入3亿元，分3年投入；整合扶贫、农业、林业等各项涉农资金1.5亿元，分3年投入；企业及农户自筹资金0.5亿元，分3年投入（含投工投劳折合资金）；县级融资配套资金0.2亿元；全县茶叶产业采取"统一管理、统一收购、统一加工、统一包装、统一销售"的经营管理模式，使项目区农户尤其是732户贫困户和3768个贫困人口实现增收脱贫。

六、望谟县郊纳镇紫茶产业带

望谟县打造以郊纳镇为核心，向邻近的麻山镇、乐旺镇、打易镇、石屯镇、边饶镇、新屯街道、大观镇乡镇发展的紫茶产业带。望谟郊纳镇八步岭海拔约1600m，岭上植被完好，空气湿润清新，昼夜温差极大，远离繁华与闹市，没有污染与排放。2019年5月在杭州举办的第三届中国国际茶叶博览会上，望谟县获中国国际茶文化研究会授予"中国紫茶之乡"称号。截至2019年6月，望谟县现有紫茶基地6400余亩，其中投产面积400亩，较2017年茶园面积增加了5900亩，投产面积增加了250亩，计划到2025年望谟县将打造5万亩紫茶茶园。

七、安龙仙鹤坪茶叶——高山有机绿茶产业带

安龙县在黔西南州茶叶产业发展规划中属于黔西南中部特色绿茶产业带，根据本县气候、土壤等自然条件，将本县的茶叶生产划分为东部和北部两大产业带。

① **东部仙鹤坪茶叶产业带**：该产业区地处安龙县东部春谭街道办事处，海拔较高，在1300~1700m，常年多雾，土壤及环境条件好，依托仙鹤坪国家级森林公园，是发展生态观光茶园和有机茶的理想之地，规划茶园面积为5000亩，其中有机绿茶园面积达3000亩以上。

② **北部高山有机绿茶产业带**：该产业带位于县境中、北部，包括洒雨、龙山、普坪、海子、笃山等乡镇，海拔在1200~1600m，森林植被完整，生态保护较好，没有污染，温和凉爽，地势地形多变，自然环境复杂多样，为生物多样性奠定了丰富的自然基础，为发展高山有机茶提供了得天独厚的生长环境。规划面积4.5万亩，其中有机绿茶园面积达15000亩以上。

第五节　古茶树

　　1963年，国家农业部专家在普安县发现了古茶树群，根据大茶树特征，专家将其定名为四球古茶树。随后，四球古茶树群陆续在普安境内的江西坡、新店、雪浦等地被发现，共有茶树2万余株，分布面积上千亩，其中，树龄上千年的就有上百株。1982年，贵州省茶叶科学研究所对黔西南州范围内的茶树资源进行了调查，分别在晴隆、普安、贞丰、兴仁、兴义等地发现有10余万株种类各不同的野生茶树分布。2008年黔西南州茶产业发展办公室再次组织相关县（市）业务部门对全州古茶树资源进行调查，进一步掌握了本州现有古茶树的分布、数量、种类情况，充分证明了黔西南州是茶树的重要发源地和茶树资源丰富的地区。2011年5月，由中国农业科学院茶叶研究所、中国茶叶流通协会等单位组成的"中国普安野生古茶树"专家组深入普安进行实地考察。专家称，普安古茶树是目前国内已发现的最古老最大的四球茶树，也是目前最大的四球茶野生古茶树居群。经专家组证实，普安古茶树在分类上属于四球茶种，是珍稀古茶树资源，并且是全球唯一、普安独有，在茶树起源、演化和分类研究上具有重要的学术价值。2011年7月，中国茶叶流通协会授予普安县"中国古茶树之乡"的称誉。

　　2018年9月，黔西南州林业和农业部门调查统计，全州8县市共有百年以上古茶树127016株，其中望谟县86262株，普安县24569株，晴隆县9462株，贞丰县3500株，兴义市2962株，兴仁市141株，安龙县108株，册亨县12株。

一、普安县

（一）古茶树分布情况

　　经普查统计，普安县共有古茶树24569棵。其中，地径15cm以上的1096棵，8~15cm的855棵，8cm以下22618棵；单株调查2095棵，群体22474棵。主要分布在青山镇、江西坡镇、地瓜镇和白沙乡等4个乡镇，其中青山镇分布最多。青山镇（分布在普白林场、马家坪、托家地、母树沟、干沟、鸡洞）共有古茶树16610棵，其中地径15cm以上的814棵，8~15cm的626棵，8cm以下的15170棵（图

图2-21　青山镇鸡洞组、马家坪古茶树（普安县供图）

2–21）；江西坡镇（分布在东南村、细寨村、高潮村）一共有古茶树317棵，其中地径15cm以上的90棵，8~15cm的21棵，8cm以下206棵；地瓜镇（分布在鲁沟村）共有古茶树6956棵，其中地径15cm以上的31棵，8~15cm的19棵，8cm以下的6906棵；白沙乡（分布在卡塘村马家坪）共有古茶树686棵，其中地径15cm以上的161棵，8~15cm的189棵，8cm以下的336棵。普安古茶树按地域分布、数量和地径大小情况见表2-10、表2-11。

表 2-10 普安县古茶树分布数量汇总（单位：株）

乡镇	地径≥15cm	8cm≤地径<15cm	地径<8cm	群体	小计
青山镇	814	626	76	15094	16610
江西坡镇	90	21	2	204	317
地瓜镇	31	19	4	6902	6956
白沙乡	161	189	62	274	686
合计	1096	855	144	22474	24569

表 2-11 普安古茶树按地径大小（地径≥40cm）分布情况

序号	编号	古茶树分布地点	周长（cm）	地径（cm）	海拔（m）	备注
1	p2005	普安县地瓜镇鲁沟村石板组	262.2	83.5	1597	人工移栽
2	p0987	普安县青山镇普白林场豹子沟	226.4	72.1	1819	灌木
3	p1232	普安县青山镇普白林场	221.2	70.4	1850	
4	p0839	普安县青山镇普白林场	208.8	66.5	1782	
5	p1566	普安县白沙乡马家坡	191.6	61.0	1447	人工移栽
6	p0178	普安县青山镇马家坪三岔沟	178	56.7	1626	
7	p1387	普安县青山镇哈马村鸡洞组	175.2	55.8	1620	
8	p0001	普安县青山镇马家坪半坡	172.0	54.8	1704	
9	p1323	普安县青山镇普白林场	168.5	53.7	1846	
10	p1568	普安县白沙乡马家坡	168.2	53.6	1448	人工移栽
11	p0695	普安县青山镇普白林场	166	52.9	1804	
12	p0908	普安县青山镇普白林场豹子沟	164.4	52.4	1800	
13	p0933	普安县青山镇普白林场豹子沟	163.2	52.0	1818	
14	p0952	普安县青山镇普白林场豹子沟	156.4	49.8	1842	
15	p0173	普安县青山镇马家坪后山	151	48.1	1610	
16	p0264	普安县青山镇哈马村母树沟组	149.4	47.6	1714	
17	p0256	普安县青山镇哈马村母树沟组	148.4	47.3	1671	
18	p0463	普安县青山镇哈马村托家地组	148.1	47.2	1662	
19	p0755	普安县青山镇普白林场	148	47.1	1874	
20	p1637	普安县白沙乡马家坡	144.2	45.9	1426	人工移栽
21	p0274	普安县青山镇哈马村母树沟组	142.8	45.5	1669	
22	p1495	普安县江西坡高潮村老道坡	142	45.2	1846	

序号	编号	古茶树分布地点	周长（cm）	地径（cm）	海拔（m）	备注
23	p0332	普安县青山镇哈马村母树沟组	139.8	44.5	1659	
24	p1447	普安县青山镇哈马村鸡洞组	139.6	44.5	1610	
25	p0849	普安县青山镇普白林场	139.3	44.4	1774	
26	p1675	普安县白沙乡马家坡	139.2	44.3	1420	人工移栽
27	p0846	普安县青山镇普白林场	136.4	43.4	1779	
28	p0344	普安县青山镇哈马村母树沟组	135	43.0	1632	
29	p1320	普安县青山镇普白林场	134.4	42.8	1849	
30	p0748	普安县青山镇普白林场	133	42.4	1794	
31	p1432	普安县青山镇哈马村鸡洞组	132.7	42.3	1609	
32	p1213	普安县青山镇普白林场	130.6	41.6	1772	
33	p0003	普安县青山镇马家坪半坡	130.4	41.5	1703	
34	p1396	普安县青山镇哈马村鸡洞组	130.2	41.5	1636	
35	p1741	普安县白沙乡马家坡	129.6	41.3	1450	人工移栽
36	p0656	普安县青山镇普白林场	129.4	41.2	1774	
37	p1787	普安县白沙乡马家坡	128.2	40.8	1452	人工移栽
38	p0267	普安县青山镇哈马村母树沟组	128.2	40.8	1716	
39	p0342	普安县青山镇哈马村母树沟组	127.4	40.6	1632	
40	p0851	普安县青山镇普白林场	126.8	40.4	1780	
41	p0437	普安县青山镇哈马村干沟组	126	40.1	1530	
42	p1448	普安县青山镇哈马村鸡洞组	125.6	40.0	1615	
43	p1376	普安县青山镇哈马村托家地组	125.6	40.0	1508	

（二）古树茶产品介绍

2016年7月4日，"普安四球茶"被国家质量监督检验检疫总局批准为国家地理标志保护产品。其原料主要来自普安县楼下镇、青山镇、新店镇、罗汉镇、地瓜镇、江西坡镇、高棉乡、龙吟镇、兴中镇、白沙乡、南湖街道、盘水街道等12个乡镇（街道）古茶树分布地，品种为四球茶（Camellia tetracocca Zhang）。"普安四球茶"现主要加工为红茶，外形条索重实、乌润，汤色橙红明亮，馥郁，花果香持久，有回甘。

二、晴隆县

2016年2月，晴隆县茶叶产业局开展古茶树资源排查立档保护工作。为加强古茶树保护，提高全社会对古茶树资源的保护意识，促进茶产业发展，县茶叶产业局组织技术人员对县境内分布的古茶树开展排查立档工作：根据叶片大小和树型进行分类统计；开展古茶树鉴别；对县域内生长的古茶树进行数量、大小、种类调查，选择有代表性的单株古茶树进行测量记载，并进行拍照、编号、建档、制订管护措施等，为县茶产业打造茶叶品牌、培育新品种、研发新产品打下坚实的基础。

（一）古茶群分布

① **山茶科山茶属**：分布在晴隆县中营镇小红寨村红花组一带。现存野生及栽培古茶树资源从东南部的紫马乡到中部沙子至西北部中镇均有分布。

② **古茶树红瘤果茶自然生长型**：分布于紫马乡一带，因花大色艳，仅为观赏植物。

③ **红药红山茶自然生长型**：分布于大厂镇五月朝天、沙子镇白鸡山一带。

④ **古茶树大叶类（乔木型）**：分布于大厂镇高岭村石砍子组，树高14m余，沙子镇小坪寨。

⑤ **古茶树中小叶（灌木型）**：分布于碧痕镇碧痕社区小厂一带。

⑥ **古茶树四球茶**：分布于碧痕镇新庄一带。

⑦ **古茶树大苦茶**：分布于碧痕镇新坪村半坡、大厂镇五月朝天一带，大湾村青岩一带有人工移栽古茶树。

⑧ **古茶树大树茶**：分布于沙子镇砚瓦、老街一带，中营镇义勇村、小红寨均有人工栽培单株古茶树。

（二）建档古茶树68株（表2-12）

表2-12 晴隆县古茶树分布情况

编号	树龄（年）	冠幅（cm）	树高（cm）	主干高（cm）	茎粗（cm）	海拔（m）	地址
1	100	150	210	150	8	1200	中营镇老坪社区店子上组
2	150	190	275	260	12	1220	中营镇老坪社区店子上组
3	150	225	250	200	10	1210	中营镇老坪社区店子上组
4	200	75	280	250	10	1230	中营镇老坪社区店子上组
5	200	185	320	210	17	1170	中营镇老坪社区店子上组
6	200	135	260	180	20	1117	中营镇老坪社区和平组
7	150	135	270	220	15	1117	中营镇老坪社区和平组
8	100	190	290	210	8.7	1116	中营镇老坪社区和平组
9	150	230	320	270	10	1116	中营镇老坪社区和平组
10	150	190	310	280	10	1116	中营镇老坪社区和平组
11	200	170	310	270	13	1115	中营镇老坪社区和平组
12	150	160	165	150	11	1115	中营镇老坪社区和平组
13	100	160	320	280	10	1109	中营镇老坪社区和平组
14	100	180	310	280	10	1105	中营镇老坪社区和平组
15	150	190	340	300	10	1106	中营镇老坪社区和平组
16	160	200	320	300	10	1103	中营镇老坪社区和平组

编号	树龄（年）	冠幅（cm）	树高（cm）	主干高（cm）	茎粗（cm）	海拔（m）	地址
17	150	165	310	290	10	1104	中营镇老坪社区和平组
18	150	195	310	290	10	1105	中营镇老坪社区和平组
19	100	195	320	300	10	1105	中营镇老坪社区和平组
20	100	255	310	300	10	1105	中营镇老坪社区和平组
21	150	225	310	300	12	1105	中营镇老坪社区和平组
22	100	165	270	250	10	1105	中营镇老坪社区和平组
23	150	235	260	220	11	1105	中营镇老坪社区和平组
24	150	205	320	300	12	1110	中营镇老坪社区和平组
25	100	190	300	290	8.5	1112	中营镇老坪社区和平组
26	100	160	300	290	10	1113	中营镇老坪社区和平组
27	100	265	340	310	8	1112	中营镇老坪社区和平组
28	100	205	350	310	10	1113	中营镇老坪社区和平组
29	100	185	300	280	13	1109	中营镇老坪社区和平组
30	100	165	280	250	9	1108	中营镇老坪社区和平组
31	150	195	350	320	11	1107	中营镇老坪社区和平组
32	100	110	280	250	7	1107	中营镇老坪社区和平组
33	200	130	300	290	16	1262	中营镇小红寨村红花组
34	100	190	320	300	9.5	1262	中营镇小红寨村红花组
35	100	140	380	350	10	1261	中营镇小红寨村红花组
36	100	235	480	400	10	1259	中营镇小红寨村红花组
37	100	170	380	350	6	1259	中营镇小红寨村红花组
38	100	260	390	360	5	1259	中营镇小红寨村红花组
39	100	185	400	380	11	1259	中营镇小红寨村红花组
40	150	265	400	360	11	1259	中营镇小红寨村红花组
41	100	225	380	360	12	1259	中营镇小红寨村红花组
42	100	155	450	400	8	1259	中营镇小红寨村红花组
43	150	320	520	500	12	1259	中营镇小红寨村红花组
44	100	100	280	250	7	1258	中营镇小红寨村红花组
45	100	185	370	320	8	1251	中营镇小红寨村红花组
46	100	120	330	310	7	1251	中营镇小红寨村红花组
47	100	180	250	230	6	1240	中营镇小红寨村红花组
48	100	185	290	260	6	1256	中营镇小红寨村红花组
49	100	350	580	560	11	1250	中营镇小红寨村红花组
50	150	245	450	410	13	1250	中营镇小红寨村红花组
51	200	190	460	410	15	1250	中营镇小红寨村红花组
52	150	265	520	500	11	1248	中营镇小红寨村红花组
53	150	305	550	530	13	1248	中营镇小红寨村红花组
54	100	145	400	360	11	1249	中营镇小红寨村红花组
55	100	320	720	700	16.5	1190	中营镇小红寨村红花组

编号	树龄（年）	冠幅（cm）	树高（cm）	主干高（cm）	茎粗（cm）	海拔（m）	地址
56	100	500	700	225	62	1555	碧痕镇新庄村云头组
57	320	355	230	190	9.5	1448	碧痕镇东风村坝桶组
58	120	430	380	300	7	1400	大厂镇高岭村排沙组
59	120	500	480	32	6.7	1420	大厂镇高岭村排沙组
60	150	950	1300	400	20.1	1475	大厂镇高岭村石坎子组
61	100	790	1200	220	24	1255	莲城街道坡荣村小坪寨组
62	320	500	350	210	10	1705	碧痕镇碧痕村小厂组
63	120	260	370	340	13	1150	沙子镇保家村大石头组
64	120	380	380	320	14	1145	沙子镇保家村大石头组
65	120	390	380	140	26	1140	沙子镇保家村大石头组
66	120	320	350	310	26	1135	沙子镇保家村大石头组
67	120	310	350	280	12	1130	沙子镇保家村大石头组
68	310	135	260	210	12	1414	沙子镇沙子村老街

（三）古树茶产品介绍

晴隆古茶树资源群落多，分布区域广，各地民族风情差异，对古茶树资源开发保护利用也不一致。如紫马的红瘤果因花大色艳，目前生产上仅作庭院绿化栽培观赏，四球茶、半坡大树茶、大苦茶为农家自采加工自用，工艺为杀青、揉捻、渥堆、晒干、储存备用。沙子、中营古茶树，春季农户采摘一芽二三叶，经杀青、搓揉、晒干储存备用，用时将砂礶置于柴火上，等礶温度升高后，置入糯米，炒焦炒黄，然后放入茶叶，倒入开水再饮用。

2015年来，晴隆县茶业公司收购古茶树茶青制作的红茶，被"贵州古茶树茶叶品鉴会"评为贵州最具推荐价值的古茶树茶产品，市场销售价格6000元/斤以上，供不应求。

三、兴义市

兴义市具有低纬度、高海拔的地理特点和明显的立体型气候特征，其复杂的地形地貌及湿润的气候孕育了丰富的古茶树资源，是古茶树发源地之一。

经初步调查统计，兴义古茶树群落（居群）资源主要分布在兴义市七舍、敬南、捧乍、南盘江镇、猪场坪乡、坪东街道办等乡镇（办）。现今七舍镇境内的革上村纸厂组、敬南镇高山村烂木菁组还保存有较完整的古茶树群落。

七舍镇古茶树历史悠久，古茶树树龄可以追溯至明朝初年。听当地人介绍，年龄最大的树龄已近千年（图2-22）。目前已挂牌的古茶树有155株，树高5m以上、冠幅12m²

以上的30余株，树高4m以上、冠幅7m²以上的75株。地方最具代表的古茶树高10.5m，冠幅60m²以上，形如巨伞，郁郁葱葱，枝繁叶茂，盘根错节，甚为壮观，在黔西南州乃至贵州省都是唯一。

敬南镇飞龙洞、高山村均发现较为连片的古茶树（图2-23）。猪场坪乡丫口寨村现有集中连片的清代人工种植古茶园（图2-24）。

图2-22 兴义七舍古茶树（罗德江摄）　图2-23 敬南镇高山村烂木箐古茶树（兴义市供图）　图2-24 猪场坪乡清代古茶园（兴义市供图）

四、望谟县

望谟县郊纳镇铁炉村、八步村和鸭龙村等村古茶树分布较为集中，其铁炉村、冗岩村、八步村约1000亩的面积被列为古茶树核心保护区，对认定的百年以上古茶树挂上"贵州省优质林业资源百年古茶树"保护牌子。为保护八步茶珍稀茶饮资源，2017年11月份以来，望谟县聘请贵州大学专业团队对现有古茶树进行普查，已普查出古茶树86262株，均为100年以上古茶树，超500年以上古茶树有119棵（表2-13、表2-14）。古茶树中一级分枝地径8cm以上有1673株，其中地径15cm以上的有492株、8~15cm的有1181株；6~8cm的有411株；6cm以下有84178株。从分布情况看，铁炉村有古茶树22663棵，其中，一级分枝地径8cm以上有1141棵，一级分枝地径在6~8cm的有280棵；八步村有古茶树15410棵，其中，一级分枝地径8cm以上有362棵，一级分枝地径在6~8cm的有89棵；鸭龙村有古茶树18030棵，其中一级分枝地径8cm以上有34棵，一级分枝地径在6~8cm的有8棵；冗岩村有古茶树11921棵，其中，一级分枝地径8cm以上有123棵，一级分枝地径在6~8cm的有30棵；郊纳村有古茶树5095棵，其中，一级分枝地径8cm以上有7棵，一级分枝地径在6~8cm的有2棵；关寨村有古茶树4911棵，一级分枝地径8cm以上有4棵；懂闹村有古茶树1802棵，其中一级分枝地径8cm以上有2棵。

表2-13 望谟县郊纳镇古茶树估计树龄（500年以上119棵）统计（单位：棵）

估计树龄	500~600年	600~700年	700~800年	800~1000年	1000年以上
数量	76	21	15	4	3
合计	119				

表 2-14 望谟县郊纳镇古茶树分布数量汇总表（单位：棵）

地点	地径≥15cm	8cm≤地径<15cm	6cm≤地径<8cm	群体	小计
铁炉村	368	773	280	21242	22663
八步村	88	274	89	14959	15410
鸭龙村	6	28	8	17988	18030
冗岩村	26	97	30	11768	11921
郊纳村	2	5	2	5086	5095
高寨村	—	—	—	5818	5818
关寨村	1	3	1	4906	4911
懂闹村	1	1	1	1799	1802
水秧村	—	—	—	546	546
油停村	—	—	—	66	66
合计	492	1181	411	84178	86262
		1673			
		2084			

五、安龙县

经普查统计，安龙县共有古茶树108棵，主要分布在海子、洒雨、招堤、笃山等街道、乡镇，其中海子镇分布最多，有61棵（图2-25、表2-15）。

安龙县范围内都有茶树。在洒雨镇上陇村，共有3株古茶树，属于小叶种茶树，最大一棵直径35cm，高10m余。

海子乡长冲组大约有70余棵古茶树，其中最大一棵直径55cm，高20m余。其余的直径都在35~45cm，高度都10m余。100多年前，当地人从云南引进的古茶树有10多棵，直径都在30cm左右，高10m余，这些都属于大叶茶树种。

图 2-25 海子乡长冲组古茶树
（王存良摄）

表 2-15 安龙县古茶树分布表

镇办	笃山镇	海子镇	普坪镇	洒雨镇		招堤街道办事处	合计
古茶树棵数	1	61	2	14	1	29	108
地点	云上村	马赤黑村	龙新村	下龙村	海星村	石灰村	

六、兴仁市

在新场龙镇三道沟竹海深处，现有古茶树共计141株，建档15株，其中胸围（地围）≥70cm的有5株（表2-16）。

表 2-16 新场龙镇三道沟 15 株古茶树（四球茶）信息统计表

古树大树名木编号	中文名	俗名	科	小地名	经度（°E）	纬度（°N）	估测树龄（年）	古树等级	树高（m）	胸围/地围（cm）	东西冠幅（m）	南北冠幅（m）	平均冠幅（m）	海拔（m）	坡向	坡度（°）	坡位
52232200817	大厂茶（四球茶）	大黑茶	山茶科	茨篆坪	105.00926	25.436323	100	3	5	76	4	4	4	1800	4	25	3
52232200818	大厂茶（四球茶）	大黑茶	山茶科	茨篆坪	105.009798	25.433005	100	3	5	52	3	3	3	1760	7	25	3
52232200819	大厂茶（四球茶）	大黑茶	山茶科	茨篆坪	105.009853	25.432768	100	3	5	60	3	3	3	1760	7	25	3
52232200820	大厂茶（四球茶）	大黑茶	山茶科	茨篆坪	105.009576	25.432709	100	3	5	51	3	3	3	1760	7	25	3
52232200821	大厂茶（四球茶）	大黑茶	山茶科	茨篆坪	105.009558	25.432719	100	3	5	51	3	3	3	1760	7	25	3
52232200822	大厂茶（四球茶）	大黑茶	山茶科	田坝三组	105.008335	25.429514	100	3	5	55	3	3	3	1750	4	25	3
52232200823	大厂茶（四球茶）	大黑茶	山茶科	田坝三组	105.008328	25.429459	100	3	5	62	3	3	3	1750	4	25	3
52232200824	大厂茶（四球茶）	大黑茶	山茶科	田坝三组	105.008322	25.429425	100	3	6	52	4	4	4	1750	4	25	3
52232200825	大厂茶（四球茶）	大黑茶	山茶科	田坝三组	105.008329	25.429406	100	3	5	51	3	3	3	1750	4	25	3
52232200826	大厂茶（四球茶）	大黑茶	山茶科	田坝三组	105.008131	25.429474	100	3	5	53	3	3	3	1750	4	25	3
52232200827	大厂茶（四球茶）	大黑茶	山茶科	田坝三组	105.008408	25.429424	100	3	5	70	4	4	4	1750	4	25	3
52232200828	大厂茶（四球茶）	大黑茶	山茶科	三道沟组	105.006804	25.422414	100	3	7	71	4	4	4	1770	4	25	3
52232200829	大厂茶（四球茶）	大黑茶	山茶科	三道沟组	105.006819	25.422265	100	3	7	105	5	7	6	1770	4	25	3
52232200830	大厂茶（四球茶）	大黑茶	山茶科	三道沟组	105.00606	25.420339	100	3	5	55	3	3	3	1760	4	25	3
52232200831	大厂茶（四球茶）	大黑茶	山茶科	三道沟组	105.006084	25.420299	100	3	5	71	3	3	3	1760	4	25	3

七、贞丰县

截至2018年末，贞丰县境内古、老茶树的分布有3个群落。第一个群落在龙场镇坡柳村，现存古茶树近千株，是县境内最著名的古茶树群；数量规模居第二位的老茶树群位于连环乡连环村，其数量占全县古老茶树一半以上；第三个古茶树群分布在长田镇，全县现有古茶树3500株（图2-26至图2-28）。

图2-26 龙场镇坡柳村堡堡上组古茶树 （贞丰县供图）　　图2-27 长田镇普子大寨古茶树（贞丰县供图）

图2-28 连环村老茶树（贞丰县供图）

第六节 茶树品种

作物种质资源是人类生存和发展最有价值的宝贵财富，种质资源也是茶产业可持续发展的战略性资源。茶树种质资源包括幸存的野生大茶树、地方群体品种、栽培品种、新育成品种和品系，以及各种茶树突变体、稀有种和近缘野生种等。中国西南是茶树原产地，贵州因其自然地理的特殊性，被誉为茶树种质资源的宝库。贵州地方茶树资源分布范围广，遗传多样性丰富，特异型茶树资源较多。1939年，贵州省茶叶研究所科技人员首次在贵州境内考察发现野生大茶树。通过几代人的共同努力，先后对贵州茶树资源进行了较全面的调查、收集、整理、保存、鉴定和评价。

野生茶树被誉为"活化石"，对研究茶树的起源、演变具有重要价值。1993年，在张太平研究员主持的"'八五'国家重点科技攻关项目子专题'黔南山区作物种质资源考察'"项目资助下，对贵州西南部的茶树种质资源进行了考察。这次考察遍及普安、晴隆、盘县（今盘州市）、兴仁、兴义、安龙6个县市，历时1个月，收集到野生茶树资源18份，山茶科非茶组植物资源2份；明确了贵州西南部是我国野生大茶树重点分布区域之一；发现了茶组植物中属于较原始类型的大厂茶 C. tachangensis，此外还有大理茶 C. taliensis 和阿萨姆茶 C. sinensis var. assamzca 分布。

一、地方原生茶树品种

① **贵州大树茶种**：黔西南普安县普白野生大树茶（四球茶系）是贵州比较原始的茶树类型（属乔木大树茶亚种），属野生或半野生状态，亦有栽培型。树高5m以上，分枝少而部位较高，主干明显，大叶类，叶脉10对左右，内含有效成分相对较低，含简单儿茶素较多，而含复杂儿茶素较少。

② **四球茶种**：最早发现于普安县普白林场的四球茶种多为野生和半野生状态，经鉴定为山茶属中的一个新品种。小乔木型，嫩枝及顶芽均无毛；叶薄近膜质，椭圆形，叶长12~16cm，先端尖锐，基部楔形，叶背无毛，侧脉10~12对，边缘细锯齿，叶柄长4~6mm；芽叶黄绿色，萌芽期中晚。子房4~5室，无毛，花柱4~5裂；蒴果似扁球形，宽3~3.5cm，高1.4~1.7cm，每室种子一粒，果皮栓质，种子近球形，直径1.4~1.7cm，种皮浅褐色，萼片宿存，无毛，长5~6mm。多为野生状态，所制茶叶苦涩，所制红茶达国家三套样水平，简单儿茶素含量30.0%以上，复杂儿茶素仅14.0%，是一种较为原始的茶种类型，1980年在晴隆县沈家等发现了它的种子化石，经中国科学院南京地质古生物研究所鉴定，距今100万年以上。

二、野生茶树品种

① **兴义七舍大苦茶**：发现于1985年，生长在海拔1880m的兴义市七舍镇革上村。

小乔木，树高7.17m，胸径28.75cm，嫩枝褐色，初有稀长毛，后变无毛。叶色绿，椭圆或长椭圆形，叶尖钝尖，基部楔形，边有钝齿，叶脉8~11对，无毛。花1~2朵腋生，花梗长8~15mm，无毛；苞片2片，早落；花瓣白色，8~10片，基部合生；雄蕊长1.4~1.6cm；子房5室，被白色茸毛；花柱无毛，长1.3~1.6cm；果为蒴果。

② **龙头山大树茶**：发现于1985年，生长在海拔1330m的安龙县龙山镇和柏子乡交界的龙头山上。小乔木，茶树高7.0m，嫩枝褐色、无毛。叶革质，椭圆形，叶尖渐尖，基部楔形，边有细锯齿，叶脉8~16对。花12朵腋生，花梗无毛，长6~10cm；苞片2片，早落；花萼圆无毛，5片；花瓣白色无毛，11~13瓣；子房4~5室，被稀茸毛；花柱无毛，1.4~1.8cm。无蒴果。

③ **普白野生大树茶**：发现于1980年，属山茶科茶树的原始类型、属茶组五室茶系中的四球茶种。主产于普安县海拔1985~1900m的普白林场和青山乡、德依乡的山顶沟谷湿润地带。可分为白茶和黑茶两种。白茶属乔木型大叶类，树高9~13m，树龄多在200年以上，树枝开张，分枝较少，树皮灰白色，发芽较早，芽较黄，属中性茶树资源；黑茶属小乔木大叶类，树枝直立，分枝较少，树皮灰白色，树高8m左右，幼嫩芽叶青绿色，无茸毛或少茸毛，属晚生性茶树资源。经化学成分测定，已具有茶的氨基酸、儿茶素和咖啡碱等三种主要生化物质成分，是茶树中的原始类型。

④ **晴隆西舍野生大树茶**：生长于晴隆县西舍村一带，小乔木型，大叶类。树姿开张，叶上斜着生。叶呈长椭圆形或披针形，绿色或黄色，叶质薄而柔软。叶长15.0~18.5cm，宽5.5~6.0cm。叶脉7~8对。锯齿浅密。叶尖渐尖。幼嫩芽叶黄绿色，无茸毛。

⑤ **晴隆大箐红花茶**：生长于晴隆县大箐村一带，小乔木型，中叶类。树姿半开张，树皮红褐色或褐色，茎木质髓部呈红色。叶上斜着生。叶厚，革质，呈椭圆或卵圆形，黄绿色。叶脉7~8对，锯齿深，叶尖渐尖。幼嫩芽叶黄绿色，无茸毛。

⑥ **晴隆红药红山茶**：又称"白茶条树"。于1982年发现，生长在晴隆县海拔1850m的箐口乡。经中山大学生物系教授张宏达鉴定命名为"红药红山茶"，属山茶亚属、红山茶组、滇山茶亚组，与滇山茶系相似，雄性花药粉红色，雌性花柱3~4条，离生。

⑦ **晴隆红瘤果茶**：又称"大红花茶"。于1982年发现，生长在海拔1000m的晴隆县栗树乡，经中山大学生物系教授张宏达鉴定命名为"红瘤果茶"，属山茶亚属、瘤果茶组，与皱果茶近似，花粉红色，蒴果3~4室，种子多呈蒜瓣状，背面有棱骨。

⑧ **普安1号**：树型为乔木，树高8m，树幅2.5m，树姿直立。基部干径20cm，最低分枝高40cm，嫩枝无茸毛。芽叶黄绿色，芽叶少茸毛。叶片长15.1cm，叶片宽6.4cm，叶长宽比2.4，叶片为特大叶，叶形椭圆形，叶色绿色有光泽，叶面微隆，叶身稍平，

叶质硬，叶齿锐，叶齿密度、深度中等，叶基楔形，叶尖渐尖，叶缘波状，叶背无茸毛，叶柄无茸毛。花萼5片，花萼无茸毛。花冠直径4.8cm，花瓣12片，花瓣白色，花瓣长2.9cm，花瓣宽2.4cm，花瓣无茸毛。子房无茸毛，花柱长度1.4cm，柱头5裂，雌蕊比雄蕊高，花柱裂位高，花柱无茸毛。果实梅花形，果实大小3.5cm，果宿存萼片大小1.6cm×1.5cm，果室5室，种子球形。

⑨ **普安2号**：树型为灌木，分枝密。叶片长10.2cm，叶片宽4.3cm，叶长宽比2.4，叶片大小为中叶，叶形椭圆形，叶脉9对，叶色绿色，叶面微隆起，叶身内折，叶质厚度中等，叶基楔形，叶尖渐尖，叶缘波状，叶背少茸毛，叶柄长0.6cm，叶柄少茸毛。花萼5片，花萼有茸毛。花冠直径3.7cm，花瓣7片，花瓣白色带微红，花瓣长2.2cm，花瓣宽2.0cm，花瓣无茸毛，花梗有茸毛。子房有茸毛，柱头3裂，花柱裂位高，花柱长1.2cm，花柱无茸毛，雌蕊比雄蕊高。果实三角形，果实大小2.4cm，果柄长0.9cm，果柄粗0.2cm，果宿存萼片大小0.9cm×0.8cm，果室3室。种径0.8cm。

⑩ **普安3号**：树型为灌木，树姿半开展。芽叶茸毛中等，叶形长椭圆形，叶脉11对，叶色绿色，叶面微隆起，叶身平，叶质厚，叶齿锐度中等，叶基楔形，叶尖渐尖，叶缘波状，叶主脉少茸毛，叶背无茸毛，叶柄长0.6cm，叶柄少茸毛。花萼5片，花萼无茸毛，萼片大小0.4cm×0.4cm，萼片有茸毛。花冠直径3.4cm，花瓣7片，花瓣白色，花瓣长2.0cm，花瓣宽1.8cm，花瓣无茸毛，花梗长0.9cm，花梗无茸毛。子房有茸毛，花柱长1.1cm，柱头3裂，花柱裂位中等，花柱无茸毛。果实三角形，果实大小2.6cm，果柄长0.9cm，果柄粗0.2cm，果宿存萼片大小1.0cm×0.9cm，苞片3片。

⑪ **晴隆2号**：树型为灌木，树高2m，树幅2m，树姿半开展，分枝密。芽叶绿色。叶片长10.2cm，叶片宽4.8cm，叶长宽比2.1，叶片大小为中叶，叶形椭圆形，叶脉9对，叶色绿色，叶面微隆，叶身平，叶质厚度中等，叶齿锐度锐，叶齿密度、深度中等，叶基楔形，叶尖钝尖，叶缘微波状，叶背少茸毛，叶柄长0.4cm，叶柄少茸毛。花萼5片。花冠直径3.3cm，花瓣6片，花瓣白色，花瓣长1.9cm，花瓣宽1.7cm，花梗长0.8cm。子房有茸毛，花柱长度1.1cm，柱头3裂，花柱裂位高，雌雄蕊等高。果实三角形，果实大小2.1cm，果柄长0.8cm，果柄粗0.2cm，果宿存萼片大小1.1cm×1.0cm，果室3室，果皮绿褐色。

⑫ **晴隆3号**：树型为乔木，树高7m，树幅4m，树姿直立。基部干径25cm。芽叶绿色，芽叶少茸毛。叶片长16.8cm，叶片宽5.9cm，叶长宽比2.8，叶片大小为特大叶，叶形长椭圆形，叶脉11对，叶色绿色有光泽，叶面平，叶身平，叶质厚，叶基楔形，叶尖渐尖，叶缘平，叶背无茸毛，叶柄长1.1cm，叶柄无茸毛，鳞片无茸毛。花萼5片，花萼

无茸毛，萼片大小0.6cm×0.5cm。花冠直径5.9cm，花瓣7片，花瓣白色，花瓣长3.5cm，花瓣宽2.6cm，花瓣无茸毛，花梗长1.0cm，花梗粗0.3cm，花梗无茸毛。子房无茸毛，子房径粗0.4cm，花柱长度2.0cm，柱头5裂，花柱裂位中，雌蕊比雄蕊高，花柱无茸毛。果实梅花形，果实大小3.0cm，果柄长1.2cm，果柄粗0.5cm，苞片3片，果宿存萼片大小1.6cm×0.5cm，果室5室，果皮绿褐色。

⑬ **晴隆4号**：芽叶绿色，芽叶无茸毛。叶形椭圆形，叶脉9对，叶色绿色有光泽，叶面微隆，叶身平，叶质厚，叶齿锐度锐，叶齿密度稀、深度浅，叶基楔形，叶尖渐尖，叶缘平，叶背无茸毛，主脉茸毛中等，叶柄长0.7cm，叶柄无茸毛，鳞片无茸毛。

⑭ **兴仁1号**：树型为小乔木，树高3.3m，树幅2.8m，树姿开展，分枝密度中。基部干径22cm，嫩枝茸毛中等。芽叶绿色，芽叶多茸毛。叶片长10.6cm，叶片宽5cm，叶长宽比2.1，叶片大小为中叶，叶形椭圆形，叶脉9对，主脉茸毛中等，叶色绿色少光泽，叶面隆起，叶身稍背卷，叶质中等厚，叶齿锐度锐，叶齿密度、深度中等，叶基近圆形，叶尖钝尖，叶缘平，叶背茸毛中等，叶柄长0.4cm，叶柄茸毛中等，鳞片多茸毛。花萼5片，花萼紫红色，萼片大小0.4cm×0.3cm，萼片无茸毛。花冠直径3.5cm，花瓣7片，花瓣白色，花瓣长2.0cm，花瓣宽1.7cm，花瓣无茸毛。子房有茸毛，花柱长度1.1cm，柱头3裂，花柱裂位高，雌蕊比雄蕊高，花柱无茸毛，花梗无茸毛有花香。果实形状不规则，果实大小2.4cm，果柄长1.0cm，果柄粗0.2cm，苞片2片，果宿存萼片大小1.0cm×0.9cm，果室3室，果皮绿紫色。

⑮ **兴仁3号**：树型为小乔木，树高2m，树幅2m，树姿开展，分枝密度密。嫩枝茸毛中等。芽叶绿色，芽叶多茸毛。叶片长10.6cm，叶片宽4.4cm，叶长宽比2.4，叶形椭圆形，主脉少茸毛，叶色绿色有光泽，叶面隆起，叶身平，叶质中等厚硬，叶基楔形，叶尖渐尖，叶缘波状，叶背少茸毛，鳞片茸毛中等。花萼5片，萼片大小0.3cm×0.3cm。花冠直径3.4cm，花瓣9片，花瓣白色，花瓣长2.1cm，花瓣宽1.7cm，花瓣无茸毛，花梗长0.9cm，花梗粗0.2cm，花梗无茸毛。子房多茸毛，柱头3裂，花柱裂位高，雌蕊比雄蕊高，花柱无茸毛。果实三角形，果实大小2.3cm，果柄长0.9cm，果柄粗0.2cm，苞片2片，果宿存萼片大小0.8cm×0.7cm，果室3室。

⑯ **兴仁4号**：树型为乔木，树高3m，树幅1.5m，树姿直立。基部干径5cm。芽叶绿色，芽叶无茸毛。叶片长13.3cm，叶片宽5.2cm，叶长宽比2.56，叶片大小为大叶，叶形长椭圆形，叶脉9对，主脉无茸毛，叶色绿色有光泽，叶面微隆起，叶身内折，叶质厚硬脆，叶齿锐度锐，叶齿密度、深度中等，叶基楔形，叶尖渐尖，叶缘平，叶背无茸毛，叶柄长0.8cm，叶柄无茸毛，鳞片无茸毛。花萼5片，萼片大小0.6cm×0.5cm。花冠直径

4.8cm，花瓣12片，花瓣白色，花瓣长3.2cm，花瓣宽2.8cm，花瓣无茸毛，花梗长1.0cm，花梗粗0.5cm，花梗无茸毛。子房无茸毛，花柱长度1.5cm，柱头5裂，花柱裂位高，雌蕊比雄蕊高，花柱无茸毛。

⑰ **兴仁5号**：树型为乔木，树高4m，树幅2m，树姿直立。基部干径9cm，嫩枝少茸毛。芽叶绿色，芽叶茸毛中等。叶片长14.3cm，叶片宽5.7cm，叶长宽比2.51，叶片大小为大叶，叶形长椭圆形，叶脉9对，主脉少茸毛，叶色绿色有光泽，叶面隆起，叶身平，叶质厚硬脆，叶齿锐度锐，叶齿密度、深度中等，叶基楔形，叶尖渐尖，叶缘微波状，叶背少茸毛，叶柄长0.6cm，叶柄少茸毛，鳞片茸毛中等。花萼无茸毛。花冠直径3.7cm，花瓣9片，花瓣白色，花瓣长2.0cm，花瓣宽1.9cm，花瓣无茸毛，花梗无茸毛。子房多茸毛，花柱长度1.0cm，柱头5裂，花柱裂位高，雌雄等高，花柱无茸毛。果实梅花形，果实大小2.5cm，果柄长0.9cm，果柄粗0.2cm，苞片2片，果宿存萼片大小0.8cm×0.7cm，果室5室。

⑱ **兴义1号**：树型为乔木，树高12m，树幅8m，树姿直立，基部干径30cm，嫩枝无茸毛。叶片长16.4cm，叶片宽6.5cm，叶长宽比2.52，叶片大小为特大叶，叶形长椭圆形，叶脉9对，叶色绿色，叶面平，叶身平，叶质厚硬较脆，叶基楔形，叶尖渐尖，叶缘平，叶背无茸毛，叶柄长0.9cm，叶柄无茸毛，鳞片有茸毛。花萼无茸毛，萼片大小0.6cm×0.4cm。花冠直径6cm，花瓣11片，花瓣白色，花瓣长2.7cm，花瓣宽2.3cm，花瓣无茸毛，花梗长1cm，花梗粗0.5cm，花梗无茸毛。子房无茸毛，花柱长度1.7cm，柱头5裂，花柱裂位中等，花柱无茸毛。果实梅花形，果实大小3.9cm，果柄长1.2cm，果柄粗0.5cm，苞片3片，果宿存萼片大小1.2cm×1.0cm，果室5室，果皮绿色。

⑲ **兴义2号**：树型为乔木，树高10m，树幅11m，树姿直立，一丛分9枝，最大分枝直径22cm，嫩枝少茸毛。芽叶黄绿色，芽叶多茸毛。叶片长15.4cm，叶片宽6.9cm，叶长宽比2.2，叶形椭圆形，主脉少茸毛，叶色绿色，叶面隆起，叶身稍背卷，叶质中等厚硬脆，叶基楔形，叶尖渐尖，叶缘波状，叶背少茸毛，鳞片少茸毛。花萼少茸毛，花萼5片，萼片大小0.5cm×0.5cm。花冠直径4.8cm，花瓣8片，花瓣白色，花瓣长2.7cm，花瓣宽2.4cm，花瓣无茸毛，花梗长0.8cm，花梗粗0.3cm。子房多茸毛，柱头3裂，花柱裂位高，雌蕊比雄蕊低，花柱无茸毛。果实肾形，果实大小2.8cm，果柄长1.3cm，果柄粗0.3cm，苞片3片，果宿存萼片大小1.1cm×0.9cm，果室3室。

⑳ **兴义3号**：树型为半乔木，树高4.5m，树幅2m，树姿半开展。基部干径9.0cm，嫩枝无茸毛。芽叶黄绿色，芽叶多茸毛。叶片长12.6cm，叶片宽4.8cm，叶长宽比2.6，叶片大小为大叶，叶形长椭圆形，主脉无茸毛，叶色绿色，叶面平，叶身内折，叶质厚

硬较脆，叶基楔形，叶尖渐尖，叶缘波状，叶背无茸毛，鳞片多茸毛。花萼无茸毛，花萼5片，萼片大小0.6cm×0.4cm。花冠直径4.7cm，花瓣8片，花瓣白色，花瓣长2.6cm，花瓣宽2.4cm，花瓣无茸毛，花梗长1.1cm，花梗粗0.5cm，花梗无茸毛。子房有茸毛，柱头5裂，花柱裂位高，雌雄蕊等高，花柱无茸毛。果实梅花形，果实大小2.5cm，果柄长1.0cm，果柄粗0.2cm，苞片4片，果宿存萼片大小0.8cm×0.6cm，果室4室，果皮色泽绿紫色。

㉑ **安龙1号**：树型为灌木，树姿开展。嫩枝多茸毛。芽叶绿色，芽叶多茸毛。叶片长8.6cm，叶片宽4.3cm，叶长宽比2.0，叶片大小为中叶，叶形卵圆形，叶脉9对，叶色绿色，叶面微隆起，叶身内折，叶质厚硬脆，叶齿锐度钝，叶齿密度、深度浅，叶基楔形，叶尖钝尖，叶背茸毛中等，叶柄长0.3cm，叶柄茸毛中等。萼片大小0.4cm×0.3cm，萼片无茸毛。花冠直径3.8cm，花瓣6片，花瓣白色，花瓣长2cm，花瓣宽1.9cm，花瓣无茸毛，花梗长1.0cm，花梗粗0.3cm，花梗无茸毛。子房有茸毛，花柱长度1.3cm，柱头3裂，花柱裂位高，雌雄蕊等高，花柱无茸毛。果实三角形，果实大小2.3cm，果柄长0.8cm，果柄粗0.3cm，苞片2片，果宿存萼片大小0.5cm×0.4cm，果室3室。

㉒ **安龙2号**：树型为乔木，树高8.5m，树幅4m，树姿直立，分枝密度中等。嫩枝无茸毛。叶片长15.2cm，叶片宽6.2cm，叶长宽比2.45，叶片大小为特大叶，叶形椭圆形，主脉无茸毛，叶色绿色，叶面微隆起，叶身平，叶质厚度中等，叶基楔形，叶尖渐尖，叶缘波状，叶背无茸毛，鳞片有少许茸毛。花萼无茸毛，花萼5片，萼片大小0.6cm×0.4cm。花瓣13片，花瓣白色，花梗长1.0cm，花梗粗0.4cm，花梗无茸毛。子房有茸毛，花柱无茸毛，柱头5裂，花柱裂位中等。果实不规则形，果实大小2.4cm，果柄长1.4cm，果柄粗0.5cm，苞片2片，果宿存萼片大小0.4cm×0.3cm，果室5室。

三、引进品种

1970—1980年，新中国成立以来，黔西南州分别从云南、浙江、福建、安徽引进茶树品种进行种植，主要品种有云南凤庆大叶种、浙江鸠坑种、金华小叶种以及福鼎大白茶种子种植。之后陆续引进的品种主要有龙井43、乌牛早、安吉白茶、金观音等。

① **云南凤庆大叶种**：有性系。主要引种于晴隆、普安、安龙等县。生产红茶较好，加工绿茶滋味浓厚。

② **龙井43号**：无性系。由中国农业科学院茶叶研究所选育而成。1987年通过国家级鉴定。该品种属中叶类无性系品种，灌木，发芽期为特早生型。成熟叶片椭圆形，叶色绿，叶尖渐尖；芽叶纤细，茸（毫）毛少，1芽3叶百芽重39.0g；育芽力强；春茶1芽

2叶含氨基3.7%，茶多酚18.5%（其中儿茶素总量12.1%），咖啡碱4.0%。适制绿茶，品质优良，尤其适制"龙井""旗枪"等少毫类名优绿茶。所制高档龙井茶外形扁平光滑，挺秀尖削，芽锋显露，色泽嫩绿，边缘微黄，香气清香持久，滋味甘醇鲜爽，汤色清澈明亮，叶底嫩绿成朵。该品种抗旱能力强喜肥、耐肥，配套的栽培技术措施中应分批多次施肥，如施肥不足，夏秋季常表现出芽叶节间缩短，持嫩性较差的情况。兴义、普安、晴隆、安龙、兴仁引种较多。

③ 福鼎大白茶：福鼎大白茶种引进茶树品种。分有性系与无性系两个品种：有性系原产于福建省福鼎市，灌木型、中叶类，较早生种，芽毫较多，适应性较强该品种的无性系品种发芽期为早生型，成熟叶片椭圆形或长椭圆形，叶色绿；芽叶肥壮，茸（毫）毛粗而长，1芽3叶百叶重104.0g；芽叶持嫩性强，抗逆性强，生长势旺盛；春茶含氨基酸3.5%、茶多酚25.7%。所制绿茶清香味醇。在福建省已有100多年的栽培历史，1984年通过国家级认定。黔西南州各县市均有引种，为全州引进数量最大的有性繁殖系品种。

④ 浙江鸠坑种：原产于浙江省淳安县鸠坑乡的茶树品种，为首批通过国家级认定的十大有性系茶树良种之一，抗性强、适应性广，适制绿茶类的龙井、毛尖、银针、烘青、炒青，制"越红"工夫品质优良，产量较高。普安、晴隆、兴义等都有引种。

⑤ 乌牛早：无性系。由浙江省永嘉县罗溪乡茶农选育而成。1988年通过浙江省认定。属中叶类无性系品种，灌木型，发芽期为特早生型，树势半开展，成熟叶片椭圆形或卵圆形，叶色绿有光泽，叶尖钝尖；叶芽绿色，茸（毫）毛中等，1芽3叶百叶重40.5g；育芽力和持嫩性强，春茶1芽2叶含氨基酸4.2%、茶多酚17.6%、儿茶素总量10.4%、咖啡碱3.4%；结实少，产量高，适制绿茶，尤其适制少毫类名优绿茶，品质优良。抗寒性和适应性强。普安、晴隆、兴义等都有引种。

⑥ 安吉白茶：无性系。又名"大溪白茶"。主要引种在普安、兴义、安龙、晴隆、兴仁等地，原产于浙江省安吉县山河乡大溪村。1998年浙江省认定的省级良种。灌木型，中叶类，中生种。春茶嫩芽叶呈玉白色，叶脉绿色，随叶片成熟和气温升高后逐渐转为浅绿色，夏、秋茶嫩芽叶均为绿色；茸毛中等，育芽生育力中等，持嫩性强，产量较低。适制绿茶，所制"安吉白茶"色泽翠绿，香气似花香，滋味鲜爽，叶底玉白色，颇有特色，品质优良。抗寒性强，抗高温较弱，易扦插繁殖。

⑦ 金观音：无性系。又名"茗科金观音1号"，福建省茶叶科学研究所选育。灌木型，中叶类，早生型。树势半开展，分枝较密，发芽整齐，育芽力强，持嫩性好，抗寒抗旱力强，产量高，易繁殖。茸毛少，适制乌龙茶、红茶和绿茶。所制乌龙茶品质优异，条索紧结，色泽褐绿润，香气馥郁悠长，滋味厚而回甘，有铁观音香味。兴仁、兴义、普

安等地已有引种栽培。

四、非山茶科引用茶品种

① **苦丁茶种**：非山茶科代茶饮用茶树品种之一。贵州苦丁茶源于日本木犀科女贞属多种植物，主流品种为粗壮女贞和光萼小蜡。此外还有紫茎女贞、变叶女贞、华叶女贞、李氏女贞、紫药女贞、川滇蜡树、序梗女贞等。东汉时期（25—270年）的《桐君录》记载："南方有瓜卢木，亦似茗，至苦涩，取为屑，茶饮，亦通宵不眠。"说明民间饮用苦丁茶至少已有2000年的历史。唐朝以前叫"瓜卢"或"皋卢"，宋朝以后改称"苦登"或简写为"苦丁"。明代李时珍《本草纲目》称之曰"皋芦"，一作"瓜芦""苦登"，清代张璐的《本经逢原》（1695年）称之曰"枸骨"，清代赵其光的《本草求原》称之曰"苦灯茶"。据1992—1994年调查，黔西南州境内的苦丁茶以木犀科女贞属的苦丁茶为主，主要分布在晴隆、册亨、兴义等地，其生长发育的气候条件是：年平均气温14.0~16.7℃，年日照时数945.6~1476.6h，海拔300~1556m，年降水量763.3~1523.7mm，空气相对湿度80.0%~84.0%，年无霜期251~311天。土壤质地为砂土或砂质壤土，有机质含量4.0%~7.5%，全氮230~390mg/g，碱解氮21~41mg/100g，速效磷3~9mg/kg，速效钾30~200mg/kg，pH值5.1~8.2。

② **甜茶种**：蔷薇科悬钩子属木本植物，又称甜叶悬钩子。主要生长黔西南的普安、贞丰、安龙一带。多年生落叶灌木、树高1~3m不等。基直立，圆柱状，枝条疏软，有皮刺，丛生；根系主要分布在表土层（0~30cm）内，为浅根性植物；叶甚甜，单叶互生，掌状7深裂或5深裂，裂片披针形或椭圆形，中央裂片较长，边缘具重锯齿；花白色，单花瓣5片，聚合浆果，卵球形，成熟时橙红色，味甜可食。立地条件：甜茶对生长环境要求不甚严格，适生于海拔500~1000m丘陵山地的常绿阔叶疏林、林缘、松杉疏林或灌丛中；喜肥沃又能耐瘠薄、耐严寒，温度适应范围−3~38℃，对有效积温的要求不甚敏感，适应幅度较大；对地形、土壤的要求较粗放，在微酸至微碱的土壤上都能正常生长；耐干旱、忌积水，在排水良好、肥沃疏松的新垦荒地上生长特别良好。内含成分及作用：甜茶中富含18种氨基酸，每100g干品含氨基酸331.54mg，特别是富含人体必需的但又不能生成，只能从食物中吸收的8种氨基酸。甜茶中富含的营养物质和人体必需的微量元素，主要有钙0.8%、锌105.5mg/kg、锗5.5µg/kg、硒17.94µg/kg，及钾、镁、磷、铁、钠、铜、铬、锶、锂等多种，不含咖啡因；其中所含的锗、硒等均优于一般绿茶和苦丁茶；除上述所含微量元素外，还富含维生素C、B1、B2、B3、超氧化物歧化酶，鲜甜茶中维生素C的含量高达115mg/100g；还含4.1%生物类黄酮、18.0%的茶多酚和5.0%的甜茶

素。甜茶所含的多种成分，具有清热解毒、防癌、抗过敏、润肺化痰止咳、减肥降脂降压、降低血液胆固醇、抑制动脉粥样硬化、防治冠心病和糖尿病等功能。

第三章 茶产业扫描

黔西南州是世界唯一古茶籽化石的发现地，是茶树的原生地。古茶树之乡，有着悠久的茶叶生产历史。州内的贡茶古道、市马古道，在历史上对贵州各民族的经济产生了深刻的影响。长期以来，茶叶在黔西南州农业生产中占有重要地位。

第一节　茶贸易简史

黔西南州茶叶贸易发展过程分为五个阶段。每个阶段茶叶贸易情况都不同程度地影响了当时茶产业的发展。

一、远古时期茶贸易史

据史料记载，古代的先民们通过"茶马古道"以马帮骡马运输为主要方式，以茶马互市为主要特征，用茶与沿途及目的地进行马、骡、羊毛、药材等商品交换。在中国的范围主要包括滇、藏、川三大区域，外围延伸到现在的贵州、广西、湖南等地，国外直接抵达印度、尼泊尔、锡金、不丹、缅甸、越南、老挝、泰国等国家。随着茶叶贸易的发展，可以推测当时茶产业的发展是比较兴旺的。

从《贵州古代史》上得知，公元前135年，西汉唐蒙出使夜郎时，就发现了夜郎不仅产茶，而且还有他从未见过的繁荣茶市。特别是黔西南的茶市，不仅北上可达繁华的长安，而且随着南北盘江的流淌，南下可造船到达遥远的番禺，即今天的广州，足可见其古之兴盛。

二、明代茶贸易史

明初，朱元璋实行"调北征南"之后，随着贵州置省以及各级行政建置的不断完善和兴建城池，境内出现"千丈之城，万家之邑"，商业网络初步形成。主要商业活动是官营的食盐运销（实行"纳米中盐"）和马匹经营，一度带来了茶马互市的景观。

明代大量需要军马，贵州为此做出了贡献。据《明实录》记载，"洪武十七年五月辛丑，定茶、盐、布匹易马之数，乌撒（今贵州威宁一带）岁易马六千五百匹。马一匹，给布三十匹，或茶一百斤，盐如之。"此外，还有许多记载明清以来，马市交易在贵州黔西南很繁盛，其余安顺县、关岭县的花江、贵阳市的花溪、黔西县的钟山、黔南的独山县等均是牲畜集散市场，并以出售牛马为主，对贵州马的扩大分布起着关键的作用。由于对贵州马的需求量大，养马经济收入颇丰，大大刺激山民踊跃养马。因此，在黔西南境内形成贩马线和牧马线等民间商道。

贵州高原，不但出产马，还出产茶。全省87个县市区有84个出产茶叶。古代贵州大部分属四川、云南管辖，所产茶叶被称为"川茶""滇茶"，是向"西番"购买马匹的主要物资。

各省商人和民间马帮利用川黔滇驿道、川黔驿道、滇黔驿道、楚黔驿道、龙场九驿等官道和其他商道，既贩牧贵州马，又进行茶叶的采集、运输。官方则在大量收购储藏茶叶，以备易马的同时，大量收购贵州马。各省商人和民间马帮还将贵州的茶叶、药材等土产远销外地，同时将贵州所需食盐、棉帛等源源运入，促进了商贸的发展。

三、清代茶贸易史

清雍正五年（1727年），设永丰州。清雍正年间，永丰州人吴永吉捐资修筑盘江九盘山石径路，在石径路旁建茶亭，以解行人之渴。清乾隆二十五年（1760年），湖南、湖北商贾在南笼（今安龙县）首建"两湖会馆"。清雍正五年（1727年），清王朝推行"改土归流"后，辖区内土司领主经济受到猛烈冲击，为封建地主经济服务的商业行会逐渐兴起。至清道光十五年（1835年），随着境内鸦片的种、产、销增多，兴义府境内有各业"号""堂""行"80余家，仅府城（今安龙县城）有聚生号、回春堂、裕兴行等42家。一些外省商帮也涌进兴义府及境内的贞丰、兴义等州。兴义县设"两湖""江西""云南""四川""福建"等会馆40余处，广泛开展商品交易活动，推销茶叶、棉花、棉纱、棉布、烟丝及京广杂货，购进农副土特产品运销省外，农村集市贸易亦有所发展。

清嘉庆年间，奉命率兵平息南笼起义的清廷将领携带贞丰州名产坡柳茶回京敬奉皇上并获嘉庆帝嘉许，坡柳贡茶由此得名。清嘉庆二年（1797年），永丰州改贞丰州。清嘉庆二十四年（1819年），贞丰境内茶马古道陆路终结点白层渡改为官办。清同治元年（1862年），北盘江白层渡口设白层厘金局，总办由朝廷委任，课收茶叶等过境货物税赋。清同治十年（1871年），白层厘金局增设东岸、西岸、那郎、孔明城、盘龙树、贞丰州城6个税卡点。

明清时期，州内已有定期集市。清道光《兴义府志》载："郡境场市皆有定期，至期，百货云集。"集市以十二属相排列，场期有3~6天不等。清末至民国初，境内盛产鸦片（俗称大烟），以兴义黄草坝为集散地，外省客商以棉纱、百货、布匹等运入，换取鸦片、茶等运出，集市贸易繁荣。

据《黔西南布依族苗族自治州·商务志》统计，1988年，辖区有大小集市213个，其中常年固定集市189个，贸易额21796万元。大集市年最高贸易额为2500万元，平均上场人数约6万人。最低农村小场年交易额为0.6万元。上场交易的主要物资有农副产品、大牲畜、工业品、干鲜水果、棉、烟、麻、茶、日用杂品等。

清朝宣统元年（1909年）杨泳裳撰写的《安南县乡土志》35页中记载："①物产芋荷花、樟、杉、松、柏、杜仲、茶、桃、李、楚皮、梨，以上植物类；制造产：布、蚕丝、白纸、茶叶、草纸、铁器、砂锅、麝香、牛黄、漆、桐油，以上动植矿物类；②商务输出类：洋烟、虎皮、豹皮、麝香、牛皮、猪鬃、米、茶叶。"这些说明，晴隆县在1909年以前，茶叶就已经成为商品往外输出。

猪场坪乡是兴义目前有记载最早种茶及进行茶叶贸易的地方。据当地吕洪勇、陈德芬、魏元香等老人回忆："吕金鼎秀才（清代）种植茶园规模宏大，茶叶品质优良，每到产茶时节必定引来四方茶商争相购买，茶叶贸易盛极一时……"

四、民国时期茶贸易史

民国时期，位于贞丰北19km的者相集市，从事手工业、商业的有400余户，主要上市物产有鸦片、棉纱、土布、油篓、食盐、坡柳茶等商品。

1937—1944年，抗日战争时期，中原、江南工商业向西南地区转移，辖区人口突增，出现暂时繁荣。

1942年，黔西南州辖区内各县主要集镇均有马栈、夫栈、旅店、理发、茶馆等服务行业，兴义市有茶馆4家。

1944年，贞丰县全县茶叶种植面积500亩，年产量16t（320担）。

至新中国成立前，由于时局动荡，人们处于食不果腹之中，茶贸一时陷入危谷，茶树遭到大量砍伐，兴义县内仅有零星茶树分散种植在林旁、沟边地角和房前屋后，产量很低，年产量仅1.35t（27担）。茶叶交易主要在赶集天，而且交易量很少。

这一时期黔西南州茶叶产业的发展基本上处于停滞或倒退的历史时期。

五、中华人民共和国成立后的茶贸易史

从1953年县供销社成立开始，茶叶作为贞丰县内主要农副产品由县供销社实行统购统销的计划经济时期；茶叶的收购价格因供求矛盾也发生相应变化，1955年三级茶叶的收购价格为43元，1963年为72元，1978年为137元，1983年为155元。从1973—1984年，贞丰县茶叶工商税执行税率均为40%。

据《兴义县志》395页记载了兴义县供销社系统五个抽样年度茶叶收购情况：1952年收购茶叶0.15t（3担）；1956年收购14.2t（284担）；1965年16.3t（326担）；1978年14.2t（284担）；1985年7.85t（157担）。

1951年，贞丰县茶叶产量7.1t，茶叶货物税收入48元；1952年，贞丰县茶叶产量7.1t，茶叶货物税收入280元；1952年，全国合作社联合总社要求，"在满足社员推销要求的前提下，首先完成国家工业原料和出口物资的收购计划"；1953年，贞丰县茶叶产量7.2t，茶叶货物税收入216元。

1953年，普安县采取走出门市部收购的方法，下到乡村收购茶叶0.149t。1954年，上级要求"收购上应从群众生产出发，合理定价，抓主要商品收购，为小宗土产品寻销路，购销并举"，逐步形成统购统销，大购大销的规模。普安县继而采取实物教学现场试验的方法，培训收购人员，另以和农业社签订结合合同的形式，保证物资收购。1962年，实行场天设摊收购与闲天串乡串寨收购相结合，组织物资上调下放，收购茶叶312担。

1954年，贞丰县茶叶产量13t，茶叶货物税收入3495元；1955年，贞丰县茶叶产量15t，茶叶货物税收入6231元。

1955年兴义市的茶产业从业人员有26位，营业额为4.66万元。

1956年，贞丰县茶叶产量35.8t，茶叶货物税收入9786元；1957年，贞丰县茶叶产量42.7t，茶叶货物税收入6443元；1958年，贞丰县茶叶产量55.5t，茶叶货物税收入5111元；1959年，贞丰县茶叶产量44t，茶叶工商税收入4066元；1960年，贞丰县茶叶产量35.7t，茶叶工商税收入5629元；1961年，贞丰县茶叶产量36.8t，茶叶工商税收入7586元；1962年，贞丰县茶叶产量30.8t，茶叶工商税收入4286元；1963年，贞丰县茶叶产量47.4t，茶叶工商税收入6758元；1964年，贞丰县茶叶产量50.7t，茶叶工商税收入4859元；1965年，贞丰县茶叶产量53.6t，茶叶工商税收入8854元；1966年，贞丰县茶叶产量44t，茶叶工商税收入5127元；1967年，贞丰县茶叶产量39，茶叶工商税收入4817元；1968年，贞丰县茶叶产量35.2t，茶叶工商税收入1754元；1969年，贞丰县茶叶产量29.7t；1970年，贞丰县茶叶产量32.5t，茶叶工商税收入2016元；1971年，贞丰县茶叶产量26.8t，茶叶工商税收入2015元；1972年，贞丰县茶叶产量32.7t，茶叶工商税收入3966元；1973年，贞丰县茶叶产量29t，茶叶工商税收入2346元；1974年，贞丰县茶叶产量31.5t，茶叶工商税收入1717元，占贞丰县财政总收入的0.04%；1975年，贞丰县茶叶产量25t，工商税收入3683元，占贞丰县财政总收入的0.09%；1976年，贞丰县茶叶产量37.6t，工商税收入2891元，同年，贞丰县选送张崇斌、钱保华、潘仕连、王育魁到安徽农学院茶叶系进行为期二年的进修学习；1977年，贞丰县工商税收入5676元；1978年，贞丰县供销社共收购茶叶15.65t，工商税收入11047元，占贞丰县财政总收入的0.17%；1979年，贞丰县茶叶产量27.9t，工商税收入16478元。

1979年兴义地区评选的10个优秀绿茶中，晴隆获4个优，在国际茶叶贸易中，花贡茶场二套样价格高出广西、广东三套样14%左右，高出华东地区四套样价格26%左右。

农村实行家庭联产承包责任制后，集体操办的社队茶园解体，部分茶园荒废。1980年，贞丰县茶叶产量26.5t，税收收入24794元；1981年，贞丰县茶叶产量53.1t，税收收入26074元；1982年，贞丰县茶叶产量59.1t，税收收入35827元。

1982年兴义县农业局为保护茶树资源，先后承包沙子、闻风、大厂、砚瓦等社队茶场，试制出"云岭绿茶""云岭雪茶""云岭翠绿"等茶叶新产品，销售河南、上海、广西等地。

1983年10月，牛场区退伍军人潘正义以贞丰县模范茶场董畔茶场场长身份获省政府"先进工作（生产）者"称号，成为贞丰县茶业发展史上首位获此殊荣的省级茶叶生产劳动模范；同年，贞丰县茶叶产量109.4t，税收收入11992元。1984年，贞丰县茶叶产量94.8t，税收收入7008元。

1984年，普安县茶叶产值6.11万元；1985年，普安县在江西坡建万亩红碎茶基地，大量引进云南大叶茶和福建福鼎白茶；1996年实现产值634万元，主要加工绿茶、乌龙茶和手工茗茶。

1985年，贞丰县供销社收购茶叶114.65t，贞丰县茶叶税收收入12210元；从1985年开始执行的茶叶产品税执行税率，毛茶税率25%、精制茶税率15%、边销茶税率10%；1986年，贞丰县茶叶产量30t，当年贞丰县财政总收入927.2357万元。

1988年，晴隆县花贡茶场生产的"花贡绿茶"被列为省级出口贸易商品，换取外汇。

20世纪80年代末，兴仁成品茶销售量46t；1998年，成品茶销售量为42t。

1990年，安龙县只有2户乡镇茶叶加工企业，从业人员4人，加工茶叶6t，产值5.22万元；到1995年，全县个体茶叶加工企业有16户，加工茶叶48t，产值41万元。

1990年，晴隆县苗圃基地出苗木1500万株，可供种植良种茶园3000亩，每株价格2分，总产值30万元。300亩示范园亩产精制红碎茶0.1t，年产量30t，总产值12万元。

1991年普安县茶叶农业特产税收入0.7万元；1992年收入0.3万元；1993年收入8.3204万元；1994年收入12.037万元，其中对收购者征收12.037万元；1995年收入22.2222万元，其中对收购者征收22.2222万元；1996年收入41.2963万元，其中对收购者征收21.2963万元；1997年收入45.1498万元，其中对收购者征收45.1498万元。

2010年，晴隆县充分利用各家茶叶公司在各省开设的店铺窗口等有利条件，建立信息和营销网络体系，拓展流通渠道。在兴义、贵阳、苏州等地建立茶叶专卖店5个，产品深受消费者喜爱。2011年，县城新增茶楼和茶叶销售网点7家，总投资450万元。巨鑫茶叶合作社茶园试产的贡峰、贡春、贡青等茶叶，在贵州省2011届茶博会（贵阳）上展销，受到专家、品茶者的好评和肯定。2011年，全年茶叶销售1803.6t，产值6526.12万元，实现农民收入6446.4万元；涉茶经济总量达到9000万元，占年度目标任务的101%；茶产业企业增加值增长28%，实现利润增长21%；种茶收入占贞丰县农民人均纯收入的20%。2012年，晴隆县茶叶销售2400t，产值7100万元，茶农收入6652万元；茶叶企业增加值增长28%，实现利润增长21%，种茶收入占全县农民人均纯收入的20%。2013年，晴隆县茶叶销售2543t，产值9599.04万元，实现农民收入7523万元；茶叶企业增加值增长32%，实现利润增长25%；种茶收入占全县农民人均纯收入的18%。2014年，晴隆县茶叶销售2609t，产值10091.8万元，农民收入8500万元；茶叶企业增加值增长25%，实现利润增长36%；种茶收入占全县农民人均纯收入的16%。2017年，晴隆县茶叶销售2609t，产值120091.8万元，农民收入8500万元；茶叶企业增加值增长25%，实现利润增长36%；种茶收入占全县农民人均纯收入的16%。

2018年，普安县出台了《2018年"普安红"专卖店补助方案》，新开设"普安红"专卖店验收合格后，县内补助5万元，州内其他县市补助8万元，省外补助10万元。全国已开设"普安红"销售中心/专卖店56个（省外17个，省内39个），"普安红"销售专柜100余家。普安县宏鑫茶业公司已在深圳建立了"普安红"全球营销中心（占地1500m²），主攻产品研发、电子商务、品牌推广，瞄准国际国内市场开展业务。2018年，普安县完成茶青产量32175t，干茶产量7150t（其中：春茶2244t、夏秋茶4906t），较2016年增加17.76%；实现综合产值11.6亿元，较2016年增加17.59%；带动全县茶农7022户26954人实现户均增收4.55万元，其中贫困户2354户9766人，户均增收1.41万元。"普安红"的知名度和品牌效益明显提升，以"普安红"系列产品畅销至上海、北京、台湾等城市，出口至美国、英国、俄罗斯、澳大利亚、越南等多个国家。普安红碎茶作为全国维也纳酒店专用茶，全国有1800余家酒店，25万间房间，每月销售收入达500万元左右。

2009—2018年，安龙县、兴仁市茶叶产销情况见表3-1、表3-2。

表3-1 安龙县2009—2018年产销表

年度	产量（t）	产值（万元）	销售数量（t）	销售额（万元）	均价（元/kg）
2009	136.5	1897.35	126	1751.4	139
2010	149.5	1898.65	137	1739.9	127
2011	188.5	2620.15	179	2488.1	139
2012	240.7	3201.31	223	2965.9	133
2013	247	2988.7	227	2746.7	121
2014	360	4500	334	4175	125
2015	388.6	4818.64	357	4426.8	124
2016	355	4508.5	339	4305.3	127
2017	441	5199.39	405	4774.95	117.9
2018	479.2	5975.624	460	5736.2	124.7

表 3-2　兴仁市 2010—2018 年产销表

年度	产量（t）	产值（万元）	销售数量（t）	销售额（万元）	平均单价（元/kg）
2010	40	556	36	500	138.9
2011	50	935	46	860	186.9
2012	70	1346	65	1250	192.3
2013	110	2046	100	1860	186
2014	150	2989	135	2690	199.3
2015	344	5997	300	5230	174.3
2016	425	6804	386	6180	160.1
2017	512	6131	395	4730	119.7
2018	534	5858	483	5299	109.7

六、茶叶出口史

据《黔西南州布依族苗族自治州·商务志》记载，至1988年底，黔西南州外贸扶持发展的主要出口商品基地有：国营晴隆花贡茶场，国营安龙新桥茶场，普安新寨茶场，兴义县的七舍、铁厂、革上、发玉、白碗窑和布雄等公社茶场，兴仁县的木桥和杨泗电公社茶场，贞丰县的头猫、木桑公社茶场和董办、七三、上水桥大队茶场，晴隆县的廖基、沙子、菜子和沙戈公社茶场，普安县的德依、江西坡、金塘公社茶场和小屯大队茶场，安龙县的洒雨公社茶场，望谟县的乐旺区铁炉茶场，二泥公社茶场和观音阁大队茶场。

"十一五"以来，黔西南州的茶叶都是间接出口，主要产品有大宗绿茶、眉茶、红碎茶、红条茶，年销量在525t，销售额180.9万美元。由代理经销商主要销售到欧盟、俄罗斯、意大利等国。州内茶叶加工企业办理对外贸易经营者备案登记企业3家，分别是晴隆县茶业公司、黔西南州富洪茶业公司、普安县宏鑫茶业公司，供货出口的主要茶产品有：大宗绿茶、红碎茶、条形红茶。其中普安县宏鑫茶业公司2013年开始建厂生产红碎茶，主要出口意大利，2013年销售量红碎茶5t，销售额0.9万美元。黔西南州富洪茶业公司，生产珍眉系列大宗绿茶，主要出俄罗斯，年销量在200t，销售额100万美元。晴隆县茶业公司大宗绿茶主要出口欧盟，年销量300t。2018年，普安县茶叶出口78.5t，产值1659.69万元。出口至俄罗斯、美国、英国、澳大利亚、越南等多个国家。

2017年，普安获批"国家级出口食品农产品（茶叶）质量安全示范区"。2018年11月13日，普安县政府和浙江省茶叶集团在浙江签订合作协议，共同出资2.8亿元，在普安打造茶产业园，强力推进产业扶贫助推脱贫攻坚。浙江省茶叶集团是中国最大的茶叶经营企业和全球最大的绿茶出口企业之一，普安的茶叶出口在浙江省茶叶集团的带动下，会大幅度增加。

第二节　国营农场

1939年7月，第三行政区联合农场在兴仁成立，由原专署附设农场改组成立，朱宜良任场长。黔西南州国营事业农场多为20世纪50—60年代所建立。中华人民共和国建立初期广大农村生产条件较差，生产技术落后，在农业生产上仍遵循传统生产方式。为促进农业生产的发展，改变农村落后面貌，有条件的县经省有关部门或县政府批准，利用土改时期调剂留下的国有土地办起了国营良种场，属事业性质政府给予事业经费扶持。建场的目的是把农作物良种引种、试验、示范，繁殖和农业新技术应用推广的任务交给良种场来完成。在良种和新技术应用上通过试验、示范，让农民看有样板、学有方向。然后把鉴定出适宜当地种植的农作物优良品种和农业技术推广到农村去，促进农业生产发展。

中共十一届三中全会后，国务院发了〔1979〕55号文件批转财政部、国家农垦总局《关于农垦企业实行财务包干暂行规定》，1979—2000年，国营农场利润不上缴，主要用于扩大再生产和一部分用于集体福利事业及奖励。全州农垦1979年核定的财务包干经费为37.2万元，从"六五"到"九五"每年都安排到场，对促进农垦企业的生产和发展起到了应有的作用。黔西南州农业局于1984年3月召开了全州农场工作会议，会上贯彻了中共中央〔1984〕1号文件和国务院有关兴办职工家庭农场指示精神，通过学习讨论，统一了思想，会议明确了当前农垦企业的改革就是办好职工家庭农场。到1984年底全州农垦办起了茶园、果园、养殖等各类职工家庭农场共257个，一般都是以户为单位分配茶园、果园，多数是按等级工资进行分配，茶园承包期一定15年不变。实际上各场的职工家庭农场承包合同签订后，一般都很少调整，职工家庭农场实行生产、生活、税费自理，自主经营，自负盈亏。大农场建立相应的服务部门，为职工家庭农场做好产前、产中和产后服务工作。为了鼓励职工的生产积极性，1985年1月26—30日，黔西南州农业局召开全州国营农场职工家庭农场先进代表大会，会上表彰了农垦企业和职工家庭农场先进代表11人，其中陈联新承包茶园致富，纯收入4421.79元，人均收入2210.89元。

一、晴隆茶树良种苗圃场

晴隆茶树良种苗圃场是1987年中央与地方联合投资的新建项目，事业性质，隶属晴隆县农业局，地处滇黔公路（320国道）2396km处，所建茶园位于海拔1400m云雾环绕的土坡荒山上。该场在建园时，注重建园质量，切实按照"高投入、高产出、高效益"的原则，种植茶园428.4亩。1988年采取边基建边发展的方针，茶园建设采取等高环带壕沟式的高标准建园方式，用扦插苗定植，成园快，经济效益好。1989年2月种植的86.55亩福鼎种茶园，每亩平均产干茶0.175t；1990—1993年种植的黔湄419、502、601号及云抗10号等良种，每亩平均产干茶0.1t左右；该场1996年计产值达80万元，5月达49万元。苗圃场的主要任务是扦插繁殖大叶茶良种苗木。1992年基地初具规模，在体制上采取场（公司）+基地+农户的产业化经营模式，集茶叶开发、种植、加工、销售一体化。1996年晴隆茶树良种苗圃场被农业部命名为"南亚热带作物大叶茶名优生产基地"。2000年有科技人员68人，茶园总面积10000亩，当年采摘面积3200亩，年产干茶500t，实现产值600余万元，有茶叶初制车间6座，精制车间1座，有机复合肥厂1座，名优茶加工车间1座，包装车间1座，现代化茶叶深加工设备250余台套，拥有固定资产4318万元。可生产手工名茶系列银芽、碧螺春、龙井、毛峰等及机制炒青系列绿茶和茉莉花茶等12个花色品种。晴隆茶树良种苗圃场的建成，为黔西南州茶叶形成支柱产业走出了一条产业化的新路子。

二、新桥茶场

1952年，在安龙县新桥垦荒造地，创办"新桥劳改农场"，总面积1.4万亩，先后垦荒约7200亩，分新桥、火蒙两个片区。1959年，公安部门将人员全部调离，农场移交安龙县，改为地方国营新桥农场。由于人员不足，实际只耕种900多亩。1963年2月改为专署直属场，以经营蚕桑为主，当年由安顺招收城市闲散劳力160人，原有职工89人，共249人，其中管理干部10人、技术干部8人、工人231人。场部下设办公室，计划财务室、总务股；两个工区分设粮食生产队2个，蚕桑队1个，果树蔬菜1个及修缮、副业（包括养猪、酒厂、碾坊等）、运输3个直属组。经清查核实共有土地面积12800亩，其中耕地4742亩（田10亩），林地315亩，果园91亩，茶园2亩，新植桑园565亩，牧地3383亩。当年种植粮食804亩，总产粮食55610kg，养蚕30大张，产鲜茧1052kg，产水果11256kg，其中柑橘6700kg，葡萄4463kg，梨子、花红等93kg，总收入14933元。1965年兴义恢复专区，新桥农场隶属专署农业局领导，改为以经营柑橘为主，同时开展多种经营的生产方针。

1972年，改为以经营茶叶为主，先后播种茶园3059亩，并建成精制茶厂1个、窖酒厂1个；农机总动力8374马力，其中汽车3部，拖拉机6台，房屋面积18166.6m²。1983年，实行定额管理、按件计酬制。1984年推行家庭联产承包，建立职工家庭农场115个，实行生产、生活、税费三自理，场办工厂2个，分别承包茶园管理采摘茶青，由场办工厂统一加工，场部统一销售，实现了生产、加工、销售一条龙，生产状况发生了显著变化（图3-1）。到1985年，全场共197户，人口540人，职工371人，其中管理干部26人，技术员4人，工人341人。当年总产干茶96640kg，平均单产31kg；种植业（包括茶叶）产值320822元，占75.6%；牧业53876元，占12.8%，副业47812元，占11.6%。1986—

1993年的8年间是茶叶生产的黄金时段，由于职工家庭农场加强了茶园管理，茶青产量逐年上升，场在茶叶加工上适应市场需要，市场需要什么茶就生产什么茶，搞活生产机制和经营机制，1986年实现盈利3.6万元。8年中效益最好的1990年，总产干茶21.6万kg，实现销售收入97.07万元，上交国家税金12万元，实现盈利12万元。1993年后，由于

图 3-1　炒青茶样一级二等（左）、二级三等（中）、四级七等（右）

注：新桥茶场1984年炒青绿茶样茶共6级12等，现藏于黔西南州农业农村局茶产业办公室。

农用物资价格上涨，茶青产量上不去，虽也采取一些措施，如开发名优茶生产，也开辟了一定的市场，但生产量小，大宗茶价格上不去，从1994年开始场的生产经营又转亏损，而且亏损逐年上升，到1999年总产干茶198t，实现销售收入115.5万元，30%以上的茶叶压库，亏损28.4万元。2000年总产粮食32.96t，总产茶叶163.5t，当年只销售114.5t，近30%的茶叶卖不出去，实现销售收入114.5万元，亏损65.4元。

所获得的奖项此处仅简单列举（图3-2）：

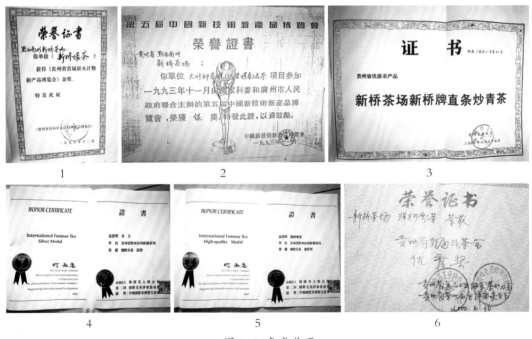

图 3-2　各类奖项

注：1是1995年贵州首届星火计划新产品博览会金奖；2是1993年第五届中国新技术新产品博览会银奖；3是2000年贵州省优质农产品；4是2000年奎尖获得国际名茶银奖；5是牂柯雪芽获得国际名茶优质奖；6是贵州省首届斗茶会优秀奖。

三、普安茶场

普安茶场建于1985年，规划区总面积为15000亩，含原有的新寨茶场和江西坡茶果场。涉及2个乡9个村，2426户，6138个劳动力，其中有59.15%的贫困户，90%的少数民族。茶园建设采取由乡和村出土地，场负责引进资金并负责茶园规划和建园技术指导，由农户投工投劳，场垫付投资、分户记账的方式共同建园，建园所用投资从今后上交的茶青款中逐年偿还，到1991年基地从各个渠道引进筹集资金达570万元，全部用于茶园建设。茶园管理和茶青采摘上交采取按户或大户承包的方式。1993年3月常委会讨论决定以一个村委会为一个片区的承包单位，把茶青产量和精制加工厂实行能人承包，在超额完成任务基础上，每多售1kg茶到场部，场委会奖励4分钱，不能完成任务的少1kg扣发工资1角钱，每片承包区由3~5人组成，厂房承包方法是每制出1kg干茶（红绿茶不论），场委会奖励1元钱。厂房所需的水、电、煤、机械磨损等全由承包人自行承担。六大片区完成茶青产量1250t，加工厂制出250t干茶。

普安县茶场从1985—1990年是边建园边生产，开始建园时由于经验不足，茶种紧缺，建园质量不高，到1991年土地总面积20242.95亩，有职工35人，其中固定职工12人，合同制职工23人，茶园面积8573亩，当年采摘面积2816亩，茶叶总产72.2t，实现农业总产值49.51万元，亏损1.9万元。1998年有职工182人，土地总面积20419亩，粮食播种面积205亩，粮食总产64.8t，茶园总面积达11207.7亩，茶叶总产610t，水果总产21t，肉类总产6.6t，实现销售收入692.7万元，上交国家税金91.3万元，盈利2.3万元。2000年土地总面积22341亩，有职工208人，其中管理干部和技术人员共54人、固定职工89人、合同制职工65人；离退休职工23人，农垦年末总人口339人，其中少数民族70人。固定资产原值574.9万元，农业机械总动力910千瓦，农用化肥施用量（折纯法）61.5t，全年粮食播种面积214.5亩，粮食总产56t，茶园总面积11207.7亩；当年采摘面积8834亩，茶叶总产673.5t，销售658.5t，销售率为97.3%；果园总面积99.5亩，水果总产33t，肉类总产7.03t，农业总产值440.11万元，实现销售收入5993万元，亏损11万元。

第三节 茶业企业

一、黔西南州省级重点龙头企业

目前，黔西南州有省级龙头企业15家，其中普安县2家，晴隆县5家，兴仁县2家，兴义市6家，如表3-3。

表 3-3　黔西南州省级龙头企业信息表

序号	企业名称	县市	法人	地址	企业类型	主营产品名称
1	普安县宏鑫茶业开发有限公司	普安	曹宏	普安县江西坡镇联盟村	生产加工型	CTC 红碎茶、红条茶
2	黔西南州富洪茶叶有限公司	普安	张宁	普安县江西坡镇大田村	有限责任公司	普江
3	晴隆县吉祥茶业有限公司	晴隆	劳国云	晴隆县沙子镇文丰村	轻工业独资	"绿祥"牌茶叶系列
4	晴隆县花贡镇巨鑫茶叶专业合作社	晴隆	胡州巨	晴隆县花贡镇竹塘村	民营企业	茶叶
5	晴隆县茶业公司	晴隆	贺吉	晴隆县沙子镇	生产加工型	茶叶
6	晴隆县紫马乡紫鑫茶叶农民专业合作社	晴隆	王忠琼	晴隆县紫马乡新洋村	股份制	英晨牌茶叶系列
7	晴隆县清韵茶业有限公司	晴隆	罗贞艳	晴隆县沙子镇普晴林场	轻工业	林可沁牌绿茶、红茶
8	兴仁县富益茶业有限公司	兴仁	黄镡	兴仁县巴铃镇百卡村	生产加工	兴仁毛锋、兴仁翠芽等
9	贵州黔仁茶生态农业旅游开发有限公司	兴仁	陈雷	兴仁县真武山街道马家屯国有林场区域	生产加工型	黔仁白茶
10	黔西南州嘉宏茶业有限责任公司	兴义	罗春阳	兴义市七舍镇政府旁	生产加工型	云盘山涵香（绿茶）、云盘山高原红（红茶）
11	黔西南州华曦生态牧业有限公司	兴义	李刚灿	兴义市七舍镇革上村白龙山	农业	《松风竹韵》绿茶
12	兴义市清源茶叶种植农民专业合作社	兴义	杨兴林	兴义市清水河镇补打村	农民专业合作经济组织	茶叶
13	兴义市绿缘中药材种植农民专业合作社	兴义	陈超文	兴义市泥凼镇老寨村	农民专业合作经济组织	苦丁茶
14	黔西南州贵隆农业发展有限公司	兴义	郑传禄	兴义市捧乍镇大坪子村	有限公司	茶叶、核桃、魔芋、中药材
15	兴义市大坡茶叶种植农民专业合作社	兴义	何文华	兴义市敬南镇白河村大坡组	农民专业合作经济组织	茶叶、核桃

（一）普安县宏鑫茶业开发有限公司

　　普安县宏鑫茶业开发有限公司成立于2011年12月，为民营合资企业，注册资金1亿元，在岗职工160人，主要生产红茶、绿茶，其中条形红茶以"深山隐士""普安红茶""东方布依"等高端产品为主，出口红茶以CTC红碎茶、绿碎茶、酒店袋泡茶等。该公司的酒店袋泡茶目前主要销售到维也纳酒店集团旗下所有酒店。

　　企业核心能力：一是CTC红碎茶加工技术处于国内领先水平，设计产能为1500t/年。二是创新研发平台，与科技部首批国家级星创天地——田源记星创天地深度战略合作，有17余人的研发团队；目前与暨南大学日本学术交流教授栗源博、印度CTC红碎茶技术团队有技术合作。三是拥有专利24项，其中发明专利4项，注册商标66个，截至目前研究与试验发展投入540万元，占销售收入3%。

2018年1月，宏鑫茶业开发有限公司在深圳市宝安固成投资成立了简能茶业开发有限公司，建立了"普安红"全球营销中心（占地1500m²），主攻产品研发、电子商务、品牌推广，瞄准国际国内市场开展业务。截至2018年，公司共投入573.54万元开拓线上渠道（主打罐装茶）及线下渠道（主要产品袋泡茶、纸杯茶），已产生营收3230.24万元，营收模式步入正轨。

（二）黔西南州富洪茶叶有限公司

黔西南州富洪茶叶有限公司位于普安县江西坡镇，于2006年注册成立，注册资金1000万元，是集茶叶种植、科研、生产、销售于一体的"贵州省农业产业化经营重点龙头企业"。2008年获得生产许可QS认证，2010、2011年获得州级"守合同、重信用"单位称号，2015年获得无公害认证，2016年获得有机认证，其茶叶产品远销俄罗斯、马来西亚等国家。目前公司总资产1200万元，年产值2100万元，员工86人。公司目前年产茶能力达600t，被贵州省茶叶研究所指定为定点服务企业。公司凭着专业的开发、现代化的生产、诚信的销售，开发了"普江"牌名优绿茶以及"黔茶夫"牌红茶等系列产品，成为同行业中产品品质优良、品种齐全的企业。2014年创下销售收入2158.6万元，实现利润96.6万元，创税10.12万元。公司近年来无偿为核心基地的茶农提供无性系茶苗近400万株，茶叶专用复合肥86t。新建核心示范茶园基地达3000亩。帮助特困农户吴连章给予2万元建房款，公司连续三年对验收合格的茶农兑现20元/亩管护费，每年约6万元。2011年与西南农业大学食品学院合作办新型茶农培训班6期，培训茶农达1000余人，所有费用全部由企业承担。在2010年第十七届上海国际茶文化节上，公司的毛尖、碧螺春、普江翠芽茶叶产品获得"中国名茶"金奖。2016年干茶产量达406t，实现产值826万元，带动周边2镇1乡2社区3个村民组茶农共1000余户4500余人，带动贫困户50户220余人，人均月收入2500元，无偿为茶农提供价值11.9万元的有机生物农药。2017年生产干茶330t，实现产值1180万元，带动周边2镇1乡2社区3个村民组茶农共1100余户4950余人，带动贫困户60余户270余人，人均月收入2600元，无偿为茶农提供价值13万元的有机生物农药。

（三）晴隆县吉祥茶业有限公司

晴隆县吉祥茶业有限公司位于贵州省晴隆县沙子镇文丰村，总经理梁建祥。公司成立于2008年2月，是一家集茶叶种植、加工、销售、苗木繁育、茶艺馆等于一体的民营企业。公司在县境大厂镇和莲城镇建设各建设年产初精制绿茶500t生产线两条（含设备、土建工程等）及茶艺馆一座。公司茶叶基地环境优越，自然条件得天独厚，茶园基本分布在1300m海拔以上的高山。

公司通过食品生产许可认证，质量管理体系ISO9001和环境管理体系ISO14000认证、食品安全管理体系HACCP认证，取得了进出口经营许可证。公司在晴隆县大力发展茶产业的大好形势和机遇下，积极寻找战略合作伙伴，与云南万道香茶业有限公司合作，投资1.1亿元建设晴隆吉祥茶业综合开发项目，直接受益农户12000户60000余人。

（四）贵州省晴隆县茶业公司

公司成立于1991年，地处晴隆西南部沙子镇境内，所建茶园位于海拔1300m以上。公司与1987年建立的贵州省晴隆茶树良种苗圃整合为"两块牌子、一套人马"，采取"公司＋基地＋农户"的产业化经营模式，是一家集茶叶科研、种植、加工、销售、开发于一体的国有企业。

2018年，公司有茶园面积28920亩（其中苦丁茶4700亩），投产茶园5000亩。建有初制车间6座，精制车间、包装车间、名优茶车间及年产万吨的有机复合肥厂各一座，现代化茶叶加工机械350余台套，资产6000余万元，有职工246人，中高级以上专业技术人员68人，现年产干茶700t，产值1800万元。

公司被农业部（现农业农村部）命名为"南亚热带作物大叶茶名优生产基地""全国无公害农产品（茶叶）生产基地"；曾获得贵州省"重点龙头企业""百强乡镇企业""茶叶出口基地""省级重合同守信用单位""发展乡镇企业先进企业""中国名优企业、名优品牌风采展示单位""'标准、质量、品牌、服务'信得过优秀企业"等荣誉称号。生产的"贵隆"牌系列产品有银芽、碧螺春、毛峰、银螺、明前、机制炒青、烘青及花茶、苦丁茶等20多个花色品种，并多次获奖，其中："贵隆"系列绿茶获"名茶推荐产品""质量达标产品""质量诚信品牌""绿色消费品""贵州地方名茶"等荣誉称号；"贵隆"绿茶和花茶获"市场诚信畅销产品"和"国家质量稳定合格品"称号；"贵隆"银芽获韩国茶人联合会、国际名茶评审委员会、中国国际茶博览交易会"国际名茶银奖"；"贵隆"银芽获中国国际茶文化研究会"中华文化名茶银奖"；"贵隆"银芽、毛峰获贵州名牌战略推进委员会"贵州省名牌产品"。

（五）晴隆花贡巨鑫茶叶农民专业合作社

合作社成立于2008年10月，注册资金223.48万元。合作社位于晴隆县城北部花贡镇，茶园分布在1200~1800m高海拔的普纳山上，这里青峰叠翠、山清水秀、云雾环绕、远离城乡，周围无工厂、矿山，人类活动较少。

合作社集茶叶种植、加工、销售于一体的经营模式。坚持以"实干兴企、诚信经营、服务社会"为办企宗旨,积极推动"山地经济"特色产业发展。胡州巨作为法定代表人,成为当地创业致富的带头人。

现种植茶叶2000余亩,有安吉白茶、龙井43、福鼎大白等品种。有茶叶生产加工厂房、办公楼、宿舍楼共2400m²。年生产能力达10万kg干茶,产品远销省内外,创产值1100余万元。合作社积极吸纳大中专毕业生、下岗人员就地就近就业,其中,长期固定就业人员40余人,解决临时返乡农民工就近就地就业1.2万余人次,为当地农民工创造300余万元的经济收入,为当地经济发展作出积极贡献。

2011年,合作社获贵州省人力资源和社会保障厅授予"全省就业先进企业"称号,胡州巨个人获贵州省人力资源和社会保障厅、贵州省人力资源开发促进会授予"贵州省首届返乡农民工创业之星"称号。

2013年,"贡峰"品牌毛尖茶获第十四届中国国际茶业博览会金奖。2013年,公司被评为省级龙头企业。

2018年,合作社生产的"花贡"牌贡峰、贡春、贡青等产品经国家农业部茶叶质检中心和贵州省质量技术监督局农产品质量检测中心多次抽样检测符合绿色、无公害食品要求。合作社年提供季节性岗位5000个、长期就业岗位150个,辐射带动周边农户1200户种茶致富。目前合作社茶园基地已通过有机茶产地认证。

(六)兴仁县富益茶业有限公司

公司是集优质名茶种植、加工、销售和文化产业发展于一体的现代化综合型企业。公司成立于2009年6月,注册资金1000万元,后增资为9000万元,一次性流转土地2万余亩,职工152人,其中本科生3人、大专8人、中专20人,季节性员工5万人次/年。公司万亩茶叶基地位于"中国长寿之乡"贵州省黔西南布依族苗族自治州兴仁县(图3-3),"营龙茶系列产品"被中国长寿之乡授予"中国长寿之乡养生名优产品"称号,并被授权使用"寿"字标识。

图3-3 兴仁县富益茶业
(黔西南州农业农村局供图)

兴仁县富益茶业有限公司,在各级政府和社会各界朋友的大力支持和帮助下,通过公司上下共同努力,已完成固定资产投入1.04亿元,种植高山生态有机茶13000多亩,其中3000亩已获得有机茶认证证书,带动农户种植3000多亩,品种有梅占、金观音、绿观音、福鼎、黔湄809号、贵州省农业科学院茶叶研究所在公司基地建200亩高海拔地区母本源茶叶基地，以贵州品种黔茶1、8号为主，附种福鼎大白、湄潭迎春、香早、铁观音、肉桂、乌龙等，品种优质齐全。同时，获得贵州省农业产业化经营"重点龙头企业"和贵州省省级"林业龙头企业"称号。

公司建成了200余亩苗圃基地，为借助当地"营盘山"和"龙头大山"的历史渊源，2009年，公司注册了"营龙""营龙景区"和"营龙茶"等47个商标。不断扩大种植规模和品牌意识，把现代农业观光旅游、山地旅游、茶园基地旅游、乡村旅游、生态医疗养生、休闲避暑和民族民间文化等高端旅游列入规划，打造成企业增长点，成为贵州"天然氧吧"。土壤成分经国内多家机构和专家论证，非常适合高山生态有机茶种植。

2015年，在兴仁县委、县政府的引导下，借助公司茶园的区位优势，成功引进了台湾天宝祥老工艺茶叶公司进驻公司基地，台湾天宝祥投入1000多万元，在基地建成了年生产能力2000t干茶的茶叶加工厂，主要以收购基地有机茶青为主。目前，台湾天宝祥与公司通力合作，打造"营龙高山生态有机长寿名优茶"产品出口创汇。

公司通过与北京华曦瑞等多家贸易公司合作，并由台湾茶艺工匠精心制作，产品已走进了北上广等一线城市。"营龙高山生态有机长寿名优茶"富含锌、硒等丰富的矿物质元素，深受消费者的青睐；2017年，营龙茶系列产品被列入"中国长寿之乡""名优产品"名录，迎来了新的机遇，更将加快公司打造"贵州茶中茅台"的步伐。公司的宗旨是"做好一片茶叶、留住一片青山"，发展产业，造福一方，为周边百姓实现脱贫致富。

（七）贵州黔仁茶生态农业旅游开发有限公司

公司成立于2013年，注册资本1000万元，位于兴仁县真武山马家屯国有林场，2013年开始在兴仁县城郊真武山投资建设生态观光茶园基地4000亩（图3-4）。公司采用自建和农户合作模式，主要栽种品种为安吉白茶、黄金芽、福鼎大白、清新乌龙。

图3-4 贵州黔仁茶生态农业旅游开发有限公司
（兴仁市供图）

"结合农户抓产业，依托生态做旅游"是公司的核心经营思路，将产业发展和旅游开发作为工作的重心。在产业发展方面，公司以做好"产、供、销"三个环节为目标，集茶叶种植、加工、包装、销售及茶文化传播于一体，目前在技术方面主要依托与南京农业大学、贵州省茶叶研究所合作。

（八）黔西南州嘉宏茶业有限责任公司

黔西南州嘉宏茶业有限责任公司成立于2006年4月，位于兴义市七舍镇，是涵盖茶叶种植、加工和销售于一体的贵州省农业产业化经营重点龙头企业及黔西南州州级扶贫龙头企业，固定职工26人，零散工人100人。

公司的2000亩茶叶种植基地位于兴义市海拔最高的七舍镇，平均海拔1880m余，公司采用人工除草及施用非常环保的农家肥或有机肥，茶青采摘使用传统的手工采茶，严格按照茶叶采摘标准执行，是真正意义上的绿色茶、生态茶、安全茶、健康茶。

公司在七舍建有占地面积为7.64亩的清洁化茶叶加工厂一座，于2010年3月投入生产，并已取得SC认证。公司自主开发了"云盘山""七舍三得"等系列产品，绿茶有"云盘山涵香""香珠""七舍毛尖"等，红茶有"云盘山高原红""七舍红茶"等，特色产品有"布依嬢嬢""桂花茶"等。

公司成立以来取得了一定的成绩，2008年公司员工获贵州省"黔茶飘香"炒茶能手大赛第二名；2009年"涵香"绿茶荣获上海茶博会金奖；2009年获得贵州省"守合同、重信用"企业荣誉称号；2015年"高原红"红茶在上海茶博会荣获"2015中国好茶叶"质量评选铜奖；2015年"云盘山高原红"红茶获贵州省第一届秋季斗茶赛红茶类金奖"茶王"；2015年公司基地被评为"无公害农产品产地认定"，2016年公司绿茶、红茶被评为"无公害农产品"；2016年公司"云盘山"商标被认定为"贵州省著名商标"；2017年"香珠"绿茶获贵州省"黔茶杯"名优茶评比"壹等奖"。

公司成立以来，采取"公司＋基地＋专业合作社＋农户"的经营模式带动农户增收致富，在精准扶贫的道路上以入股分红、劳务用工等方式带动七舍镇贫困户约270户。

（九）黔西南州华曦生态牧业有限公司

黔西南州华曦生态牧业有限公司成立于2007年5月，是由昆明华曦牧业集团有限公司和黔西南州大自然园林绿化有限责任公司两个法人股东共同出资组建，为2006年黔西南州引进6个重点项目之一。

公司于2007年在兴义市七舍镇革上村白龙山租用该村荒坡地5000余亩，租期40年，按生态茶园标准和有机茶园标准规划种植茶叶3000余亩，依托白龙山、千亩杜鹃、万亩华山松林和连绵不断的高山茨竹林，重点围绕茶海、花海、林海、竹海这四大主题资源，打造茶旅康养休闲农业一体化项目，实现以茶促旅、以旅带茶的绿色产业链。

公司自成立以来，先后被评为市、州、省级农业产业化经营龙头企业。帮扶建档精准贫困户25户，优先使用贫困户在茶园基地务工和收购贫困户茶青，并以高出正常工资和市场10%的差额补助给贫困户，建立健全全国贫困的帮扶联结机制，确保他们今后脱贫不返贫，同时先后带动周边农户种植茶叶6000余亩，公司在种植、管护、加工、培训等方面给予指导和帮助。通过公司实地调研建立健全了一套"代加工、代冷藏、代保管"，统一定价议价，共同相互销售，按比例提成的联结机制。让农户同公司一样享受到从种植、加工、销售等环节带来的利润，经实际对比测算每亩茶叶可增加收入1200~1500元，有效提高了种植户的收益。

2018年公司又在白龙山新建年产800t大宗粗制毛茶加工厂1个、与国有公司在兴义市洒金工业园区新建年加工1500t精制大宗茶加工厂1个，切实解决兴义市茶农夏秋不采浪费的实际问题，让茶农收益利润最大化。

（十）兴义市清源茶叶种植农民专业合作社

清源茶叶种植农民专业合作社成立于2010年8月，有社员108户，生产经营方式为"合作社＋基地＋农户"。合作社自成立以来，以打造无污染生态茶园基地、生产高品质茶叶为目标，种植有福鼎大白、安吉白茶、乌牛早等茶叶品种4000余亩，修建了茶叶加工厂房及办公室1200m²，建成机耕道11km，硬化人行道1.5km，建60m³蓄水池24个，排水沟渠5000m。目前，茶园已全部投产，昔日的荒山秃岭如今变成了苍翠繁茂的茶场。

合作社于2011年"获市级龙头企业"称号，2012年获"州级龙头企业"称号，2014年被评为"黔西南州种茶大户"，2015年茶叶基地获"无公害产地认证"，并成功注册"贵优"牌商标。2018年被评为"贵州省农业产业化经营重点龙头企业"。目前茶叶基地产生了良好的经济、社会和生态效益，正处于健康有序的发展之中。

（十一）兴义市大坡农民专业合作社

兴义市大坡农民专业合作社2012年成立，现有茶园面积4000亩，参与合作社分红的贫困户目前有96户，大坡茶叶专业合作社积极做好合作社和贫困户之间的利益连接关系，每年发放每户贫困户540元的分红，按照每天100元的薪资发给在合作社务工的群众，惠及农户120户左右。

二、黔西南州州级重点龙头企业

黔西南州现有州级重点龙头企业35家，其中兴义市8家、兴仁县1家、安龙县2家、贞丰县3家、普安县11家、晴隆县10家，如表3-4。

表3-4 黔西南州现有州级重点龙头企业信息表

	企业名称	县市	法人	地址	企业类型
1	贵州天沁商贸有限责任公司	兴义市	张翼坚	兴义市黄草街道办事处红星村二组沙井街三巷二号	农产品批发
2	兴义市绿茗茶业有限责任公司	兴义市	杨德军	兴义市坪东办洒金村三组	茶叶
3	兴义市高峰韵茶叶种植农民专业合作社	兴义市	邹竹娟	兴义市捧乍镇黄泥堡村	茶叶
4	兴义市后河梁子茶叶农民专业合作社	兴义市	李帮勇	兴义市七舍镇侠家米村三转湾组	茶叶

	企业名称	县市	法人	地址	企业类型
5	兴义市万民种植农民专业合作社	兴义市	朱阳海	兴义市敬南镇白河村果河组	茶叶
6	兴义市裕隆种植农民专业合作社	兴义市	方彦安	兴义市七舍镇马格闹村雷家寨小寨组	茶叶
7	贵州万峰红茶业有限公司	兴义市	潘扬勋	兴义市富康国际商务公馆25楼4号	茶叶
8	兴义市天瑞核桃种植农民专业合作社	兴义市	郑为予	兴义市捧乍镇大坪子村	茶叶
9	贵州省凰岭凤兰高山茶场有限公司	兴仁县	秦梦	兴仁县巴岭镇木桥村	茶叶
10	黔西南州金清茗茶业有限责任公司	安龙县	陆安闯	安龙县洒雨镇堵瓦村板燕组	茶叶
11	安龙县蓝天门生态茶牧业农民专业合作社	安龙县	郑周林	安龙县普坪镇新街村五组	茶叶
12	贞丰县圣丰茶业综合开发有限公司	贞丰县	饶玛丽	贞丰县珉谷街道办大碑村	茶叶
13	贞丰县润香茶叶农民专业合作社	贞丰县	王云霄	贞丰县长田镇金叶村	茶叶
14	贞丰县小屯龙井茶叶有限公司	贞丰县	潘扬勋	贞丰县小屯镇小屯村	茶叶
15	普安县江西坡白水冲茶叶有限公司	普安县	徐兴浦	普安县江西坡镇细寨村	茶叶
16	普安县贵安茶业有限公司	普安县	罗禹荣	普安县江西坡镇联盟村	茶叶
17	普安县德鑫茶产业专业合作社	普安县	于美	普安县江西坡镇联盟村	茶叶
18	贵州正山堂普安红茶业有限责任公司	普安县	罗绍江	普安县茶源街道	茶叶
19	贵州玛琅古茶业有限公司	普安县	蒋艳	普安县盘水镇东街100号	茶叶
20	普安县江西坡镇朗通茶叶发展有限责任公司	普安县	潘刚	普安县江西坡镇细寨村	茶叶
21	贵州普安县盘江源茶业有限公司	普安县	罗明刚	普安县江西坡镇细寨村东南组	茶叶
22	普安县朝林茶业有限公司	普安县	周朝林	普安县青山镇三街一组	茶叶
23	普安县龙吟镇普纳茶叶专业合作社	普安县	王加迁	普安县龙吟镇硝洞村硝洞组	茶叶
24	贵州省怡丰原生态茶业发展有限责任公司	普安县	晁忠琼	普安县南湖街道金桥百汇13栋12号	茶叶
25	普安县德生源茶业发展有限责任公司	普安县	王金义	普安县高棉乡嘎坝村	茶叶
26	晴隆五月茶业有限公司	晴隆县	王小霞	晴隆沙子镇	茶叶
27	晴隆心间茶业农业有限公司	晴隆县	张远丽	晴隆县大厂镇	茶叶
28	晴隆县双林茶叶农民专业合作社	晴隆县	王选贵	晴隆县碧痕镇	茶叶
29	晴隆县山水茶业有限责任公司	晴隆县	罗景杰	晴隆县沙子镇	茶叶
30	晴隆县沙子镇三合村振兴茶叶农民专业合作社	晴隆县	余应江	晴隆县沙子镇	茶叶
31	晴隆县茗旺茶业有限公司	晴隆县	杨克明	晴隆县大厂镇	茶叶
32	晴隆县春晨茶业有限责任公司	晴隆县	李国柱	晴隆沙子镇	茶叶
33	晴隆县高岭云雾茶叶农民专业合作社	晴隆县	黄帅	晴隆县大厂镇高岭村后坡组	茶叶
34	晴隆县黔峰茶业有限公司	晴隆县	刘杰	晴隆县沙子镇	茶叶
35	晴隆县黔古道茶业有限公司	晴隆县	房元莉	晴隆县安谷乡四合村	茶叶

（一）贵州天沁商贸有限责任公司

贵州天沁商贸有限责任公司成立于2012年11月，注册资金1000万元，公司以"生产优质、安全、建康"的有机茶和高效无公害的高端系列茶为宗旨；以让大家喝上"健康茶、安全茶、放心茶"作为工作理念。从2012年建园至今，公司已在兴义市乌沙镇建成了茶场3000亩，品种有梅赞、乌牛早、安吉白茶、龙井43等。公司建有年产100t成品茶的600m²现代化厂房一栋，建有员工宿舍楼和办公楼。

公司于2015年获得"黔西南州农业产业化经营龙头企业"称号；2016年获得"无公害农产品认证"；2017年获得"有机产品认证"；2017年获"贵州绿茶"地理标志使用授权，公司现已注册绿茶"黔龍玉芽"、红茶"黔龍鼎红"商标。

（二）兴义市绿茗茶业有限责任公司

贵州省兴义市绿茗茶业有限责任公司前身——鸿鑫茶庄于1998年注册营业，10余年来一直致力于贵州绿茶的收购、营销及宣传、推广（图3-5）。2009年5月5日注册成立了兴义市绿茗茶业有限责任公司，注册资金550万元，是一家集茶叶科研、种植、加工、销售、开发于一体的农业企业。公司占地面积1500m²，建筑面积

图3-5 兴义市绿茗茶业有限责任公司
（黔西南州农业农村局供图）

800m²。有初制车间3间，精制车间、包装车间、名优茶车间各一间，现代化茶叶加工机械10套，资产700余万元。有职工26人，专业技术人员6人，年产干茶100t，产值1000万元。

在公司全体员工的努力下，利用已建立的销售网络，以"创一流茶叶企业"为目标；秉承"务实、诚信、服务、超越"的理念，采取"公司+基地+农户"的产业化经营模式；借助兴义古茶资源优势，以高素质的员工团队为后盾，将兴义市绿茗茶业有限责任公司创建成贵州茶业界乃至全国一流企业。

（三）贵州万峰红茶业有限公司

贵州万峰红茶业有限公司主要从事茶叶种植、加工、销售；成立于2016年，注册资金为500万元；2019年被评为"州级龙头企业"，公司建筑面积1000m²，有萎凋车间、检验室、化验室，有绿、红茶生产线一条，有相关检验设备、化验设备、通用设施及环保设施。

公司茶叶加工生产技术成熟，主要生产绿茶（翠芽、毛尖、毛峰、龙井茶等）、红茶（小种红茶、工夫红茶等）；采用高档、中档系列包装；注册商标"万峰红"品牌。坚持走"公司+基地+农户"的路子，公司建成优质茶园基地500亩，带动农户建成茶园基地1000亩。

（四）安龙县蓝天门生态茶牧业农民专业合作社

安龙县蓝天门生态茶牧业农民专业合作社成立于2010年，由郑周林、徐祖明、郑宇城3人共同成立，现发展农户56户。现有茶园面积2000余亩，年产高、中档茶叶4万余斤（图3-6）。现有职工17人，其中大专学历7人，中专学历8人，高中学历2人。主要主营茶叶种植、加工、销售。

图3-6 蓝天门茶山（黔西南州农业农村局供图）

2012年获得"黔西南州农业产业化经营龙头企业"；2013年获"黔西南州农业产业化经营龙头企业"荣誉称号；2015年获"贵州省农民专业合作社省级示范社"；2014年、2015年获"守合同重信用"单位荣誉称号；2015年通过了农业部无公害产地认证；2015年获"黔西南州种植大户"荣誉称号；2016年获得红茶、绿茶无公害农产品证书；2017年绿茶、红茶、茶鲜叶获得"有机认证"。

合作社通过采取"合作社+基地+农户"的产业化发展模式，在贵州省安龙县普坪镇讲埂村投资800余万元，创建无性系良种茶叶标准化核心示范基地2000亩（其中龙井43号1600亩、福鼎白茶400亩）。

（五）贞丰县圣丰茶业综合开发有限公司

贞丰县圣丰茶业综合开发有限公司注册成立于2009年9月，注册资金100万元，驻址珉谷街道办大碑村，州级龙头企业。公司主要从事"大地圣母"品牌系列茶叶产品的生产、加工和销售，年产量300t成品茶叶；采摘时节带动茶园附近村民近万人次参与采茶和加工生产；辐射带动周边农户零星种植茶叶5000余亩。

（六）贞丰县小屯龙井茶叶有限公司

贞丰县小屯龙井茶叶有限公司成立于2015年，主要从事茶叶种植、加工、销售业务，注册资金为200万元。其启动的"万峰红"茶叶项目位于贞丰县小屯镇小屯村；项目示范茶园6000亩（新建1000亩示范茶园，改造5000亩老茶园）；带动农户种植和改造茶园5万余亩；项目部建设占地6000m²，修建2600m²集生产、科研于一体的厂房及办公生活设施；配套茶叶生产线2条（绿茶、红茶）；购置相关检测仪器、实验室、研发设备各一套。

（七）普安县江西坡镇白水冲茶叶有限公司

普安县江西坡镇白水冲茶叶有限公司通过建立茶叶基地，推广先进的种茶、制茶技术，从茶叶的选育栽培以及标准化生产、管理等各个环节全面发展茶产业，在农业产业化经营过程中不断发展壮大。2012年成功注册"细寨"牌商标，同年获得全国工业产品生产许可证；2013年获得农业产业化"州级龙头企业"产品，"细寨"银针获得第九届农业产品优质奖；2016年获得"无公害"认证。

（八）普安县贵安茶叶有限责任公司

普安县贵安茶业有限公司位于江西坡镇联盟村大洼组，于2010年成立，现有职工63人，设有生产科、销售科、财务科、办公室、化验室、茶叶初制和精制车间，共有厂房面积3500m²，固定资产总额560万元，是一家集茶叶种植、生产、加工、销售于一体的股份制企业。其生产经营采取"公司+基地+专业合作社+农户+科技"的方式进行规模化建设，公司现有成园茶园基地610亩，专业合作成园茶园2500亩，社员入股资金500万元，带动农户1230户，公司始终坚持"信誉至上，质量为本"的经营理念，以发展本区域农业经济为目标，为农户服务，近年来社员和茶农年收入达32500元。

（九）普安县德鑫茶产业专业合作社

普安县德鑫茶产业专业合作社成立于2015年，注册资本为200万元，位于普安县江西坡镇，集种、产、销于一体。企业现有员工100多人，核心技术力量4人，加工基地1000m²，茶园基地100亩，农户合作基地1000亩左右，带动精准贫困户30余户，产品主要有曼河谷普安红系列。

2017年，获批食品生产许可证；2017年，荣获"黔西南州巾帼示范基地"称号；2018年，被黔西南州人民政府授予农业产业化经营"州级龙头企业"；2018年，获得"无公害农产品"产品认证证书。

2018年，合作社绿茶产量7.5t，产值450万元，红茶产量2t，产值150万元，极大地带动了地方农户的经济收入。2018年12月，公司开发了"岁岁新茶"红茶，在贵阳举行的"新茶迎新年·春节品春茶"品鉴会上大放异彩，500g"岁岁新茶"拍卖价格为88888元。

（十）贵州晴隆五月茶业有限公司

公司位于晴隆县沙子镇工业园区，成立于2012年9月，注册资金310万元，是一家集茶叶种植、生产、加工、销售于一体的茶叶专业生产企业。公司拥有员工60余人，拥有现代化管理团队及生产基地专业技术人员16人，其中高级制茶师2人，专业熟练制茶师10人，其他员工44人，季节性工人80余人。公司采用"公司+基地+农户"产业化经营模式，推行订单农业，与农户联络可靠、稳定，公司生产所需茶青原料90%以上来自当地农民，用现金向茶农收购茶青，为精准扶贫户提供就业，间接带动贫困户300余户农村劳动，为农村大量富余劳动力提供就业，实现产、供、销一条龙服务，以及茶文化研究推广。公司生产使用厂房面积1400m²，建有年产200t茶叶生产线5条。2017年，在当地政府大力支持下，公司新增加生产厂区800m²，有机无公害名优茶叶种植基地1000余亩。

为了便于品牌打造、形象塑立，公司于2015年1月成立分公司贵州化石茶茶业有限责任公司，注册资金1000万元。

2014年，公司被评为"省级扶贫龙头企业"和"州级龙头企业"；获得HACCP认证与环境ISO14001认证；2016年茶叶基地获得产品无公害认证。2014年，在"都匀毛尖"杯全国手工制茶大赛中，韵之初技术团体队员史浪，荣获红茶组一等奖。"五月红·幽兰""五月红·麦香"荣获贵州省"黔茶杯"名茶评比红茶类二等奖。2015年，"晴隆化石茶·二十四道红"荣获贵州省"黔茶杯"名茶评比赛红茶类"特等奖"；"晴隆化石茶云头古树茶（红茶）"获"贵州省最具推荐价值古茶树"称号；"晴隆化石茶金毫乌龙"荣获贵州省"黔茶杯"名茶评比红茶类二等奖；化石茶茶艺表演队代表晴隆县茶叶局、晴隆县总工会在中国（贵州·遵义）国际茶文化节暨茶产业博览会上获团队优秀奖；"晴隆化石茶"代表队在贵州省"梵净山茶·石阡苔茶"杯手工制茶大赛中，获乌龙茶组二等奖，获红茶组三等奖；"晴隆化石茶"技术总监、韵之初技术负责人欧光权获贵州省"贵定云雾贡茶"手工制茶大赛乌龙茶组第一名，并被贵州省人力资源和社会保障厅授予"贵州省技术能手"；张正伟获"贵定云雾贡茶"贵州省手工制茶大赛乌龙茶茶组第二名；史浪获"贵定云雾贡茶"贵州全省手工制茶大赛红茶组第二名；谢梦获贵州省"贵定云雾贡茶"全省手工制茶大赛红茶组第三名。

三、取得 SC 食品生产许可证的企业

至2019年，黔西南州取得SC生产许可证的涉茶企业有46家，其中普安县16家、兴义市13家、兴仁市7家、晴隆县6家、安龙县2家、望谟1家、贞丰县1家，如表3-5。

表3-5 黔西南州取得 SC 生产许可证的涉茶企业信息表

序号	生产者名称	法人	生产地址	生产许可证编号	发证机关
1	贵州布依福娘茶业文化发展有限公司	晁忠琼	普安县江西坡镇工业园区	SC11452232300015	普安县
2	黔西南州富洪茶叶有限公司	张宁	普安县江西坡镇大田村	SC11452232300031	普安县
3	贵州省普安县贵安茶业有限公司	张顶荣	普安县江西坡镇联盟村	SC11452232300040	普安县
4	普安县细寨布依人家茶叶专业合作社	岑开文	普安县江西坡镇联盟村坪寨组赶场坪	SC11452232300058	普安县

序号	生产者名称	法人	生产地址	生产许可证编号	发证机关
5	普安县德鑫茶产业专业合作社	于美	普安县江西坡镇联盟村黄泥坡组	SC11452232300066	普安县
6	普安县江西坡镇白水冲茶叶有限公司	徐兴甫	普安县江西坡镇细寨村黄泥田村民组	SC11452232300074	普安县
7	贵州正山堂普安红茶业有限责任公司	罗绍江	普安县江西坡小微创业园12#楼	SC11452232300082	普安县
8	普安县江西坡镇朗通茶叶发展有限责任公司	潘刚	普安县江西坡镇细寨村	SC11452232300099	普安县
9	普安县德生源茶业发展有限责任公司	王金义	普安县高棉乡嘎坝村	SC11452232300103	普安县
10	普安县朝林茶业发展有限公司	周朝林	普安县青山镇小屯茶场	SC11452232300138	普安县
11	普安县雄发茶叶专业合作社	李自会	普安县江西坡镇联盟村	SC11452232300146	普安县
12	贵州南山春绿色产业有限公司	赵刚	普安县茶场	SC11452232300154	普安县
13	普安县古茶茶业有限责任公司	黄生良	普安县江西坡镇许家院组	SC11452232300162	普安县
14	贵州苗岭药业种植有限责任公司	李本栋	普安县南湖街道保冲村西坡二组	SC11452232300179	普安县
15	贵州普安盘江源茶业有限公司	罗明刚	普安县江西坡镇细寨村中东组	SC11452232300187	普安县
16	普安县宏鑫茶业开发有限公司	曹宏	普安县江西坡镇联盟村	SC11452232300023	普安县
17	贵州德良方保健食品有限公司	罗禹春	兴义市马岭镇红星工业产业园	SC11452232000174	黔西南布依族苗族自治州
18	贵州草喜堂医药有限公司	温玉波	兴仁市瓦窑寨工业园区A区13栋	SC11452232210735	黔西南布依族苗族自治州
19	贵州本草源食品有限公司	顾飞	安龙县新桥镇荷花村洞上4组	SC11352232000200	黔西南布依族苗族自治州
20	贵州苗生药业有限公司	王远明	兴义市丰都办丰都社区10组	SC10752230110133	黔西南州食品药品监督管理局
21	安龙县生态食品有限公司	陆太武	安龙县海庄监区十八亩处	SC10752232810255	黔西南州食品药品监督管理局
22	贵州布医坊民族特色用品有限公司	韦云业	兴义市顶效镇金西1号路1号	SC11552232010511	黔西南州食品药品监督管理局
23	黔西南吉仁堂保健食品有限公司	张翼坚	兴义市顶效镇开发东路41号	SC11652232000109	黔西南州食品药品监督管理局
24	晴隆县清韵茶业有限公司	罗贞艳	晴隆县沙子镇普晴林场	SC11452232400016	晴隆县
25	晴隆县茶业公司	贺吉	晴隆县沙子镇苗圃	SC11452232400024	晴隆县
26	晴隆县花贡镇巨鑫茶叶农民专业合作社	胡凯	晴隆县花贡镇竹塘村	SC11452232400032	晴隆县

序号	生产者名称	法人	生产地址	生产许可证编号	发证机关
27	晴隆县吉祥茶业有限公司	劳国云	晴隆县沙子镇联盟村	SC11452232400049	晴隆县
28	晴隆县山水茶业有限责任公司	罗景杰	晴隆县沙子镇文丰村新民组	SC11452232400065	晴隆县
29	贵州晴隆五月茶业有限公司	王小霞	晴隆县沙子镇（沙子村）原茶场村	SC11452232400073	晴隆县
30	贵州省王母铁红茶业开发有限公司	舒腾显	望谟县郊纳镇构皮湾	SC11452232600026	望谟县
31	贵州黔仁茶生态农业旅游开发有限公司	陈雷	兴仁市马家屯国有林场	SC11452232200135	兴仁市
32	兴仁市荣蕾金银花种植农民专业合作社	刘庆福	兴仁市东湖街道办事处西洋村四门洞组	SC11452232200143	兴仁市
33	兴仁县富益茶业有限公司	黄镡	兴仁县巴铃镇百卡村上送瓦组	SC11452232200055	兴仁县
34	贵州省凰岭凤兰高山茶场有限公司	秦梦	兴仁县巴铃镇木桥村	SC11452232200071	兴仁县
35	贵州天宝祥老工艺茶业有限公司	赵宁焰	兴仁县屯脚镇坪寨村	SC11452232200119	兴仁县
36	兴仁县大屯种养殖农民专业合作社	余成富	兴仁县新龙场镇龙场居委会大坪	SC11452232200194	兴仁县
37	黔西南州嘉宏茶业有限责任公司	罗春阳	兴义市七舍镇政府旁	SC11452230100026	兴义市
38	黔西南州茶籽化石茶业有限公司	李亚轶	兴义市浙兴商贸博览城8号馆8栋316号	SC11452230100106	兴义市
39	黔西南州华曦生态牧业有限公司	李刚灿	兴义市七舍镇白龙山草场	SC11452230100114	兴义市
40	兴义市绿茗茶业有限责任公司	杨德军	兴义市坪东办洒金村三组	SC11452230100163	兴义市
41	兴义市绿缘中药材种植农民专业合作社	陈超文	兴义市泥凼镇老寨村	SC11452230100198	兴义市
42	兴义市天瑞核桃种植农民专业合作社	郑为予	兴义市捧乍镇大坪子村	SC11452230100219	兴义市
43	兴义市后河梁子茶叶农民专业合作社	李帮勇	兴义市七舍镇侠家米村三转湾组	SC11452230100227	兴义市
44	贵州天沁商贸有限责任公司	孙海	兴义市乌沙镇革里村	SC11452230100294	兴义市
45	贵州万峰红茶业有限公司	潘扬勋	兴义市七舍镇鲁坎村大坡组	SC11452230100333	兴义市
46	贞丰县圣丰茶业综合开发有限公司	饶玛丽	贞丰县珉谷镇大碑村	SC11452232500017	贞丰县

第四节 茶市概览

一、黔西南老集市

明清时期，黔西南区域内已有定期集市。清道光《兴义府志》载："郡境场市皆有定期，至期，百货云集。"集市以十二属相排列，场期3~6天不等。清末至民国初，境内盛产鸦片（俗称大烟），以兴义黄草坝为集散地，外省客商以棉纱、百货、布匹等运入，换取鸦片、茶等运出，集市贸易比较"繁荣"。

据《黔西南布依族苗族自治州·商业志》统计，1988年，辖区有大小集市213个，其中常年固定集市189个，贸易额21796万元。大集市年最高贸易额为2500万元，平均上场人数约6万人。最低农村小场年交易额为0.6万元。上场交易的主要物资有农副产品、大牲畜、工业品、干鲜水果、棉烟麻、茶、日用杂品等商品。

① **黄草坝集市**：位于滇、桂、黔3省区结合部的兴义县，为边界商品主要集散地。清中期以后，兴义出产鸦片，因色黄质佳而被誉为"坝货"，市场畸形繁荣。清末该地为贵州第二大棉纱集散地。1950年以后，受各时期政策的影响，集市贸易几度兴衰。1978年，实行改革开放后，市场活跃。1980年场期为星期日场。1988年，年均农副产品成交额850余万元，商品零售2500万元，粮食成交150万斤，猪肉145万斤，肥猪10万头，蔬菜1000万斤，水果240万斤，红糖2万斤。

② **青山集市**：集市位于普安县南47km，为盘州、普安、兴义、兴仁4县（市）接壤区集市贸易的中心，在盘江流域曾被称之农村集市贸易之冠。民国时期主要经营鸦片、银饰品、棉布、棉纱、茶叶等。1979年后，改为星期日场，交易商品有粮棉油、烤烟、茶叶、大牲畜、畜产品、肉蛋禽、铁木农具。每场上市1.5万余人，年商品零售额300余万元。

③ **者相集市**：位于贞丰北19km。民国年间，从事手工业、商业400余户，主要上市物产有鸦片、棉纱、土布、油篓、食盐、坡柳茶等商品。1985年，年交易额227万元。

④ **龙广集市**：位于安龙县西32km，安龙至兴义公路穿境而过，为安龙县第二大集市。新中国成立后，农具、印染、粮食加工、酿酒、棕制品、粉条加工、茶叶加工等企业得到发展。1979年后，场期为二日·场，上市主要农副产品有粮食、肉蛋禽、红糖、茶、粉条、白酒、土烟、蔬菜、水果等，平均成交额3.5万元。

⑤ **晴隆碧痕区集市**：明代初叶，碧痕镇为安南卫在南部设置的三营五寨之一的必黑寨，为陇姓土司的领地。清代曾一度在该地设营驻兵，称必黑营。该营都司为讨吉利，以必黑二字的谐音，取碧玉无痕、净洁无瑕之意，谓之碧痕营，碧痕一名始定，隶

属安仁里。碧痕区集市从明代以来便有由民众自发的集市，位于沙八公路线上，距县城28km，是区人民政府所在地，地势低凹，缺水，是一个干旱盆地，产苞谷杂粮为主。新中国成立后，人民政府引导当地群众脱贫致富，住宅大大改观，农村政策放宽以后，由于开采矿石、交通运输、经营商品等，个体劳动者增多，农村中实现万元户数十户，农副产品有菜籽、茶叶、薏仁米等；牲畜有山羊、生猪、鸡、鸭、牛、马等，集市位于住宅公路中心，沿住宅边设摊归市，另有区供销社、粮管所、税务所、工商所、银行的营业所、医院、公安派出所、学校、中学等单位，碧痕区公所驻地人口为1000余户，近6000人，汉族多数，亦有少数民族杂居，解放初期，上市人数约3000人，集市贸易成交额达7000元。

⑥ 晴隆鸡场集市：鸡场集市，形成于新中国成立后，该集市位于晴隆县东南境地，是农产品和工商业产品的集散地，新中国成立后常住人口为1000余户，7000余人，出产以黄果、夏橙为丰产区，黄仁米、西瓜、白纸、土布、土纱、甘蔗、茶叶、稻谷、蔬菜等，是上市农副产品，除设有供销网点外，逢场期另有城乡个体户来集市贸易。主要以属相鸡、兔六天一场，集市上农副产品、禽蛋、鸡、鸭价格低廉，城中个体户来鸡场推销工商业品后，又由集市上购买回头货进城出售。解放初期，鸡场上市人数可达万余人，据当时数据统计，集市成交额达2万余元。此地以布依族为主，其他民族杂居其间。

⑦ 花贡镇集市：距晴隆县城105km，1955年贵州省劳改局开辟花贡，置劳改农场，该场原以粮食、甘蔗、蔬菜等生产为主，曾于1959年起在母酒设糖厂，生产红糖，兼制白糖、纸板，同时农场又种植苹果、黄果、橘子、花生和间作茶叶等生产。因茶叶投产，改制红茶、绿茶。后改为花贡茶场，茶叶为主要产品，色香味颇佳，远销省内外和广交会出口。到20世纪80年代，花贡场期上场人数约6000人，市场成交金额约为1.8万元。

二、黔西南现存茶市

（一）黔西南州茶叶交易市场

2019年12月23日，普安县茶源街道茶场社区，由贵州省商务厅批准挂牌的"黔西南州茶叶交易市场"，中鼎置业有限公司投资1.6亿元开发建设的占地36.8亩、建筑面积约4.6万m²、可入驻192户商家的"天下普安·古茶城"一期工程，顺利通过竣工验收，正式交付业主使用，部分入驻商户，同日举行了隆重的开业仪式。

市场位于普安县江西坡布依茶源小镇，位处普安县东城区，地处沪昆高速、晴兴高速、沪昆高铁和纳晴高速公路结合部，定位为县东城区，是普安县易地扶贫搬迁居住区之一。该小镇以茶和布依文化为魂，按照"茶旅康养一体化"的发展思路，采取"茶旅+"

模式，遵循"道法自然、天人合一"的理念，以茶文化为魂，"慢生活、产城景"融合的新市民居住区（图3-7、图3-8）。

图 3-7 黔西南州茶叶交易市场　　　　图 3-8 茶源小镇独具特色的普安红茶馆
　（黔西南州农业农村局供图）　　　　　（黔西南州农业农村局供图）

目前，进驻交易市场的客户，除了本地茶企和茶叶经销商，更多是来自云南、湖南、浙江等地的商人，还包括百惠商贸公司、浙茶集团、普安红集团、工商银行、农商银行、中国移动、中国电信、邮政快递等配套和服务行业。至2019年，普安县有48家茶企（合作社）聚集于交易市场，其中亿元级茶企1家、千万级以上3家、全国农民合作社500强1家、省级扶贫龙头企业2家，实现茶叶销售额2.29亿元，共带动农户4000余户14000余人增收。

据统计，该市场每天可交易2500kg"明前茶"，交易金额150万元，清明节前茶叶交易额可达6000万元。

（二）普安茶市

在普安县，干茶市场主要集中在普安县城云盘商贸区和各乡镇的赶集地（图3-9）。茶叶交易有相当部分是传统小门市现货交易为主，一家一户经营，众多经营户还停留在

图 3-9 普安云盘商贸区干茶市场江西坡镇罗家地茶青市场（普安县供图）

自产自销阶段。大部分茶农、茶企主要以卖散茶为主，相当部分是靠外省茶商前来收购茶叶，没有自己的统一销售渠道。另外，各个乡镇按照农历每7天赶集一次，茶叶小贩或者农户带茶叶到集市上卖。普安茶青市场位于江西坡镇罗家地，到茶叶采摘季节，各地茶农把茶青带到这里销售。

（三）兴义茶市

在兴义的杨柳街、铁匠街、黄草坝、湾塘河一带有自由形成的茶市（图3-10）。目前在兴义县城的荷花塘巷依然能找到当年茶市的缩影。当代茶市分茶青市场和茶叶成品市场两大市场。今天的茶青市场基本上是在各茶叶基地内。一是由茶青商贩到茶叶基地内收购，然后运回茶叶加工厂进行贩卖。二是茶叶基地业主，聘请民工到自己的茶叶基地上采摘茶青，然后开劳务费收购茶青。以上

图 3-10 兴义市大坝子街传统茶市一角
（张升虹摄）

交易一般在茶叶基地或茶厂内进行。成品茶叶交易以在相关企业、茶叶交易市场和网上进行交易。也有老客户进行定制定购进行交易的。

（四）甬黔茶叶交易市场

2018年年底，贞丰县长田镇积极争取宁波市海曙区帮扶资金支持，建成黔西南州首个乡镇茶叶交易市场——甬黔茶叶交易市场。该市场的建立，推动了"产销结合"，为茶商提供良好的茶叶交易平台，吸引茶商进驻，拓宽茶叶销售渠道；带动周边乡镇和本地茶叶加工坊标准化生产，以及本地茶农茶叶规范种植；促进兴义市、兴仁市、安龙县、望谟县、贞丰本地等地区茶叶产业发展（图3-11至图3-13）。

图 3-11 贞丰县茶叶交易市场
（贞丰县供图）

2019年2月26日，茶叶交易市场开市，据统计，仅开市当天，茶叶成交量达到5240斤，交易额达到130余万元。

2019年，茶叶交易市场投入使用以来，先后有浙江、山东、安徽等40余家省内外茶商企进驻收购茶叶，累计完成干茶交易量40万斤，交易额达7000万元，茶叶已"链"成

当地茶农的致富路。

茶叶市场建成以来，浙江、山东、上海等地的茶商到市场收购干茶后，农户销售的茶叶价格每斤多收益了20~30元以上，一年每户的收入达到了10000元以上，平台搭建成以后，带动了长田镇700多户贫困户脱贫增收同时带动周边3000余户茶农增收致富。

图3-12 贞丰露天茶叶交易市场　　　　　　图3-13 茶青收购散装成品茶
（贞丰县供图）　　　　　　　　　　　（贞丰县供图）

（五）晴隆茶叶交易市场

2015年，晴隆争取到省财政资金支持，在碧痕、大厂、鸡场、花贡、沙子5个乡镇建设茶青交易市场，每个茶青交易市场投入资金15万元。茶青交易市场投入使用后，茶农们把采摘的茶青运送到交易市场，与各茶叶收购企业面对面交易，减少了中间商环节。

茶籽化石

第四章　茶类篇

高山雨雾出好茶，黔西南州低纬度、高海拔、寡日照、冬无严寒、夏无酷暑、四季分明、雨热同季，得天独厚的地理环境以及适宜的气候、土壤条件，孕育着以"一红一绿一紫"为主线的众多好茶。

第一节　传统茶类

黔西南州的制茶工艺经历了以普安、晴隆、兴义、兴仁为代表的传统手工制茶，到近代、现代的半机械半手工制茶，再到当代的机械加工制茶3个阶段。

20世纪80年代之前，茶叶只是每家每户的一种自给自足的产品，并未完全商品化，因此，主要是纯手工制茶。据普安万亩茶场老场长林元银介绍，20世纪60年代纯手工半发酵茶名为粑粑茶，其制茶工艺是先把鲜叶放锅里炒红，然后将其揉捏成坨，再放在煤火上烘干。

到了20世纪80年代，半机械化生产得以推行。1986年，晴隆县农业局成立茶叶公司，承包经营沙子茶场后，用土灶炒茶手工炒制、手工揉捻制作名优茶，大宗茶用滚炒机杀青、烘干，用揉捻机揉捻。1988年普安配备了第一条红茶生产线，采用半机械化生产。

1993年，因红茶市场受挫，普安茶叶生产"红改绿"，全州绿茶的生产工艺完成了从合用锅→独用锅→小型机械锅炉到一套机械锅炉的演变。

1994年，时任猪场坪乡农推站站长的吕天洪学习外地茶商的先进名优茶制作技术，结合自己多年的炒茶经验，摸索出的一整套兴义名优扁茶制作技术，引进了当时较为先进的手工电炒锅，炒制手工"龙井茶"。

1995年晴隆县茶业公司建立茶叶精制厂，引进成套茶叶精制设备及包装设备，从此黔西南茶叶加工正式步入了机械加工制茶时代，形成了以机械加工工艺为主，传统工艺加工为辅，二者并存的茶叶加工工艺格局。传统手工制茶工序流程复杂，成本较高，但所制茶精细，一般只做名优茶。机械制茶具有速度快，炒制茶叶量大，能批量生产，提高了茶叶加工效率。

2011年，普安县宏鑫茶业开发有限公司引进了当时较为先进的CTC红碎茶生产线，标志着黔西南州茶产业进入了工业革命时代。

一、贞丰坡柳嬢嬢茶

贞丰坡柳茶产于贞丰县坡柳乡，为贵州省名茶、贡茶。外形如笔头，又称"把把茶""状元笔""嬢嬢茶"，属黄茶类黄大茶（图4-1）。

图 4-1 坡柳孃孃茶（贞丰县供图）

1. 鲜叶要求

苔茶品种，长 4~5 寸的一芽三四叶，忌采病虫害叶。

2. 加工工艺

杀青→揉捻→理条做形→焖黄→干燥。

① **杀青**：杀匀杀透。

② **揉捻**：出锅后摊晾 30~60min 即置于竹盘中手揉，揉至条索较紧，揉捻后茶坯成条率达 80% 以上，叶细胞破坏率达 55% 以上时即可。

③ **理条做形**：将揉捻叶理直理顺成一把，白布包茶，用双手边旋转边捏紧，将茶汁挤出，直至塑造成毛笔头形状，然后用白棉线扎好。

④ **干燥**：将扎好的茶坯用太阳晒干。晚上称重，连续 3 日称重重量一样，说明已经足干可保存了。

3. 品质特征

干茶墨绿油润，香气浓郁持久，花香蜜香显，滋味醇厚鲜爽，汤色绿黄明亮，叶底绿黄。

二、望谟八步紫茶

八步紫茶产于望谟县郊纳镇八步岭，这里地处麻山腹地，山势高峻，清泉长流，云雾缭绕，林木苍翠，最高海拔 1700m，最低海拔 800m，立体气候明显，昼夜温差较大。深藏古树紫茶群落，百年以上古茶树 86262 株，现有茶园面积 6000 亩。八步紫茶茶树"根、茎、叶、芽、花、果"均紫红，茶品乌中泛紫，茶汤红中显紫。

1. 制作工艺

鲜叶采摘→杀青→揉捻→干燥（晒）→回茶。传统工艺主要是农户自给自足，收藏时间越久，茶汤越红亮浓稠顺滑（图 4-2）。

① **鲜叶采摘**：采一芽一叶、一芽两叶、大叶 3 类。

② **杀青—揉捻**：将茶叶放在铁锅中，用温火进行加热，一边加热一边翻动茶叶，待

叶片萎凋后，进行揉捻，揉捻呈条形状即可。

③**干燥**：将揉捻好的茶叶均匀摊晾（薄摊），采用太阳晒干。

④**储存**：干茶储存在避光、干燥的地方。

⑤**回茶**：对当年或第二年存储的茶叶进行回锅，再次揉捻加热，干燥后保存。

干茶　　　　　　　煮茶　　　　　　　茶汤　　　　　　　叶底

图 4-2　八步紫茶熬制（王存良摄）

2. 品质特点

干茶黄褐相间，花香陈香显，茶汤红亮，滋味甘滑醇厚，叶底黄绿。

三、七舍茶

1. 制作工艺

传统七舍茶制茶方式古朴简单，采一芽两三叶鲜叶，柴火烧旺将鲜叶入锅炒，至茶叶炒熟后倒出，趁热重揉，回锅小火再炒，再倒出揉捻，反复两三次，直到茶叶干碎即可。

2. 品质特点

外形片状，碎，茶汤黄红，滋味苦后甘，有焦煳味。

四、石角龙茶

在兴仁市，石角龙茶一直是全州享有较高知名度的绿茶，20世纪70—80年代主要是手工炒制（图4-3）。主要工艺为：杀青→揉捻→解块→摊晾→初炒→再摊晾→炒干→装袋。

据兴仁制茶大师蒋泽刚介绍，炒制石角龙茶的诀窍在于"人不离灶、手不离锅"。石角龙茶制作分八步。要炒制好一锅上等的石角龙手工茶，关键在于掌握"投料""火候"与"时间"。

图 4-3 20 世纪 80 年代石角龙茶制作工具（王存良摄）

1. 制作工艺

① **杀青**：新鲜采摘的石角龙茶鲜叶经过萎凋后，燃柴火烧至锅温 300℃左右，投茶杀青。

② **揉捻**：揉捻十分讲究速度和节奏。石角龙茶有"五分"揉捻法，即"轻五分重五分，不轻不重又五分"，就是揉捻过程中，先轻顺时针轻揉 5min 左右，再用力揉 5min，最后用"不轻不重"的力度揉 5min 后出锅。

③ **解块**：揉捻出锅后的鲜茶摊在簸箕里，反复进行抖撒。

④ **摊晾**：解块还原形状的茶叶，要经过约 15~20min 的自然摊晾，在这过程中，冷却至自然温度时，水分带走了大叶茶的苦涩，是石角龙茶清香回甜的关键步骤。

⑤ **初炒**：石角龙茶手工茶的最佳初炒温度控制在 260~268℃，入锅投料量等于两锅杀青茶。初炒翻抛结合至茶叶含水率 65%~70% 时，初炒结束。

⑥ **再摊晾**：初炒出锅的石角龙茶在这个阶段要自然摊晾，经过 30min 左右的水分自然蒸发和回潮，有利于茶叶营养成分的保持。

⑦ **炒干**：炒干也叫挥炒，先把锅进行清理让干茶避免沾上茶垢，这是茶汤清亮的关键所在。净锅后，待锅烧至 80~100℃时，投入初炒的两倍茶量，这一过程的温度和手法特别讲究。手法方面，首先要做到抛焖结合，即是在锅中将茶叶抛起后，以后它自然落下焖一秒又再抛起，在水分未完全蒸发的过程中，还要做先重后轻的定型，用手抖动茶叶的同时，用适当的力度对茶叶进行搓合。温度方面，抛焖时锅温控制在 100℃左右，而定型时，温度要控制在 80℃以内，如果温度过高，茶叶就会爆点和烧糊。直至茶叶完全脱水成型，石角龙茶也完成了整个炒制过程。

2. 品质特点

干茶紧直浑圆，有锋苗，色绿润，香清高，味浓醇，汤色黄绿明亮。

第二节　现当代制茶技术

一、绿茶制造工艺

（一）晴隆绿茶

1. 工艺流程

摊青→杀青→理条→做形→干燥→提香。

① **摊青**：厚度 2~10cm，时间 3~6h，摊青叶芽叶柔软，色泽变暗，青气减退，略显清香为适度。

② **杀青**：温度 180~240℃，时间 2~5min。

③ **理条**：温度 120~150℃，时间 2~5min。

④ **揉捻**：成条率 ≥ 80%。

⑤ **做形**：按要求进行做形，分为卷曲形茶、扁平茶。

⑥ **干燥**：分 2~3 次干燥，至含水率 ≤ 7.0%。

⑦ **提香**：温度 60~100℃，时间 1.5~2h。

2. 品质特点

外形紧细卷曲；色泽匀整润绿；香气浓郁、持久；汤色黄绿明亮；滋味醇厚、鲜浓。

（二）七舍茶

1. 工艺流程

摊青→杀青→摊晾→揉捻→做形→干燥。

每年 3 月中旬至 5 月下旬，采摘单芽、一芽一叶初展、一芽二叶初展；每年 6 月中旬至 8 月上旬，采摘单芽、一芽一叶初展、一芽二叶初展及一芽三叶初展。

① **摊青**：厚度 1~5cm，时间 4~10h。

② **杀青**：温度 140~160℃，时间 2~6min。

③ **摊晾**：厚度 2~3cm，时间 10~20min。

④ **揉捻**：时间 12~25min。

⑤ **做形**：按要求进行做形，分为扁平茶、直条形毛峰、卷曲形茶。

⑥ **干燥**：分两三次干燥，至含水率 ≤ 7.0%。

2. 品质特点

条索紧实、匀整，显毫；色泽褐绿；香气持久高扬；汤色清澈明亮；滋味鲜爽有回甘；叶底黄绿匀整。

二、红茶制造工艺

（一）普安红

1. 工艺流程

萎凋→揉捻→发酵（轻发酵）→烘干（毛火烘干后再烘二火）。

① 萎凋：时间14~16h，摊叶厚度3~8cm，含水率（62±1）%，以叶色暗淡，手摸柔软，折而不断，不产生刺手叶尖为准。

② 揉捻：以茶条圆紧，叶色黄绿，茶汁外溢，但手握紧不流汁，为揉捻合适；揉捻时间与加压方式技术要求参考表4-1的规定。

表4-1　揉捻时间与加压方式（单位：min）

鲜叶等级	不加压时间	轻压时间	中压时间	重压时间	中压时间	不加压时间	全程时间
特级	5	15	20	0	0	5	45
一级	5	15	20	10	10	5	65
二级	5	15	25	20	10	5	80

③ 发酵：时间4~6h，温度28~35℃，厚度8~12cm，以发酵均匀，叶色铜红，散发花香为发酵适度；特级、一级茶的发酵叶叶色黄红，二级茶呈黄色或绿黄；发酵叶象四级为适度，三级不够，五级偏重，以观察叶色为主，兼闻香气，具体发酵叶象要求见表4-2。

表4-2　红茶发酵叶象

项目	要求	项目	要求
一级叶象	青色，浓烈青草气	四级叶象	红黄色，花果香、果香明显
二级叶象	青黄色，有青草气	五级叶象	红色，熟香
三级叶象	黄色，微清香	六级叶象	褐红色，低香，发酵过度

④ 干燥：温度125~145℃，投叶均匀不叠层，厚度12~15m；足火提香，90~110℃，厚度30m。

2. 品质特点

条索细紧，匀齐、净，色泽红匀，明亮；香气持久；汤色红艳明亮；滋味醇滑；叶底嫩匀红亮。

（二）普安CTC红碎茶

1. 工艺流程

萎凋→揉切+滚切→造粒→发酵→烘干。

① 萎凋：时间14~16h，摊叶厚度3~8cm，含水率（61±1）%，以叶色暗淡，手摸柔软，折而不断，不产生刺手叶尖为准。

② 揉切：装叶量以自然装满茶斗，颗粒紧卷为适度。

③ 发酵：时间1~1.5h，温度保持在室温或约低于室温，厚度8~10cm，发酵室相对湿

度≥95%，保持空气新鲜、流通，以发酵均匀，青草气消失，叶色黄红，散发花香为发酵适度。

④ **干燥**：分毛火和足火。毛火含水率18%~20%，颗粒收紧，有刺手感；足火含水率4%~6%，用手指捏颗粒即成粉末。

2. 品质特点

外形颗粒紧实、金毫显露、匀齐、色润；香气强烈持久；滋味浓强鲜爽，富有收敛性；汤色红艳明亮；叶底嫩匀红亮（图4-4）。

图 4-4 普安CTC红碎茶（普安县农业局供图）

（三）八步紫茶

1. 工艺流程

鲜叶选择→萎凋→揉捻→发酵→干燥→筛理包装→贮存。

① **鲜叶**：品质正常，无异味，采摘鲜叶禁止用各种袋装，以防鲜叶变红和闷熟。

② **萎凋**：采用自然萎凋，时间14~18h。

③ **揉捻**：揉捻掌握老叶重揉，嫩叶轻揉，确保叶细胞破裂，而芽叶不断碎，成条，有利发酵变红。

④ **发酵**：发酵温度25~35℃，发酵时间3~5h，发酵完毕后产品外观褐色油润。汤色红艳明亮。

⑤ **干燥**：干燥温度100~110℃，时间10min左右，干燥后水分不超过6.5%，产品呈褐色较油润，金毫较明显。

⑥ **筛理**：根据茶品品质进行筛选分类并分类包装。

⑦ **贮存**：储存室要求避光、干燥、无异味。

2. 品质特点

茶叶花青素含量高于一般红茶70倍。茶汤红中显紫，花香高锐持久；滋味浓醇；入口清润绵滑回甘。

三、其他茶类

（一）苦丁茶

苦丁茶由于叶大，芽粗壮，梢粗，节长，含水率较高，故通过萎凋散失部分水分，然后下锅杀青至叶色暗绿，手折梗不断，手捏成团后松手会慢慢弹开，稍后揉捻。揉捻后将茶叶进行渥堆，渥堆时间约2h，茶堆上盖湿布，类似于红茶堆放发酵。渥堆后将茶均匀薄摊于烘干机上，温度120℃，烘至七八成干下机，摊晾散热。再在温度80℃左右的热空气或60℃的烘笼顶温度烘至足干，含水率5%~6%时可下机，稍摊晾散热。成品茶清香有苦味，而后甘凉。

（二）甜茶（多穗石柯茶）

甜茶鲜叶为多穗石柯的叶，野生茶树乔木型，嫩梢紫红，富含天然甜素。将鲜叶放入锅炒制，晒干制成。成品茶内质香气甜香持久，汤色青绿明亮，滋味清甜爽口。

第三节　黔西南州茗茶

一、红　茶

① 普安红："普安红"具有"外形条索嫩略曲、显锋苗，芽毫显露；色泽光润，金黄黑相间。内质香气似蜜、果、花香，香锐悠长，呈地域香；滋味醇厚、甘润、鲜爽、独具韵味；汤色橙黄、清澈明亮、显金圈；叶底呈金针状、匀整、软亮、鲜活，呈古铜色"的品质特点，被茶界誉为"中国中大叶种红茶的代表"。普安红的主要特点是"古、早、净、香、醇"。

古：黔西南州为古夜郎国的中心，早在公元前135年，就形成了全国最早的茶市；1980年，在普安与晴隆交界处发现了世界上第一颗四球古茶茶籽化石，为距今164万年的新生代第三纪茶籽化石；普安境内至今分布着2万多株四球古茶树，被誉为"中国古茶树之乡"。早：普安低纬度、高海拔，茶叶采摘早于我国其他茶区，素有"黔茶第一春"的美誉。净：普安寡日照、多云雾的气候条件，茶叶绿色原生态，其水浸出物、氨基酸、茶多酚含量高，锌硒元素丰富。香：普安红香气高锐持久，蔗糖香、兰花香显。醇：鲜爽、甜醇。

② 八步紫茶：八步紫茶产自贵州省黔西南州望谟县郊纳镇，最高海拔1700m，清泉长流，云雾缭绕，故孕育了其根、茎、叶、芽、花、果都呈紫红的八步紫茶。2017年5月，经农业部茶叶质量监督检验测试中心检测，花青素含量7.5mg/g，水浸出物49.3%，表没食子儿茶素没食子酸酯（EGCG）6.29%，游离氨基酸4.1%，其花青素含量高于同等茶类70倍。八步紫茶干茶外形卷曲；茶汤金黄、明亮，碗壁与茶汤接触处带"金圈"；茶汤

入口甘甜，醇厚顺滑，口腔好像迅速被打开一样，喉嗓清润舒适，生津快；香气融合度高，体现出复合型花果蜜香，层次分明，鲜活的花果香、蜜香充盈口腔，沁人心脾。

③ **郊纳紫茶**：郊纳紫茶由望谟古树紫茶种植农民专业合作社生产，其原料采自海拔1700m多的望谟县郊纳镇铁炉村，经专家鉴定，目前已发现铁炉村拥有野生古树紫茶22112株。而早在公元758年，被称为"茶圣"的陆羽就有《茶经》云："茶，野者上，园者次。阳崖阴林，紫者上，绿者次。"故可见其产品之珍贵，滋味之独特。郊纳紫茶干茶色泽乌中带紫，汤色金黄中透紫，叶底红中显紫，花果蜜香高扬且持久。

④ **万峰红**：万峰红茶产自兴义市七舍镇，平均海拔1880m多，具有适宜有机茶种植的低纬度、高海拔、雾日多、冬无严寒、夏无酷暑的特殊地理和气候条件。万峰红茶条索紧实匀整，色泽黑褐，香气持久，汤色红黄明亮，滋味鲜爽甘甜。

⑤ **二十四道红·工夫红茶**：其产于贵州高原海拔1200m以上，优选古树原料及当地有性系群体种为原料，经过多道科学精制及拼配工艺研制而成。其外形条索紧结，黄褐相间，滋味醇厚、含香，汤色黄红明亮，香气馥郁，自然花、蜜香复合香型，9泡有余香。

⑥ **云盘山高原红**：云盘山高原红外形卷曲、条索紧细、有毫，色泽乌润，汤色明亮，花香明显，口感醇厚、回甘强劲。2015年5月获上海茶博会"2015中国好茶叶"质量评选铜奖，2015年11月获"2015年贵州秋季斗茶赛"红茶类金奖，2017年获"黔茶杯"评比"二等奖"。

⑦ **黔龙玉芽**："黔龙玉芽"红茶是贵州天沁商贸有限责任公司生产的有机红茶，该款红茶在2019年度贵州省秋季斗茶大赛中获红茶"银奖"。

⑧ **黔山古韵**：产自贵州省兴义市境内海拔2100m多的七捧高原。油润有光泽，外形卷曲披金毫，茶汤金黄明亮，香气馥郁持久，滋味甘醇。

二、绿 茶

① **七舍绿茶**：七舍产自海拔1800m的黔西南州兴义市七捧高原，其适宜有机茶种植的低纬度、高海拔、雾日多、冬无严寒、夏无酷暑的特殊地理和气候条件让七舍绿茶呈现甘醇鲜爽的品质特点。七舍绿茶条索紧实匀整，色泽褐绿，香气持久，汤色清澈明亮，鲜爽甘润。

② **云盘山涵香**：云盘山涵香属高原绿茶，内含物丰富，其外形为卷曲形、毫多、绿润，汤色嫩绿清澈，清香持久，口感清爽、回甘强劲、滋味醇厚。2009年4月在上海茶博会荣获金奖，2017年"黔茶杯"评比获二等奖。

③ **云盘山香珠**：香珠绿茶属夏茶，其外形颗粒圆紧、色泽绿润、身骨重实、如同珍

珠，汤色嫩绿清澈，香气高浓，口感回甘强劲、滋味醇厚。2016年获贵州省第四届"黔茶杯"特等奖，2017年获"黔茶杯"评比一等奖。

④ **晴隆绿茶**：产自贵州省黔西南州晴隆县，海拔1200m以上，外形卷曲、绿润，汤色黄绿明亮，香气馥郁，嫩栗香显，七泡有余香。

⑤ **松风竹韵茶**："松风竹韵"产自兴义市七舍镇革上村白龙山，条索紧结，色泽翠绿，清香持久，鲜爽生津，汤色嫩绿明亮，口感醇和，因采用"古法＋现代"相结合的制作工艺，是鲜、香、甜的上等好茶。该款茶2013年荣获"黔茶杯"一等奖，2017年贵州省斗茶比赛中获得"优质奖"。

⑥ **万峰春韵**：万峰春韵是兴义市绿茗茶业公司生产的一款绿茶，分为A、AA、AAA、AAAA四个系列。A的茶青标准则是一芽二叶，AA的茶青标准是一芽一叶，AAA的茶青标准是一芽一叶初展，AAAA的茶青标准是"单芽"。万峰春韵外形卷曲、嫩绿油润、显毫紧细，茶汤色泽嫩绿明亮，口感回甘持久，细品有淡而清新的兰花香，得到茶界很多专家的认可，深受消费者的好评，在市场上供不应求。2017年8月"万峰春韵"生态毛尖荣获第十二届"中茶杯"全国名优茶评比一等奖。

⑦ **普安春芽**：普安春芽产自普安县江西坡，因1月初就上市，因此拥有"黔茶第一春"的美誉。香气鲜嫩，具有滋味浓醇，汤色绿芽亮，叶底芽肥、匀整、绿明等特点。此茶获2011年普安县首届"春茶节"名优茶现场制作比赛金奖。

⑧ **普纳绿茶**：普纳绿茶系列产品产于普安县龙吟镇普纳茶场，该茶场始建于1993年。普纳绿茶长于沟壑纵横、山川秀丽的普纳山古战场山麓，山顶海拔1480m，山上风景秀丽，奇峰叠翠，山间终年云遮雾霭，山下碧水长流，周边绿树丛生，苍松翠色欲滴。茶场空气质量优良，无污染，是气净、水净、土净的"三净"之地，实为绿茶生长的理想环境。其产品剑茗、银针被评为"中国无污名茶"。普纳绿茶系列产品中的银针、翠芽、碧螺春均采用普纳山小叶福鼎无性良种一芽并运用传统工艺与现代制茶先进科普技术精制而成，其外形条索紧细，茶晶微霜显露，汤色鲜绿清爽，香味醇和悠长，爽口舒适、回味甘甜，为茶之精品。

三、白　茶

黔西南有一款白茶，名为晴隆化石茶·晴白，产于贵州高原海拔1200m以上，优选百万年茶籽化石古树茶种及当地特有有性系群体种为原料，其外形条索自然舒展、显白毫，滋味纯和、涵香，汤色杏黄明亮，香气馥郁，具自然的毫、花、木质香复合香型，耐泡度10泡有余香，具有地域香、高原味。

第五章　名山茶泉古韵

自古香茗出深山，好山好水出好茶。"好山"是高山云雾之俊秀，"好水"是山涧溪流之灵动。黔西南州境内山脉众多，绵延纵横，复杂多样的地形地貌，形成了独特的气候和生态条件。悠久的种茶历史，优质的地理生态环境，为州内茶业的发展奠定了丰厚的基础。

第一节　辖区名山

一、云头大山

云头大山地处普安县与晴隆县交界处云头大山笋家箐（普安江西坡境内），莽莽苍苍，云雾缭绕（图5-1）。1980年，高级农艺师卢其明在此地发现一颗古茶籽化石。作为茶籽化石发掘地的云头大山，具有较高的历史价值和旅游开发潜质。

二、普纳山

普纳山为晴隆境内山之魁首，是县级文物保护单位。其位于县城北面60km，为花贡镇竹塘村属地，海拔1842m，常年云雾缭绕，水源充沛。普纳山东、南、北三面皆是绝壁，巅峰峭壁悠然跌落百丈，令人心生胆寒，深不见底，猿猴未必能攀，只有西面，渐平渐缓逶迤连绵山下（图5-2）。

站在普纳山，眼中所及一畦畦修剪齐整的茶树犹如一条条绿色长龙，曲折蜿蜒，伸向远方。整个茶区远离都市的喧嚣，如一幅淡墨山水画，固守着农业社会的古典情怀，孕育着大自然赐予人类的最清雅的饮品。普纳山原为荒草丛生的荒坡，自古以来都没人进行开垦，山坡上淤积了植物枯荣交替而生的腐蚀土，非常适宜茶树生长，特别是坡度较缓的地方，腐蚀层更加厚实。

三、九龙山

九龙山位于普安县城往西北5km，海拔2000m余，林木葱茏，山上有一"叮咚窑"，其内终年泉水不断（图5-3）。九龙山腹地正是著名的龙溪石砚的原材采掘地。此处藏有

图5-1　云头大山（赵兴摄）

图5-2　普纳山茶园
（晴隆县供图）

图5-3　九龙山（张仕琨摄）

距今约十亿年以上的沉积岩砚石，其材质是少有的绿豆石和猪肝石，质地细腻、温润如玉，产出的龙溪石砚，其品质优良、雕刻技艺精湛、风格独具个性，集文学、绘画、书法等艺术于一体，名贵典雅，极具艺术、实用和收藏价值。600多年来一直为滇、黔、桂各地文人墨客所青睐，成为案头必备和馈赠礼品。《普安县志》（舆地）记载："九龙山在城西十五里，为县治祖山，高出层霄，昔时建城其上，今呼为旧城坡；山腰有洞，名曰'丁冬窑'，洞声如磬，中有水，曰'龙溪'，产石。视端石琢为砚，温润而泽。文人宝之，名曰'龙溪砚'。品题者谓其'摩挲如缎子，磨墨如错子'。"

四、晴隆山

晴隆山位于县城南郊1km处，莲城街道办南街社区属地，最高峰1799m，以雄、奇、险、峻闻名。明清时期，古驿道经晴隆山"鸦关"入云南，"鸦关"有一夫当关，万夫莫开之势。闻名遐迩的抗战公路"史迪威公路"形象标识"二十四道拐"建在山中，从山脚至山顶直线距离约350m，垂直高度约260m，在倾角约60°的斜坡上以"S"形顺山势而建，蜿蜒盘旋至关口，24个急拐弯，全程约4km。山上建有"景点观景台"，游客在观景台，可饱览"二十四道拐"全景（图5-4）。

图5-4 晴隆山主峰二十四道拐公路
（晴隆县供图）

晴隆山常年空气湿润，云海茫茫成为其一大特色。初春时节，拂去冬日严寒，受地形影响，在山腰壑谷间集成地形云，是观景、看云海、户外锻炼的最佳去处之一。

五、白龙山

兴义茶区内的名山当属七捧高原的白龙山。东至革上村潽小寨，西至革上村纸厂，南至革上村街上，最北至七舍镇与白碗窑交界处，主峰最高海拔2207.7m。白龙山是兴义集茶园旅游观光、休闲避暑的景点（图5-5）。

图5-5 白龙山（华曦公司供图）

六、火焰山

火焰山位于兴义市捧乍古镇辖区，坐落于南门城外的台子上，是捧乍古镇最高的山峰，山峰有大有小有高有矮，错落有致，形状各异，犹如燃烧的火焰腾空而起，故名

"火焰山"。据说过去捧乍西门城外经常发生火灾，请风水先生看后说："此火灾因火焰山而起，只需打一口石缸抬上去放在山顶装满水镇住火焰，火灾即可减少。"当地老百姓深信不疑，打了一口石缸抬到山顶，盛满水，镇住火焰，火灾果然减少。天气晴好时，站在"太液天池"的背面观看水中，"火焰山"的倒影呈现于绿水碧波之中，景色十分迷人，成就了捧乍古镇八景之一的"焰山倒影"奇观，成为人们的休闲胜地。

七、龙头大山

横跨黔西南州贞丰、安龙、兴仁三县的龙头大山自古以来就是贵州名山之一（图5-6）。龙头大山由西北向东南逶迤近百里，宽20余里，总面积300km²（其中贞丰境内为200km多）。龙头大山古称笼纳山，因山形似蛟龙昂首，故得名龙头大山。《贵州通志》上有吟咏龙头大山的诗句云："龙山东向拥群峦，策仗入来路曲盘；古木萧森饶画意，危岩环拱椅奇观。"

龙头大山主峰公龙山海拔1966m，是贞丰县境内最高峰，地处龙头大山腹地的坡柳村堡堡上组即是贞丰名茶坡柳茶的原始产地。由于动植物资源丰富，龙头大山素有"大自然生物物种基因库"的美誉。

图5-6 巍峨的龙头大山是贞丰县名茶坡柳茶的产地（贞丰县供图）

八、仙鹤坪

仙鹤坪位于贵州安龙县境内，山体最低海拔为800m多，最高海拔为1756m，垂直高差900m多，山体上沟谷纵横，有九十九道沟之说，从低海拔到高海拔森林植物区系组成在不断地变化，低海拔地带有棕榈科的山蕉，中海拔地带有短梗四照花、宜昌润楠、青冈、穗序鹅掌柴等，高海拔地带有石果红山茶、大厂茶、大叶种古茶树、美味猕猴桃、水青冈、狭叶方竹、皱叶玉山竹、木莲、含笑、野草莓、马尾树等。

九、富益茶山

富益茶山位于兴仁市巴铃镇与屯脚镇交界的龙头大山西侧，核心区在古营盘保保营一带，辐射周边5个村寨2万多亩，因富益茶园创始人黄廷益在此创办茶场而得名富益茶山（图5-7）。

图5-7 富益茶山
（黔西南州农业农村局供图）

十、女王山

女王山位于望谟县女王山海拔高度1471m，是大观镇海拔最高点，四周分别盘踞里穴、纳丁、纳捧、坡王、磨基、岩里等村寨，盛产上好品质的核桃、毛笋、茶叶，是登高望远，品食避暑的好去处（图5-8）。

"女王山"之名的来源，各说不一，山脚有一天然石像，形如人面，头长龙

图 5-8 女王山（望谟县供图）

角，传说东海龙王委派七公主到此阔海造水，为一路探究民情，七公主特幻化为沿路乞讨的凡人行至磨基寨，寨民礼待，奉茶设酒杀鸡作食，七公主感慨世人善良热情，不忍心在此地造水淹没百姓，又因抗命不敢回东海，故化作高山一座，世代庇护当代生灵，世人感恩敬拜，把七公主尊呼为王，故称女王山。

十一、相思崖

相思崖是望谟乐宽布依人心中的圣地，站在相思崖上，可以望到村寨全景，可以聆听到四周群山的吟唱，亦可以闻到周边田园的各种各样的清香。

每年春节将至，乐宽布依人都会聚集在相思崖，"拜保爷"，祈求来年的风调雨顺。布依青年男女还会在崖上滚红鸡蛋，寻找一生的恋人。巨大的相思崖长长斜斜，仿佛天来神物，在深深浅浅的石缝里，岁月的残片停留在道道印痕，布满包浆的拙朴和凝重，满覆时光的履痕。

当地少数民族有在相思崖寻找另一半的习俗。男生站在崖上，拿出口袋里煮好的红鸡蛋，望着崖下的女生，找寻自己中意的那个，将红鸡蛋滚下，一旦心中爱恋的那个"她"能够接住，一世情缘就此开始。

老人们望着青年男女尽情地表达爱意，唱起情歌为年轻人加油鼓劲。不懂事的顽童，蜂拥而上抢夺大哥哥大姐姐们红鸡蛋，只为大快朵颐。红鸡蛋相互拿到手的成功，女孩子会用定情的糠包快速给自己的恋人带上，然后手牵着手一起走下相思崖。

十二、蛮王城

蛮王城距望谟县桑郎村3km，遗址西连桑郎河，背倚古龙岭，下临百丈深涧，地势十分险要。"蛮王城"建在一个平缓的山坡平台上，长60m余，宽40m余，四周残垣断壁

第五章 ｜ 名山茶泉古韵

127

数处，均用石块垒砌。平台边，悬崖旁，砌有数十级"之"形台阶，拾级而上，有一道高墙阻隔，墙外是"朝门"，门前有炮位，遗址附近的山巅有类似的残垣断壁。

蛮王城有两种传说：一是说神仙用手一指桑郎东北部的那座大山，半山腰就变出了蛮王城；另一种是三国时诸葛亮与南蛮王孟获大战时，孟获修建的城堡，因为城堡对面隔桑郎河相对的那座大山叫孔明山。从桑郎镇上黄氏家族族谱中发现，族谱中记载苗族首领王乃率领部队于明洪武年间从现在的罗甸（当时叫白龙寨）一带来到桑郎并在三连山驻扎。

望谟县的纳夜镇、麻山乡、桑郎镇流传着一句顺口溜："顶尚府，衙老县，油崴有个茶叶店。"顶尚府现在不知在桑郎镇何处，但语音的含义是处在高险的位置，应是蛮王城所在处。衙老县是现在孔明山和三连山夹对面南部望谟罗甸交界的一个40户人家的小寨，地势也和蛮王城、油崴寨一样，都是"一夫当关、万夫莫开"的军事要塞。从这句顺口溜可折射出当时"蛮王城"的辉煌，有府有县。且蛮王城遗址的大理石在当地没有，要从很远的地方运来，平台上有的石块看起重达半吨，在古代如果不是那强大的夜郎国来修建是办不到的，整个城堡和附近山巅长达近10km的残垣断壁全是大理石或本地岩石垒砌，没发现一点石灰，说明年代远古。蛮王城的险要程度只用一兵封住路口就可以守住全城，这在整个盘江流域没有哪一处山脉和地形可以相比。

桑郎人诗曰："乱峰岭上一荒城，艳说蛮王故日营。战马不嘶人已殁，月明刁斗静无声。"

第二节　辖区名泉

一、青山古泉

青山古泉位于普安县青山镇普白林场内（图5-9），此处是普安古茶树群的生长地，古树葱茏，植被覆盖率高，无污染源，空气清新，泉水甘洌可口。本地居民把泉水和古茶树联系起来，编有一句话来形容古泉的甘洌和对古茶树的喜爱：

山上有棵千年树，树下有口凉水井；

如有哪里不舒服，一片茶叶一瓢水。

图 5-9 青山古泉
（普安县供图）

二、间歇泉

坡岗间歇泉位于兴义锦绣峰上，因其泉水的流量具有周期性变化——泉水每8~10min

涨落一次而得名。有两泉各自从天然石缝中流出，汇为一泉，当地群众称为神水、怪水、朵朵水，也有人戏称为男泉和女泉。泉水清澈，四季变化不大，水质纯净，口感甘爽，是天然优质矿泉水，也是泡茶好水。

三、晴隆三望坪天生桥清泉

天生桥清泉，位于省级风景区三望坪中段。人说水往低处流，可在海拔1800m的三望坪草场的最高处，竟然从岩石缝中涌出一股清泉。山泉从洞中流出，泛起一串串银色的水泡，洞口飞泉道道，似一张珍珠编织的门帘（图5-10）。泉水出露、喷珠吐玉、银雾飞溅、潺潺而流、水花翻滚、清澈冰凉、晶莹明澈、深涧悬流、山泉滴沥、寒泉明洌、飞泉如雪。山泉位置居高，又在草场中央，周围无村落，没有任何污染，纯属原生态泉水。泉水四季长流，夏天游客到此，必然饱饮山泉，凉至心间、水味甘甜。

图 5-10 泉水形成下溪，顺坡流淌，浇灌孕育高岭茶场的数千亩茶园（晴隆县供图）

四、大小滩

猪场坪乡优质泉水水源分布较多，其中以位于猪场坪乡丫口寨村向阳组的大小滩最为出名，该泉水清醇甘洌，水源无污染、无公害，终年不断（图5-11）。大滩与小滩水平距离约400m，高低落差约30m。

图 5-11 大滩（左）、小滩（右）（黔西南州农业农村局供图）

泉水周围四时风光各不相同，晴天犹如一块翡翠，雨后常有彩虹悬挂，起雾时又如人间仙境，起风时碧波荡漾。

五、碧云胎泉

碧云胎泉位于捧乍城北门外教场坝边穿云洞内（图5-12），清道光年间《兴义府志》中称其为"碧云泉"："碧云洞岩下滴水，水澄味洌，不涸不流。"现泉边"胎泉"石碑残存。"泉"字边款刻有"嘉庆庚辰季夏"（1802年）字样，有"碧云胎泉"之称，当时人们在穿云洞中举办"观音会"时沏茶炊饮之用。

六、堡堡村水井

堡堡村水井位于兴义市捧乍城外堡堡上村大水井组祭山坡东南侧坡脚的堡堡村水井，建于清代，具体时间不详（图5-13）。该水井一直为当地村民人畜饮水水源，井口以石灰石质料石砌筑，坐东北向西南，砌体面阔8.5m、高1.82m，井口外部为竖向矩形，内部石砌顶，井口高1.25m、宽1.08m，井深1.9m。捧乍古城西门街城门洞—大山门—瓦厂坝—堡堡上大水井—云南板桥的茶马古道必经此地，据说马帮到此水井处必会在此饮水和取水备用。该水井记录了喀斯特地区群众历史上水源使用的历史状况，具有一定的历史及科学考究价值。

图5-12 胎泉（黔西南州农业农村局供图）

图5-13 堡堡村水井（黔西南州农业农村局供图）

七、捧乍古城的四门大井

捧乍古城建城时，修建了4门大水井，解决当地群众生产生活用水和消防用水。南门大井在当时李文山总爷府的坎下30m处，井深3丈有余，正中凸出一"牛鼻子"，从南面石梯子直下便是清泉。北门大井在辛家坡脚，花水井下面，出水量较南门大井小。东门大井在东门坡"武官衙门"的左面，涨水天水满流入"太液天池"和南门小水井中。西街有南面的"马槽井"和北面的座云大井。4门大井均用5面石砌成，都盖有"水龙王庙"，供奉龙王。4门大井在确保当时人们沏茶炊饮外，也保证了生产和消防用水。

八、七舍杜鹃山泉

兴义市杜鹃山泉坐落于风景秀美、山水如画的七舍村后河组，泉水从森林密布的山中涌出，饮之，回味甘甜，清凉怡人。在2009年中国国际茶叶博览会首届国际品茶斗水大赛中荣获"优秀奖"荣誉称号。

九、泥凼镇何应钦先生家古井

泥凼何应钦先生家古井。在1945年，何应钦代表中国接受日本投降，古井被称为"受降井"，因为何氏家族的人相对都高寿，因此把水称为"寿祥水"。

十、安龙珍珠山泉

珍珠山泉水源于明朝永历皇城（安龙）东南龙井山麓，独特的地质条件形成了其自然矿化过程，自然水沉积深处，冬暖夏凉，不受气候变化的影响，泉水从沙石缝隙中沸腾上涌，形似颗颗珍珠，圆润晶莹，被称为"龙泉涌珠"奇观。水质成分极佳，泉水透明，清凉甘甜。有诗赞云为证：

寒泉山下出，冷冷甘且冽。淡淡春波味，炎夏味不热。

冬冷秋清爽，凛然歇霜霜。遗迹半天下，未见此涓洁。

十一、长寿泉

长寿泉位于兴仁市屯脚镇鲤鱼村，原名鲤鱼龙潭，自古以来就是西南名泉，据《民国兴仁县志·地理志》记载："鲤鱼坝龙潭，在城东南三十里。"长寿泉是国内罕见的天然矿泉水源，属国家一级保护水源。它富含人体所需的锶、偏硅酸、硒、锌、钙等多种微量元素，其中，维持人体正常生理功能的锶含量达到1.14mg/L；它具有恒定的温度，从深层地下自然涌泄而出的天然矿泉水，水温常年保持15℃ ±1℃，是国家二级保护动物娃娃鱼以及其他冷水鱼种的养殖水源；有稳定的流量，长寿泉流量为2200m³/h，无论丰水期还是枯水期，都保持这个出水量，从来不会浑浊，也不会带有任何杂质。

由于长寿泉天然饮用矿泉水富含人体所需的锶、偏硅酸、硒、锌、钙等多种微量元素，尤其是分解出来的锰元素，能促进茶中维生素C的形成，提高茶叶抗癌效果。因此，长寿泉成为人们泡茶品茗的首选水源。

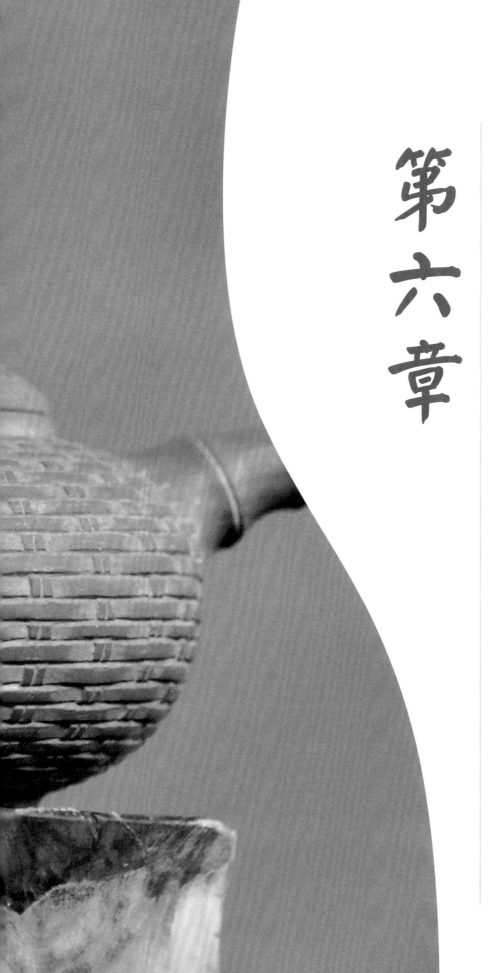

第六章

茶器篇

茶器是人们饮茶必不可少之器具，旧时代由茶罐、茶壶、茶碗、茶桌（木）等组成，近代增添茶几、茶盘、茶杯、茶桌（木制配茶桌），电烧水器等器具，黔西南不仅产茶，茶器也有着悠久的历史。

第一节　古代茶器

铜茶器有铜茶罐、铜茶锅、铜茶壶（图6-1至图6-3）、薄铜罐、铜茶碗等。铜茶锅源于宋代，系丙申年流入晴隆县境，诸葛亮征南时，入夜郎境，跨牂牁江，进军云南时兵士带入，形似桶，容茶水6L左右，系家庭煨茶水之器，至今存留较少（图6-4）。另一种铜茶罐流入时间相同，上书唐朝诗人卢仝诗一首："天子须尝阳羡茶，百草不敢先开花，仁风暗结珠蓓蕾，先春抽出黄金芽。"该茶罐亦用来煨茶水，容量亦在6L左右（图6-5）。

图6-1　兴义民间收藏的铜制茶壶，左壶落款"乾隆"、中间落款"民国六年字样"（黄凌昌摄）

图6-2　现藏兴义博物馆的铜制茶壶（周鸣蓉供图）

图6-3　民国时期兴义下五屯刘氏家族铜制煮茶壶

图6-4　源于宋代铜茶锅

图6-5　铜茶罐

青铜茶壶源于唐代，晴隆县境内现存有4个（图6-6）。1号壶身刻有篆体唐诗一首，容量约4L；2号壶有高手把，壶肚镶梅花图案，容量约5L；3号高手把青铜壶，壶肚凸现有古花纹，容量约5L；4号金色高圆把手，壶身无花纹，容量约4L。

1　　　　　　2　　　　　　3　　　　　　4

图 6-6　铜茶壶

铜茶锅形如当今的砂锅，高约 15cm，锅底直径 30cm，锅口直径约 40cm，有锅盖，容量约 15L，可用来煮茶，亦可煮饭，源于明朝时期，在 20 世纪 80—90 年代，县内仍有人使用，铜锅煮茶口感好，易使人体增加铜元素含量。

薄铜罐系机械制造，用薄铜片制成，大约源自明朝，椭圆柱形，上口部和下底部均为椭圆形，长、短直径约 20cm、8cm，罐高约 18cm，上部有盖扣住，是出行时带茶带水的最好器具。

铜茶碗与今瓷碗大小基本相同，形像莲花状（亦如八瓣花），青铜制品，源于明朝，至今仍有存（图 6-7）。

图 6-7　铜茶碗

第二节　现代茶器

黔西南的现代茶器种类繁多，有陶瓷茶器、玻璃茶器、紫砂茶器、土制茶器、塑料茶器等。

普安县比较有特色的现代茶器主要是布依族苗族粗砂茶具和普安砚壶，而普安砚壶为普安特产石壶（图 6-8、图 6-9）。普安砚壶产于县城西方向的九龙山，用该地石头精心雕琢而成，砚壶石质地软硬适中，墨绿带褚，颜色古朴。晚清名臣张之洞少时非常喜欢普安砚壶，并撰写有《龙溪砚记》一文称赞："使经名士之品题，不啻与玉质金星并重，乃生遐荒，伏草莽，美而弗彰，亦已久矣。龙溪石砚，既墨而津，金声玉德，磨而不粼，顽石非灵，灵因其人，得一知己，千古嶙峋。"晚清时，普安砚壶曾经成为文人骚客竞相收藏的上品。普安砚壶沏茶，茶味醇厚，壶体润浸，玉壁冰清，空壶留香，汤体温滑，内敛不张，与瓷器紫砂之品有独到之别，韵味十足。做工精致，不但实用性强，而且还是精美的艺术品，集功能和艺术美于一身。普安布依族苗族粗砂茶壶同样集实用和艺术美于一身。

图 6-8 普安布依族、苗族粗砂茶具　　　　　　　图 6-9 普安砚壶

晴隆县陶瓷茶器有陶瓷茶壶（图6-10），容量约6L，专用于煮茶，源于清朝年间，另有各种陶瓷茶壶，容量各异，茶杯多种。改革开放后，莲城镇在蔡家办碗厂（陶瓷厂），用黏土（瓦泥）生产陶瓷品，主要生产陶瓷碗（大小碗），亦生产部分茶杯和茶器，因企业改制停办，但生产的陶瓷品至今仍有部分尚存（图6-11）。

人民公社时期，晴隆县生产土制茶器，在县城西南隅办砂锅厂，用煤渣和砂石为原料混合做成煤砂锅和煤砂罐，煅烧后的砂锅砂罐呈黑色混杂银白色（晶体）状。砂锅厂生产的砂锅除供县里使用外，还外销关岭、普安、盘州、兴仁、贞丰等周边县（市）。煤砂锅（加盖）用于煮饭或煮其他食物（熬骨头、炖汤等），煤砂罐一般高约20cm，上大下小，中间肚大，容量约5L，也用于煨茶水、煨中药，至今部分人家仍有使用煤砂罐。

兴义现代茶器很多，当代以兴义白碗窑生产的瓷器为代表。目前兴义的捧乍镇、七舍镇、猪场坪乡还发现了20世纪70—80年代的竹制茶叶存放竹器，当地老人叫它"猴吊兜"（图6-12）。

图 6-10 民间陶瓷　　　图 6-11 民间陶瓷茶器　　　图 6-12 竹制"猴吊兜"茶器
　　茶器

1950年兴义白碗窑广生产用于抗美援朝宣传的大茶杯，上有"保卫祖国的社会主义建设、保卫世界和平"文字；20世纪70年代兴义白碗窑生产的茶叶罐图案文字为"兴义县人民医院"，以及彩色金边茶杯、彩绘茶壶、牡丹印花茶壶等（图6-13至图6-16）。

图 6-13 20 世纪 50 年代抗美援朝宣传杯　　　图 6-14 20 世纪 60—70 年代白碗窑生产的茶叶罐

图 6-15 1974 年白碗窑产出口的彩色金边茶杯　　　图 6-16 20 世纪 60—70 年代白碗窑产彩绘
　　　　　　　　　　　　　　　　　　　　　　　　　　　　茶壶（左）、牡丹印花茶壶（右）

　　兴义陶瓷茶器如陶茶壶、茶碗、茶杯，以及其他形状茶器，形状大小不一。茶器外壁多绘有寓意各异的鸟、兽、虫、鱼、山水林木等图画，或绘有茶器生产厂家、茶叶生产企业介绍、茶器相关的诗词等（图6-17至图6-21）。

图 6-17 贞丰民间保温　　　图 6-18 贞丰民间木质茶罐　　　图 6-19 竹制茶杯和茶勺
　　　茶壶和茶碗

图 6-20 兴义民间茶碗　　　图 6-21 1975 年用于出口的茶杯（底有英文 "MADE IN CHINA"）
（市文体广旅局供图）

第六章　茶器篇

137

煤砂罐外表乌黑，产于贵州遵义，相传为仫佬族青年三堆发明（图6-22）。将煤块捣碎，调水和泥成罐型炼制，趁罐滚烫时放松枝上，烫出阵阵青烟，这样的烟，恰好给刚烧制好的煤砂罐镀上了一层亮闪闪的黑釉。兴仁市具有使用煤砂罐的悠久历史，大一点的煤砂罐用它来焖米饭、红薯等，小煤砂罐多用来煮茶。在兴仁市大山镇、波阳镇、马马崖镇、百德镇等一些乡镇的老人，喜爱用这种煤砂罐细火熬茶喝。

望谟自古以来就有喝八步古茶的历史，目前所留下的茶器以民间茶器为主，比较有特色的茶器有金属凤鸣提梁壶、老式四瓦二铁顶罐、瓷碗等。

凤鸣提梁壶的壶身为铁制，内壁和外壁粗糙，没有现代壶具光滑，壶两侧有装饰扣环，扣环为铜制，壶盖和壶把提手也是铜制，壶嘴有眼睛图式和凤冠图样，该类型壶主要用于煮茶和泡茶用，制作年限和制作时间不详。

老式四瓦二铁顶罐为铁质煮茶罐，工艺较为简单，罐身圆胖，罐下身四方各有一个挂扣，主要用于在同排栓系提手，该罐主要是农家在招待客人较多的情况下用于煮茶，乡亲说这罐子是祖辈留下来的，生产年限不详（图6-23）。

在饮茶方面的茶具除了现代的水杯外，茶农传统饮茶中的茶具多是吃饭用的瓷碗。

据老人们回忆，元统治者进军云南，随军的回族人一部分留在云南，后来有些回族人由滇迁黔，逐渐定居在今黔西南的普安、兴义、安龙、兴仁等地，清代又有一些回民从军或经商由外省迁入，县境回族大部分是明清时期由云南迁徙而来。主要居住在县城及洒雨镇民族村、新桥镇高普陇和普坪镇新街一带。回族人民喜好饮茶，不时不断，节日喜庆更是讲究。老年人对茶叶、沏茶都很内行，沏茶多用东川罐（俗称沙包罐，图6-24），先将茶叶放入干罐内，用文火炒至闻到香味时，立即冲入开水，泡成较酽的茶卤，倒入杯中少许，再加开水至大半杯饮用。这样沏出的茶，清香回味，怡情沁脾。

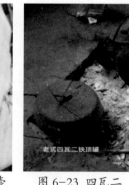

图 6-22 英文标注"MADE IN CHINA"煮茶壶煤砂罐（罗德江摄）　图 6-23 四瓦二铁顶罐　图 6-24 兴仁东川罐

兴义当代使用的茶器（具）有茶桌、茶几、茶盘及品茶用的各种器具等（图6-25至

图6-34）。冲泡、品茶用的各种器具大多为陶瓷、玻璃、木制、竹制品，也有部分为铜制、铁制等，大小不一，形态各异。茶器（具）上大多雕刻与茶相关的诗词，或绘画有寓意各异的鸟、兽、虫、鱼、山水林木等图案。

图 6-25 用古树兜雕刻的茶几板凳（宦其伟供图）

图 6-26 兴义石制茶盘（聚茗宛供图）

图 6-27 兴义白碗窑产昆明铁路局纪念杯

图 6-28 民间茶壶

图 6-29 民间茶罐

图 6-30 何氏家族民国茶壶

图 6-31 民间烧水铝壶

图 6-32 民间茶具套组

图 6-33 民间茶壶

图 6-34 民间茶器

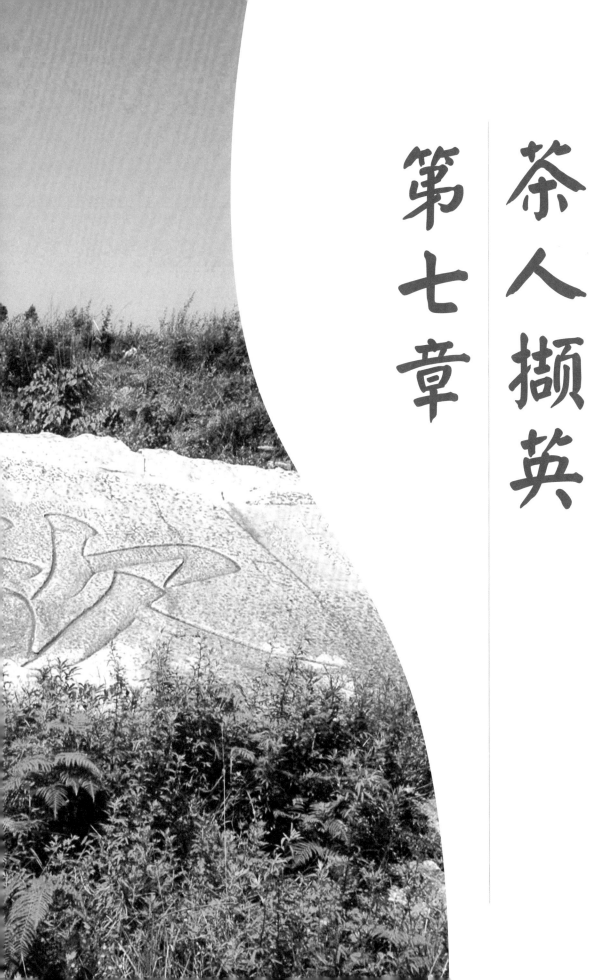

第七章　茶人撷英

第一节　历代名人与茶

一、邓子龙将军与石茶

邓子龙，字桥武，号大千，别号虎冠道人，江西丰城杜市邓家村人。明朝嘉靖三十七年（1558年）魁夺武举，是年因闽粤一带遭倭寇进犯，奉命投军，领守备、参将，总兵诸职，军称将军。明万历九年（1581年），黔省五开卫（今黎平）发生兵变，明神宗下旨，迁任邓子龙为靖五参将，至五开卫平乱进入黔境；明万历十一年（1583年）闰二月季，缅甸东吁王朝拥十万象兵犯滇（云南），邓子龙奉旨赴滇抗击缅寇，大破缅军万象阵，在云南东征西战近十年；明万历二十一年（1593年）官拜总兵职，奉命率部回师，兵驻安南卫，时年邓子龙将军已年逾花甲。

邓子龙宿居城西五衙（时称指挥署），一日巡城至飞凤山，见城墙下有一礅巨石，石面向天，平整光滑，猛然间灵感突来，令军士取来墨宝，欲提斗笔疾书，又感不堪称心适手，书字不大，遂再令到文庙中提来一桶浓墨，手挥佩剑，割下战袍，绾成一团，饱浸浓墨，飞奔疾书，在巨石上写下"欲飞"二字。字写完后，军士端来大碗粗茶，将军一饮而尽，顿觉全身清凉舒适，继请工匠将二字镌镂于巨石上。"欲飞"二字占石面积约32m²，每字各占约16m²，其字硕大，苍劲深厚，大显武将习儒风范（图7-1）。

图7-1　欲飞石（黔西南州农业农村局供图）

时因安南城门卯时开启，酉时关门，过往商贾和旅人进出需要绕驿道行，行人白昼无遮日之阴，夜间无栖身之处，雨天无挡雨之所，将军体恤民情，便在城南门外，通往黑城（今鸡场境内）之驿道（今城南通往阴家田之路）处和通往城东的驿道交叉处，倡建六角攒夹顶瓦木结构凉亭3座，其布局呈三角状，中为主亭，亭高且大，东南两亭为辅亭，东亭名为"遮日"，南亭名为"避雨"，邓子龙为主亭命名并题联，在匾额上亲笔书写"莫忙亭"三字作为亭名，又于亭柱上题联曰：

为名忙，为利忙，忙里偷闲，且喝一杯茶去；

因公苦，因私苦，苦中作乐，再上四两酒来。

对联彰显了将军不图名，不图利，大公无私，为民苦，为民乐之情怀，同时显示了喜茶乐酒之心理，与安南茶有不解之缘。

明万历二十三年（1595年）初，将军获朝廷恩准，解甲回归故里。明万历二十六年（1598年）十一月初八，在朝鲜露梁海面抗击倭寇之海战中阵亡，终年70余岁。将军虽死，但在安南所留墨宝和与茶酒之情事至今仍千古流传，是当今晴隆人之骄傲。

二、徐霞客与青龙山茶

徐霞客，名弘祖，江苏人，明万历十三年（1585年）生，明代著名地理学家，旅行家，以毕生精力将所到之处的山川河流、佳穴名洞等自然景观、人文景观皆录于《徐霞客游记》中。喜欢品茶，以茶会友。明崇祯十一年（1638年）四月廿六日，徐霞客自黔中黄果树来，过牂牁江（今北盘江）青山坡，宿连云城，次日清晨向安南卫进发。穿过五里三座城，沿驿道过灵官箐，上哈马关，到达哈马哨，陡见驿道右侧有一峰拔起，即问山民，此为何峰，山民回复，此乃歪山，上有一朝阳洞，徐霞客携随从沿崎岖丛林小道，向朝阳洞爬行，进得歪山朝阳洞，洞中有佛龛僧榻，遗饭尚存，而僧不知何往，等了多时不见僧回，遂起身下山，舌干口燥，信手扯一树叶口中嚼吃，正好是古树茶叶，虽涩而回味甘甜，止渴最好，又听山民说，附近有个龙井村，龙井茶更好喝，意欲前往，无奈天色已晚，夜幕降临，只好惜别而前往城南半关涌泉寺。慧慈和尚闻徐霞客要来，早在寺前候迎，进入庙堂，桌上已摆好用青龙山甘泉泡好的青龙茶，正和霞客之意，暴饮一大碗后才用斋饭，饭后向慧慈询问龙井茶缘由，慧慈亦将所闻道之于霞客，二人一直品茶听泉赏月到深夜，霞客兴起，作对曰"半夜三更半听泉，中秋八月中赏月"，楹联虽未谈茶，但乃饮茶生兴所作。次日，徐霞客赴飞凤山赏"欲飞"石后离去，临行前，为没能喝到龙井茶而叹息不止。

三、清代古茶园首创者吕金鼎

吕金鼎（1864—1943年）兴义府捧乍营七舍区上丫珠（现兴义市猪场坪乡丫口寨村上珠）人，系吕氏住公第8代孙，年轻时曾院试考中秀才，后委负贵州省参议员在捧乍署工作，兴义正式成立县团防局后，协同兴义教育界元老刘统之、赵学坤一起在兴义县辖区范围内兴办教育，为兴义地区的教育发展作出了促进性的贡献。吕金鼎是现今已知的兴义唯一清代古茶园首创者。

猪场坪乡原是3个小乡（猪场坪乡、长湾乡、丫口寨乡）合并而成，长湾乡属捧乍区，现清代古茶园地丫口寨村（原丫口寨乡）当时属七舍区，在《兴义市志》中，记载了兴义市的茶叶主要分布在七舍、捧乍、鲁布格、猪场坪、泥凼、万屯、三江口等7个乡镇，由此可见，猪场坪地区的茶叶种植，早在清朝末期就已经形成，距今至少已有150多年的历史。

猪场坪乡拥有兴义市唯一现存清代古茶园，是兴义市最早种植茶树的地方，也是兴义市远近闻名的茶叶生产地之一。现今，在丫口寨村鱼塘组范平家还存在着古法制茶器具。古茶园是由吕金鼎老人种植，位于丫口寨村鱼塘组，现存多处百年古茶树资源群，生态完好，且多为原始林木，目前现存百年古茶树获市林业部门专家认可的有76株，成林成片生长约3万余株（丛），其中树高3m以上、冠幅10m^{2}以上的有48株；株高2m以上、冠幅6m^{2}以上的有28株。现当地政府对古茶树进行了高规格的保护，实行跟踪护养，时刻与专家保持联系，并明确专人负责管理。

据当地吕洪勇、陈德芬、魏元香等老人回忆，吕金鼎秀才种植茶园规模宏大，茶叶品质优良，每到产茶时节必定引来四方茶商争相购买，茶叶贸易盛极一时。后来，时局动荡，人们处于水深火热之中，食不果腹，茶贸一时陷入危谷，茶树遭到大量砍伐。新中国成立特别是改革开放之后，人们生活幸福指数逐渐提高，茶又走进了人们的生活。猪场坪乡凭借优质的茶树资源，丰厚的茶贸底蕴，大面积兴种茶树，茶贸再一次兴起。

四、陈鼎与茶

陈鼎（1650年—？），清学者，江阴周庄镇陈家仓（现周西村）人。少年随叔父远至云南，长期生活在云贵高原，考察西南少数民族的风俗民情，对云南、贵州一带的地理、历史情况很有研究，后返归周庄故里定居，死后葬于砂山五峰顶北麓。在游历云贵山川时，路过七舍镇的革上村，他在品尝过七舍地区所制作的七舍茶后，对其极佳的口感与滋味深为赞誉。

五、何应钦与茶

何应钦（1890—1987年），中华民国陆军一级上将，字敬之，出生在贵州兴义市泥凼镇，其故居占地面积10060m^2，建筑面积2461.72m^2，始建于清光绪年间，扩建于民国年间，建筑保存较好。何应钦是中国近现代史上对贵州乃至全国军事、政治颇有影响的历史人物，曾任国民党军政部长和同盟国中国战区陆军总司令、国民政府行政院长等要职，并于1945年9月9日代表中国战区接受日本帝国主义的投降，其故居所在地有连片的茶林，树龄均在60余年，为何氏家族的族人种下。

第二节　当代茶学界突出贡献者

一、卢其明

卢其明（1939年—），男，广西横县南乡人，1958年8月在贵州省遵义农校茶叶专业毕业后分配到晴隆县农业局工作。历任农推站副站长、茶叶工作站副站长、茶果开发公司副经理、县总农艺师办公室主任、农艺师，贵州省第六、七届人民代表大会代表。1988年首次获高级农艺师资格，曾获贵州省农业厅科技成果三等奖、黔西南州优秀科技工作者、晴隆县科技拔尖人才等荣誉称号，并受贵州省委组织部表彰列入《生命在异乡闪光》87位优秀工作者之一。

1959年春，在大厂镇川洞组创办了全县第一个乡村茶场，开始了制茶生涯之旅，探索大铁锅炒茶叶、手工揉茶、生产加工第一批"工夫红茶"和少量"炒青绿茶"及"湄江翠片"，开创了直炒青茶之先河，取代了农村数百年制作"粑粑茶"之传统做法，提高了茶叶质量和储藏保管效能。之后，踏遍晴隆山山水水，发展茶园、建设茶厂，以精湛技艺传授后人，在大厂、安谷、砚瓦、廖基、鸡场、箐口、紫马、地久、沙子等多地开办炒茶培训班，传授培养炒茶技术和品茶艺术徒弟上千人。

带领徒弟生产的"云岭绿茶"（贵翠，即晴隆绿茶之前身）系列产品飘香于省内外，畅销于全国，其中"绿凤凰"获全国金奖、"翠绿茶"获国家优质产品奖、"湄茶一级"获铜奖、"银剑、银芽"获"中茶杯"二等奖。

卢其明不但是"茶籽化石"之发现者，也是晴隆茶产业的创始人，更是制茶之大师，其名望全省在列。

二、徐俊昌

徐俊昌（1966年—），男，贵州兴义人，高级农艺师，贵州省茶叶学会常务理事，贵州古茶树保护与利用专业委员会专家委员，贵州省茶叶学会茶叶审评专家委员会专家，《中国茶全书·贵州黔西南卷》副主编（图7-2）；1988年毕业于安徽农学院茶业系机械制茶专业，农学学士；1988年7月至1991年6月在贵州省劳改局中八

图7-2　徐俊昌在兴义七舍镇白龙山茶园基地
（徐俊昌供图）

茶果场茶厂工作；1991年7月至今，在黔西南州农业农村局（原州农业局、州农业委员会）工作，且自2012年起主持黔西南州农业农村局茶办工作。

在茶行业30余年，主要从事茶叶种植、加工、销售，以及新品种、新技术引进、试验、示范等技术推广工作，先后申报和组织实施《中央财政现代农业茶产业项目》《黔西南州标准化茶园建设》《茶树无性系良种苗圃建设》《低产茶园改造》《茶叶清洁化加工厂建设》《黔西南州古茶资源利用研究》《夏秋绿茶品质提升关键技术研究》《贵州苦丁茶生产与加工技术集成应用推广》等茶产业项目15项，获茶叶丰收奖1项、科技成果应用奖1项，授权发明专利2项，发表文章10余篇。负责起草《中共黔西南州委、州人民政府关于加快茶叶产业发展的意见》《黔西南州古茶树资源保护条例》，主持编写《黔西南州茶产业发展十二五规划》《黔西南州茶产业发展十三五规划》《黔西南州茶产业提升三年行动计划（2014—2016）》《黔西南州茶产业发展实施方案（2019—2021）》《普安红红茶质量标准》《普安红红茶生产技术规程》等，负责研究政策，制订措施，为黔西南州茶产业提供服务指导。

三、王存良

王存良（1981年—），女，湖南双峰县人，教授，中共党员，硕士研究生，兴义民族师范学院文学与传媒学院教师，主要从事文艺美学和中国茶文化研究（图7-3）；中国茶叶学会会员，贵州省茶叶学会会员，黔西南州茶叶专班成员，国家级茶艺师考评员，国家一级茶艺技师，国家一级评茶

图7-3 王存良老师在上课（王丽瑛摄）

技师，中华儿童文化艺术促进会特聘专家，先后荣获"优秀教育工作者""优秀共产党员"称号；主持完成省级项目一项，州级项目两项，公开发表论文20余篇，出版专著一部，主编《中国茶全书·贵州黔西南卷》，参与编写制定《普安红红茶质量标准》《普安红红茶生产技术规程》等。指导学生参加省级职业技能大赛茶艺表演项目获二等奖两项，荣获"优秀指导老师"称号；指导学生参加黔西南州职业技能大赛获得评茶组一等奖1项、二等奖1项，荣获"优秀指导老师"称号。担任2018—2021年历届贵州省春季斗茶赛黔西南州分赛区评委组组长，担任2018—2021年历届贵州省秋季斗茶赛黔西南州分赛区评委组组长，多次担任省州市（县）各类职业技能大赛评委。

从2007年至今，她的足迹踏遍了黔西南州各县市的几十万亩茶园，组织团队于2011

年成立了黔西南州第一家茶文化培训机构——兴义市西南茶院，2019年创办了黔西南州第一所茶学职业学校——贵州汉唐职业技术培训学校，先后培训学员万余人，为兴义市及全国各地培养了大批优秀的茶艺师、评茶员和茶企创业人员；带领团队向国内外同胞以及国际友人进行茶艺茶道表演，推介中国茶文化，讲解中国茶情、茶趣、茶俗，挖掘黔西南州地方茶文化对中国及世界茶文化的贡献。她奔波于各茶区，深入企业、农户，为茶叶企业在种植、加工、生产销售过程中遇到的困难提供解决方案；在全州各地多次举办"茶树种植技术培训班""制茶技术培训班""茶艺培训班""评茶培训班"，以提升当地茶叶从业人员的技术和素质，充分调动贫困茶农的积极性和主动性，为推动黔西南州茶产业的发展作出了应有的贡献。

四、黄凌昌

黄凌昌（1963年—），男，布依族，本科，高级农艺师，中共党员，兴义市涉农项目专家委员会委员，黔西南州农委首届农业专家委员会专家组成员，《中国茶全书·贵州兴义卷》的执行主编（图7-4）。

1985年作为茶叶技术推广的专业技术人员进入兴义县农业局工作。30多年来，黄凌昌同志一直从事兴义茶叶产业的规划

图7-4 黄凌昌在茶园基地（秦海摄）

设计、茶叶基地建设、品牌打造、市场营销、技术咨询服务和技术推广工作，为兴义茶产业的发展作出了重要贡献；长期深入乡镇茶山茶园，掌握兴义茶叶生产状况，进行茶叶技术指导，开拓茶叶产品市场；摸索出一套适合兴义以台刈为主的老茶园改造适用技术并在其他涉茶乡镇进行培训推广，取得了较好的效果；把"龙井茶"（扁形茶）的生产加工技术进行示范推广，使兴义的（扁形茶）产品走出深山首次远销江浙一带市场；利用兴义市农业产业协会筹建领导小组办公室主任的工作条件，动员并组织帮助广大企业家、茶农、社会各界人士成立茶叶企业（合作社）、建设茶叶基地、注册茶叶商标、打造自己的茶叶品牌；2013年，作为兴义茶叶产业方面的专家在省城贵阳进行省级竞争立项、答辩，使兴义市首次成为贵州省29个重点产茶县（市）；争取到中央和省级财政现代农业（茶产业）生产发展资金800万元，参与组织实施了2万亩的中央和省级财政现代农业（茶产业）基地建设项目；2017年12月，到北京进行答辩，使兴义"七舍茶"获国家质量监督检验检疫总局批准为国家地理标志保护产品。

主笔编制了《兴义市十一五、十二五、十三五茶产业发展规划》《兴义市优质茶叶产业建设项目实施方案》；撰写了《兴义农业志》中茶产业相关资料；公开发表了论文《生态茶园养鹅技术》《木犀科苦丁茶粗壮女贞［Ligustrum robustum（Roxb.）Blume］在石漠化生态治理中的种植试验与示范》两篇。

五、莫熙礼

莫熙礼（1982年—），男，汉族，中共党员，广西岑溪人，硕士研究生，2008年毕业于贵州大学农学院（分子植物病理学方向），2017年贵州省优秀农业专家，2019年教育部国内访问学者（北京大学），2020年贵州植物生理与植物分子生物学学会理事，现为黔

图7-5 莫熙礼老师正在讲授茶叶课（莫熙礼供图）

西南民族职业技术学院学术委员会副秘书长、生物工程系办公室主任、副教授、青年骨干教师（图7-5）。

自2008年到黔西南民族职业技术学院工作以来，莫熙礼副教授一直致力于茶叶病虫害防治技术的教学、科研、技术服务和培训工作，为兴义市茶叶产业的生产、加工、销售等领域培养了大批高素质技术技能型人才。多次深入兴义市七舍、捧乍、敬南、清水河等茶叶基地开展技术指导和培训工作，为兴义市茶行业培养了农民合作社法人、致富带头人、种植能手等300多人。主持完成病虫害绿色防控领域课题州级项目3项、院级项目2项，参与国家重点课题1项、省级重点项目3项、州级科研项目7项，以第一作者在北大中文核心期刊发表学术论文9篇，在省级期刊发表学术论文7篇，积极推广的多元化、立体化茶叶病虫害绿色防控技术效果显著，为兴义市茶叶病虫害的防控工作作出了积极的贡献。

六、罗琳杰

罗琳杰（1970年—），苗族，中营人，贵州大学农学专业毕业，高级农艺师。1990年7月毕业于黔西南州民族行政管理学校，初分配到碧痕区栗树乡工作，任秘书，统计员职，次年底调任茶树良种苗圃场（公司）箐口分场场长，后继任晴隆县苗圃场供销科副科长，场办公室副主任、主任，茶树良种苗圃（公司）副经理、农艺师（晴隆县总工会委员、苗圃工会主席），2007年贵州第十次中国共产党全国代表大会代表，晴隆县政协

七届委员。2009年贵州大学农学专业本科毕业（继续教育），2011年后，任晴隆县茶叶产业局副局长、高级农艺师。2012年11月，任晴隆县茶叶局局长，黔西南州科学技术协会第四次代表会代表、委员，黔西南州农村技术专业研究会理事，贵州省茶叶学会常务理事，晴隆县茶叶协会秘书长，晴隆县科技特派员，晴隆县委党校客座高级讲师，黔西南州科技专家服务团专家。

主要研究和组织实施省、州级课题有7项，公开发表论文4篇。2006年获省总工会授予贵州省"五一劳动奖章"荣誉，获晴隆县"优秀党务工作者"称号。2007年获晴隆县"优秀共产党员"称号，荣获黔西南州百万职工大练兵"先进个人"荣誉。2008年获黔西南州科学技术协会"先进工作者"称号。2010年，被评为晴隆县优秀共产党员，2010年获中国科学技术协会、财政部"全国科普行动先进个人"称号，2014年被贵州省科协评为科普先进个人。

七、刘蔚蓝

刘蔚蓝（1980年—），男，晴隆县长流人，中共党员，大学本科，2000年9月在晴隆县茶树良种苗圃场（公司）工作，历任茶叶公司一、二车间主任；2006年6月任苗圃（公司）办公室副主任；2008年12月考调进晴隆县茶叶产业局工作，任局办公室主任；2018年3月任晴隆县茶叶产业局副局长。参与完成碧痕镇东风村万亩生态茶园建设"贵隆"高档名优绿茶产品开发，贵州省火星计划暨5000亩无公害生态茶园建设等重大工程项目建设，公开发表论文4篇。

八、邓瑞武

邓瑞武（1966年—），苗族，晴隆县中营田寨人，中专文化，茶叶专业高级农艺师，中共党员，1990年7月黔西南州民族行政管理学校毕业，分配到碧痕区栗树工作，任秘书、统计员，次年10月调入县茶树良种苗圃场（茶叶公司）工作，2008年调大厂茶叶站工作，2016年回县局工作，2017年12月获高级农艺师资格。邓瑞武在基层站工作8年间，踏遍了大厂镇之山山水水，沟沟壑壑，组织在高领、嘎木、地久、上虎及银厂坪等村种植茶树14400亩，为全县10万亩茶园基地建设作出了较大贡献。在县局（苗圃、公司）工作期间，参与晴隆县万亩无公害生态茶园高技术产业化示范工程建设，将吉祥茶叶有限公司引入高领排沙建茶叶粗制加工一座，占地2000m²余，引骏马专业合作社在大厂林场建茶叶加工厂一座，占地亦为2000m²余，组织指导香馨茶叶有限公司在大厂银厂坪建集加工、休闲于一体茶叶加工厂一座，占地约4000m²。公开发表论文2篇。

第七章 茶人撷英

149

九、曹宏

曹宏（1972年—），贵州盘州人，北京大学工商管理硕士，现任普安县宏鑫茶业开发有限公司董事长、黔西南州茶叶协会会长。

2011年5月3日，在贵州省委、省政府主办的"贵州·香港投资贸易活动周媒体推介会"中，曹宏代表云南宏鑫矿业有限公司与贵州省政府达成投资合作意向，在普安县启动CTC红碎茶项目。2012年12月13日，代表普安宏鑫茶业与普安县政府签署《四球古茶树保护协议》，并致力于古茶树保护立法的推动工作中。2013年3月3日，主导的普安红碎茶项目点火投产，标志着普安县茶产业时隔21年后，产品重心再次由绿茶改为红茶，红条茶和红碎茶再次问世。2015年，曹宏个人独资企业——普安县宏鑫茶业开发有限公司被认定为贵州省农业产业化经营省级重点龙头企业、贵州省省级扶贫龙头企业。2015年，联合执笔学术论文《古树茶中主要成分的分析比较》（A compartive Analysis of Compositions in Camellia sinensis vra.）在美国发表。2017年12月，宏鑫茶业被维也纳酒店集团纳入核心物资供应商序列，覆盖全国3800多家维也纳酒店近40万间客房，宏鑫茶业也从此进入了国内袋泡茶知名企业的序列。2019年1月28日，代表宏鑫茶业与亚洲太平洋经济合作组织（APEC）签署战略协作协议，宏鑫茶业的产品进入APEC的21个成员国。

十、朱钰

朱钰（1990年—），女，贵州兴义人，硕士研究生。任黔西南民族职业技术学院茶树栽培与茶叶教研室主任，致力于茶叶专业技术技能人才培养及地方茶文化传播。主要教授《茶叶品质化学》《中华茶艺》《茶叶感官审评》等课程。获国家级技能大赛三等奖2项，省级技能大赛一等奖2项、二等奖1项，指导学生在州级茶艺技能竞赛中获一等奖2次，本人获州级优秀指导老师。多次参与省、州茶叶类竞赛执裁工作。

十一、李秀海

李秀海（1967年—），晴隆县中营红寨人，苗族，中共党员，大专文化，高级农艺师。1991年7月黔西南州民管校毕业，分配到碧痕区达南乡工作，任秘书、统计员，是年底调入县茶叶良种苗圃场（公司）工作，从事茶园规划、茶园管理、茶园病虫害防治、茶叶加工等技术工作，2008年考调入县茶产业局工作，2018年12月获高级农艺师资格。

在茶行业工作28年，参与县5000亩无公害生态茶园示范基地建设，采用高产、优质、高效无公害技术手段。参与实施的工程项目有"县1万亩无公害生态茶园高技术产业化示范工程""县6000亩优质丰产高效茶园建设项目"。2017年，组织实施茶园绿茶防控生产技术试验示范项目一个，面积350亩；公开发表论文2篇。

十二、李刚灿

李刚灿（1961年—），黔西南州华曦生态牧业有限公司法人、总经理。2014年5月，任贵州万峰报春茶业集团有限公司总裁，李刚灿为兴义市茶产业的发展及推广做出了巨大贡献。2011年3月，被台湾嘉义县阿里山制茶工会聘任为顾问；2011年被贵州省茶叶学会聘任为常务理事；2011年当选为黔西南州第七届人大列席代表；2012年1月10日当选为贵州省兴义市第七届政协委员；2012年当选为黔西南州工商联常务理事；2012年5月获两项制茶专利；2013年12月被黔西南州委、州政府，授予黔西南州优秀民营企业家荣誉称号；2015年被评为贵州省劳动模范，荣获"黔西南种茶能手"称号。他组织建成州内第一个大宗初制毛茶加工厂，总投资480万元，占地面积3000m²，厂房规模1280m²，日产干茶10000~11000斤，年产大宗干茶800t。

十三、陇光国

陇光国（1951年—），彝族，大专，碧痕岩脚寨人，中共党员，高级农艺师，贵州省彝学研究会会长。1976年贵州农学院农学专业毕业，分配到晴隆县农业局工作，历任技术员，县农推站站长，茶果工作站站长，茶叶工作站站长。1986年组建晴隆县茶叶公司，出任第一任经理，1987年出任县茶树良种苗圃场主任兼茶叶公司经理，继任晴隆县茶叶基地建设指挥部指挥长，主持建设了晴隆县万亩茶叶基地，开发研制了"贵晴"绿茶系列产品。获贵州省人民政府颁发的"科技兴农突出贡献奖"，国家农业部（现农业农村部）、科学技术部授予的"全国火星计划先进个人"，国家农业部、农垦局南亚热带作物办公室授予的"全国热带、亚热带作物开发先进个人"等奖项近10枚。

1997年离职后在"贵州飞龙雨实业有限公司"出任副董事长、董事长，获贵州省人事厅、贵州省乡镇企业局授予的"贵州省优秀乡镇企业家"称号，后获贵州省乡镇企业局、贵州省农业农村厅办公室授予的第一届（2005年）、第二届（2006年）"创业之星"等荣誉。2009年担任贵州省彝学研究会副会长兼秘书长，2014年任会长，2017年与贵州省彝学研究会专家王继超合著彝族志《普安简史》。2018年入驻彝乡三宝，继续从事茶叶研究，因三宝整体搬迁之因，于沙子文丰成立"晴隆县彝鑫彝意旅游产业发展有限责任公司"，再打造文丰茶场，将世居民族濮吐珠彝族人传承115代之烤茶工艺挖掘出来，生产出彝族烤茶"三宝红"红茶。传承了2000多年的彝文化，解决了部分彝人就业问题，为晴隆县易地扶贫搬迁工作做出了一定贡献。

十四、黄庭益

　　黄庭益（1952年—），男，布依族，中共党员，中专学历，现任兴仁县富益茶业有限公司董事长兼总经理。2009年6月10日，黄廷益投入100万元。注册资产9000万元，土地2万余亩，常年用工152人，季节性用工年均10万人次。黄廷益承包了8000亩荒山，先后贷款400多万元，用于土地、道路、水电、通信等基础设施建设。为了掌握核心技术，他承包100亩土地，投入80万元建立自己的育苗基地，从湄潭、凤冈购进优质品种梅占、黔湄809号、福鼎大白种枝条1500万株自行育苗，自行移栽。

十五、潘正义

　　潘正义（1933年—），布依族，贵州省贞丰县北盘江镇人，中共党员，1953年参加中国人民解放军，参与川藏公路修筑工程，1955年转业到贵州省地质队，1959年获"全国地质系统劳动模范"奖章，1962年因病回乡，任牛场区董畔模范茶场场长，1983年以董畔模范茶场场长身份获"贵州省劳动模范"称号（图7-6）。

图7-6　1983年获省级劳动模范称号的潘正义

十六、周鸣蓉

　　周鸣蓉（1973年—），女，汉族，贵州省黔西南州贞丰县人，1997年毕业于贵州师范大学艺术系，1997—2003年任教于兴义市丰都中学，1999年创建兴义市竹风轩茶艺馆，2001年创建兴义市马鞍山茶艺馆，2003年获中华杯国际茶艺茶道邀请赛二等奖，2014年成立木知心茶业文化有限公司至今（图7-7）。

图7-7　周鸣蓉

十七、龚永兰

　　龚永兰（1966年—），女，汉族，中共党员，贵州省安龙县人（图7-8）。1987年7月毕业分配到贞丰县糖厂工作，2011年8月从贞丰县糖厂调到贵州金城投资开发有限责任公司，2015年6月到龙场镇坡柳村任

图7-8　龚永兰

第一书记，2015年11月25日创建成立贞丰县坡柳种养殖专业合作社之嬢嬢茶手工坊，为恢复弘扬历史名茶——嬢嬢茶不遗余力。2017年当选县茶叶产业协会秘书长。

十八、罗春阳

罗春阳（1972年—），男，汉族，大学学历，1997年毕业于贵阳医学院（图7-9）。1997—2000年一直从事市场营销工作；2000年创立兴义市马鞍山茶艺馆，分别取得了评茶员、食品检验员及全国无公害农产品内检员资格；2009年入股黔西南州嘉宏茶业有限责任公司，在七舍镇建有2000亩的高山生态茶园。2014年开始任嘉宏茶业公司法人兼总经理。

2015年7月辞去公职专心经营茶产业；现任兴义市黄草商会副会长及黔西南州茶叶协会副会长；2016年1月被黔西南州委农村工作领导小组授予"黔西南州种茶大王"称号；2018年当选为兴义市茶业产业协会会长。

图7-9 罗春阳（罗春阳供图）

十九、陈超文

陈超文（1965年—），2015年1月当选为泥凼镇老寨村村主任，同时加入中国共产党（图7-10）。在他的带领下，老寨村于2014年8月获"全国一村一品示范村"；2014年11月获"国家级示范社"；2015年5月"泥凼何氏苦丁茶"通过QS认证，获"全国工业产品食品生产许可证"；2016—2019年均获"省级林业龙头企业"；2018年获省级产业化经营重点龙头企业、中国质量信用AAA级示范社；公开发表论文2篇。

图7-10 陈超文（陈超文供图）

二十、贺伯虎

贺伯虎（1960年—），汉族，沙子镇三合人，大专学历，中共党员，高级农艺师，中国茶叶协会会员，贵州省茶叶标准化委员会委员，贵州省茶叶协会理事，晴隆县行政学校高级客座讲师，晴隆县茶叶协会副会长，晴隆县政协第七届委员。

1982年7月毕业于黔西南州农业学校，初分配到晴隆县农业局工作，从事茶树种植，茶叶生产加工等技术工作，主持了晴隆县部分茶场园建设和提质改造。1984年10月至1990年1月调至花贡茶场工作，1990年2月调回晴隆茶树良种苗圃（县茶叶公司）工作。2018年12月考调入晴隆县茶叶产业局，历任大队生产干事、副中队长、中队长，茶叶精制厂厂长、办公室主任、副经理等职。2002年被贵州省农业高级职称评审委员会破格评定为高级农艺师。2013年被晴隆县委授予优秀共产党员称号。组织和主持完成了重大农业攻关项目2项。公开发表论文30余篇。

二十一、杨德军

杨德军（1972年—），男，兴义市绿茗茶业有限责任公司总经理，兴义市工商联职委（图7-11）。1998年注册鸿鑫茶庄，2009年5月注册成立兴义市绿茗茶业有限责任公司，10余年来一直致力于贵州绿茶的收购、营销及宣传、推广。

图 7-11 杨德军（绿茗公司供图）

二十二、何文华

何文华（1959年—），男，贵州兴义人，对越自卫反击战参战退伍老兵（图7-12）。2008年开始种植茶叶，2012年组织成立"兴义市大坡农民专业合作社"，以500来亩老茶叶为基础，到2018年将合作社茶园种植面积扩大到2880亩，同时带动周边村组农户进行茶叶种植，现在大坡

图 7-12 何文华（合作社供图）

茶叶合作社的规模已达4000余亩。参与茶叶种植并在合作社分红的贫困户目前有96户，每年发放每户贫困户540元的分红。2018年底，又引进茶叶品种龙井43，种植面积500余亩，惠及农户120户，其中贫困户16户。

二十三、荀仕旺

荀仕旺（1973年—），男，兴义市七舍镇人，中共党员（图7-13）。兴义市春旺茶叶加工厂法人。创建兴义市春旺茶叶加工厂，年加工干毛茶1t，每年可解决5个劳动力的就业，带动农户20余户增收。

图 7-13 荀仕旺（右）（荀仕旺供图）

图 7-14 荀仕旺获省制茶赛一等奖

2013年6月被评为市级"党员创业带富示范户";2013年9月被评为州级"党员创业带富示范户";2018年在"乌撒烤茶杯"贵州省第七届手工茶制茶技能大赛（扁形）绿茶赛项中荣获一等奖（图7-14）。2011年在七舍镇政府的支持下，向本村农户租地100余亩发展茶叶，解决了10多个富余劳动力的就业问题，带动20余户农户增收。带动七舍村种植茶叶3000余亩。用茶产业助推当地脱贫攻坚，增收效果显著，2019年5月荣获省、州五一劳动奖章。

二十四、冯玉敏

冯玉敏（1972年—），女，中共党员，贵州黔仁茶生态农业旅游开发有限公司执行董事。多年来，她以求真务实的科学态度，开拓进取的行动，带领全公司60余名员工（其中女性员工43人），在兴仁县真武山投资建设生态观光茶园4000亩，12km观光健身步道建设，同步做好"茶旅一体化"项目农业产业精准扶贫工作。

二十五、舒腾显

舒腾显（1966年—），男，贵州晴隆县人，贵州"八步紫茶"开发利用第一人。2009年，舒腾显到望谟县开始对当地古茶树资源八步茶品种进行选育扩繁。2014年，舒腾显在望谟县成立贵州省王母铁红茶业开发有限公司，与村里的合作社联手，引领贫困户依靠茶叶产业促发展。2016年，舒腾显在黔西南州政府所在地兴义市开设黔西南王母紫茶庄园，通过这个平台将公司生产的王母紫鹃茶、布依美人、蛮王府私房茶、八步古茶等系列产品销往广州、上海、北京等地，扩大了八步紫茶影响力，带动了当地老百姓致富。2017年，其公司生产的"八步紫茶"获贵州省秋季斗茶赛"古树红茶金奖"。

二十六、晁忠琼

晁忠琼（1971年—），女，贵州普安县人，黔西南州第八届人大代表、贵州省第十三届人大代表，国家一级茶艺师、评茶师，贵州民族制茶工艺大师，贵州省制茶能手。1988年进入普安县新寨茶场工作，1999年普安县创办了第一家茶庄——怡雅茶庄，2012年在普安创办清怡茶楼，2014年创办贵州省怡丰原生态茶业发展有限责任公司，2016年创办贵州布依福娘茶业文化发展有限公司。

从1988年参加工作起，至今已有32年茶叶种植、制茶技术及茶文化传播从业经验。先后负责茶园补植补种、日常管护，以及收青、评级、加工、精制等重要工作，具有丰富的茶园管护、茶艺、制茶和评审工作经验。

二十七、王怀建

王怀建（1963年—），晴隆人，汉族，中专文化，高级农艺师。1986年于黔西南州农业学校毕业后，分配到县农业局工作，主要从事茶树栽培工作，历任助理农艺师、农艺师，2014年荣获茶叶专业高级农艺师资格。公开发表论文6篇。2007年4月《茶叶通讯》登载的《幼龄茶树遭受火害后的拯救措施》一文，获《中国农业》编辑部优秀论文一等奖。

二十八、施 海

施海（1982年—），男，中共党员，国家一级评茶技师，贵州释海和茶文化有限公司董事长、贵州省茶叶流通商会副会长、贵州省茶叶协会副秘书长、贵州省茶文化研究会副秘书长、贵州省黔西南州"普安红"茶文化形象大使、黔西南州旅游推介形象大使。2008年从业以来，推广黔茶，去过日本、韩国、捷克、俄罗斯、德国、尼泊尔等国，集中推荐黔西南州普安红茶，受到国际好评。凭优秀的茶文研发推广力，其采访稿《小茶壶里天地宽》曾刊在贵州日报头版。其茶文连续四期上贵州电视台《品牌贵州》栏目，撰写的文章《古树茶的冲泡与鉴赏》入选国家一类图书《贵州古茶树》（中国农业出版社出版）一书。

二十九、张崇斌

张崇斌（1948年—），汉族，中学文化，贵州省贞丰县长田镇人，中国共产党（图7-15）。1972—2000年先后在牛场区供销社、贞丰县供销社工作，历任牛场区供销社主任、贞丰县供销社主任等职务，其间，1976—1977年在安徽农学院茶叶系进修；长期为全县茶业的发展奔走操劳；2000年调贞丰县人大常委会工作，任贞丰县人大财经委主任，2009年退休。

图 7-15 安徽农学院教师回访兴义地区1976—1977年"茶训班"学友合影，图中左二为牛场供销社的张崇斌（1981年11月12日拍摄于兴义）

图 7-16 饶玛丽

三十、饶玛丽

饶玛丽（1982年—），女，汉族，贵州省贞丰县龙场镇人，贞丰县圣丰茶业有限公司董事长（图7-16）。2006年开始从事茶开发产业，创办圣丰茶业有限公司，目前圣丰茶业旗下有茶园面积300余亩，分布在珉谷街道办事处的大碑、高龙茶场。

第三节 制茶大师

一、林元银

林元银（1950—2022年），男，贵州晴隆人。1968年作为知青到普安新寨茶场工作锻炼；1973年就读于黔西南州农校；1975年农校毕业后被分配到普安县农业局工作；1976年到安徽农学院进修学茶一年；1977年到普安县农林推广站工作；1979年调到新寨茶厂当技术员；1981—1984年任新寨茶厂副场长；1985—1988年开发普安茶，任普安茶办副主任；1988—1995年任普安茶厂副场长；1995—2001年2月任普安茶厂场长；2001年从普安农业局退休。

自1977年从安徽农学院进修回来后，林元银一直致力于普安茶叶事业，从大面积引进优良茶品种、开发万亩茶场、提高茶产量，到参与茶产业规划及管理、改进茶叶加工工艺（茶叶的制作、加工）等方面，都做了大量切实有效的工作。由于其工作成绩突出，得到了东南亚等国家茶界的肯定和认可。退休后，林元银仍然致力于茶叶深加工研究、茶山管理等方面的工作，支持当地茶产业发展，为普安宏鑫茶厂等当地各茶企业的茶叶加工、管理等方面积极献言献策。

二、陈廷江

陈廷江（1943年—），男，汉族，贞丰县龙场镇坡柳村人，"坡柳娘娘茶"非物质文化遗产传承人第三代传承人，"宋寅号记"茶行徽记保存者（图7-17）。陈家世代生产和制作"坡柳娘娘茶"，第二代传承人为陈廷江父亲陈春儒（1918—1949年）、陈母覃章先（1919—2011年），毕生从事茶叶生产及娘娘茶制作的陈廷江多年来

图7-17 坡柳娘娘茶第三代传人陈廷江

无私教授娘娘茶制作技艺，县内多名制茶大师均出自陈氏门庭。

三、胡玉祥

胡玉祥（1970年—），男，册亨县人，1985年安龙县新桥茶场工人，1986年从事茶叶加工与制作（图7-18）。2015年5月取得贵州省职业技能茶叶加工中级职称，2017年9月取得国家级茶叶加工高级职称。胡玉祥先后荣获2008年中国贵阳·避暑季之南明"黔

茶飘香·品茗健康"系列活动炒茶制茶表演赛二等奖；2009年在黔西南州嘉宏茶叶有限公司任厂长期间，自创的"七舍涵香"荣获第十六届上海国际茶文化节"中国名茶"金奖；2012年贵州省手工制茶大赛荣获绿茶（扁形）优秀奖；2015年荣获江西省"狗牯脑"杯手工绿茶炒制大赛二等奖；2016年在湄潭全国手工绿茶制作技能大赛中获二等奖；2017年荣获全国茶叶加工职业技能竞赛暨"遵义绿杯"手工绿茶制作技能大赛特等奖。

图 7-18 胡玉祥（胡玉祥供图）

四、吴忠纯

吴忠纯（1962年—），男，兴义人，汉族，中共党员，农艺师，贵州食文化研究会专家。1979—1983年就读于安徽农业大学茶叶系机械制茶专业，1983—2007年在贵州省广顺农场工作；2007—2015年交流到贵州省太平农场工作；2015年退休。

受家承熏陶数十年与茶交织，终身学茶做茶喝茶品茶传茶。退休至今，在安顺、纳雍、晴隆、惠水、兴义等地的安顺御茶村茶叶公司、溢杯茶叶科技公司、纳雍府茗香茶场、晴隆清韵茶业有限公司、贵州盛华职业学院茶学院、贵州汉唐职业技术培训学校等参与有关工作，2020年牵头成立贵州黔西南春夏秋茶叶有限责任公司。

2020年荣获黔西南州首届夏秋茶评比红茶类一等奖，获黔西南州首届夏秋茶评比白茶类优秀奖；黔银针获2021年贵州省"黔茶杯"二等奖，黔牡丹获2021年贵州省"黔茶杯"二等奖；2021年，作品《采茶婆婆》荣获黔西南州农业产业发展成果摄影大赛一等奖，《阳光普照茶园》荣获二等奖，《新茗香自从寒来》荣获三等奖。2022年获贵州省"黔茶杯"名优茶评比一等奖；获2022年贵州省技能大赛——"石阡苔茶杯"第十一届手工制作技能大赛红茶赛项优秀奖；获2022年贵州省技能大赛——"乌蒙古茶杯"第五届古树茶加工技能大赛红茶赛项三等奖；获2022年"茶籽化石杯"贵州省第六届古树茶斗茶赛优质奖。2022年代表黔西南队参加第五届全国农业行业职业技能大赛茶叶加工赛项贵州选拔赛，赛中参加贵州省绿茶品牌促进会主办的贵州冲泡体验赛，荣获三等奖。

五、郑金刚

郑金刚（1980年—），男，汉族，晴隆县沙子镇人，1998年晴隆县茶业公司工人，从事茶叶加工与制作，2015年取得贵州省职业技能茶叶加工高级职称，2018年取得黔西南州人力资源中级茶艺师，2019年取得全国供销合作总社中级评茶员。2015年荣获"梵净山茶·石阡苔茶杯"贵州省第四届手工制茶技能大赛卷曲形绿茶赛项三等奖；2016年荣获"都匀毛尖·贵定云雾贡茶杯"贵州省第四届手工制茶技能大赛卷曲形绿茶赛项优秀奖。2017年荣获全国茶叶加工职业技能竞赛暨"遵义绿杯"全国手工绿茶制作技能大赛个人三等奖。2017年第六届贵州茶业经济年会组委会授予"贵州省制茶能手"。2019年贵州省总工会授予其贵州省五一劳动奖章。

六、王 霖

王霖（1977年—），男，黎族，贵州晴隆人，1998年毕业于安顺农校茶叶专业，2000年分配到晴隆茶树良种苗圃，2014年获高级技能三级评茶员，2015年评为茶叶专业农艺师。2017年荣获全国茶叶加工职业技能竞赛暨"遵义绿杯"全国手工绿茶制作技能大赛中个人优秀奖；2017年荣获"安顺瀑布毛峰朵贝贡茶杯"手工制茶技能大赛卷曲形绿茶赛项三等奖；2017年被授予贵州省制茶能手；2019年获全国茶叶（绿茶）加工技竞赛"遵义红"杯全国绿茶手工制作大赛卷曲形赛项一等奖。

七、赵 刚

赵刚（1968年—），男，贵州省黔西南州普安县人，汉族，大专学历，中共党员，高级农艺师。1987年9月至1990年7月就读于安顺农校茶叶专业班。1990年7月至2008年10月在普安茶场工作，在此期间，曾先后担任茶场技术员、茶区片区主任、茶厂厂长、办公室主任（兼茶叶质量审评负责人）等职务。2008年11月至2012年3月聘用于普安县茶业发展中心工作。2012年4月至2016年1月，在普安县天龙茶叶专业合作社担任技术总监职务。2016年1月至今，担任贵州南山春绿色产业有限公司执行董事。

2020年9月，参加第三届全国农业行业职业技能大赛贵州选拔赛（红茶加工），获二等奖；2020年10月，在第三届全国农业行业职业技能大赛（红茶加工）中，获农业部优异奖；2021年5月，被贵州省人力资源和社会保障厅授予"贵州省技术能手"称号。

八、卢 艳

卢艳（1971年—），女，贵州省黔西南州普安县人，汉族，中共党员，茶艺师，评茶员。1990年3月至2012年11月在普安茶场工作。在此期间，始终从事茶叶加工和茶叶生产管理工作。2012年11月至2015年12月负责普安县天龙茶叶专业合作社的加工工作，2015年12月起，担任南山春绿色产业有限公司总经理之职，负责茶叶加工、销售及茶树苗圃基地管理的具体工作。具有30年的制茶经历。

2016年4月参加全国手工绿茶制作技能大赛，获优秀奖，2018年4月在黔西南州首届职工手工制茶技能大赛中荣获手工直条形绿茶制作二等奖；2018年10月获"普安红杯"第三届制茶比赛手工"普安红"工夫红茶三等奖；2019年4月参加全国茶叶（绿茶）加工技能竞赛暨"遵义红"杯全国手工绿茶制作技能大赛获二等奖；2019年9月，被普安县总工会授予第一届"普安红茶制作十大工匠"荣誉称号。

九、陈昌云

陈昌云（1966年—），男，汉族，黔西南州普安县人，1986年开始从事茶叶种植与加工。2011年4月，参加2011年中国普安春茶节名优茶现场制作，获得"铜奖"；2016年4月，参加2016年全国手工绿茶制作技能大赛，获"优秀奖"；2017年4月，参加2017年全国茶叶加工职业技能竞赛暨"遵义绿杯"全国手工绿茶制作技能大赛，荣获个人一等奖；2017年8月，参加2017年"普安红杯"制茶技能大赛中荣获"普安红制作技艺十大工匠"第三名；2019年9月，获得普安县第一届"普安红茶制作十大工匠"荣誉称号；2020年12月，获得"黔西南州劳动模范"荣誉称号。

十、陈昌华

陈昌华（1969年—），普安县人，1986年进入苗寨丫口私营茶场从事茶叶加工；2011年4月，参加2011年中国普安春茶节名优茶现场制作，获得"铜奖"；2017年4月，参加2017年全国茶叶加工职业技能竞赛暨"遵义绿杯"全国手工绿茶制作技能大赛，荣获个人优秀奖；2019年，获得普安县第一届"普安红茶制作十大工匠"荣誉称号；2021年9月，参加2021年普安县第七届"普安红"杯采茶制茶技能大赛，荣获手工扁形绿茶技能大赛"三等奖"。

十一、双启明

双启明（1961年—），男，兴仁人，1976年，被分到落渭屯公社里所生产队的石角龙茶园炒茶、制茶（图7-19）。1983年，他代表落渭屯公社石角龙茶园前往贵阳参加制茶大赛，为里所生产队捧回了他朝思暮想的揉捻机、烘干机和发电机等丰厚的奖品。

图 7-19 双启明（右）

双启明已承包茶园100多亩，自种茶园10余亩，并于2015年获得了贵州省无公害农产品产地认证书。2014年，双启明领头成立了双珑茶叶农民专业合作社，主要加工石角龙茶绿茶和红茶系列产品，带动农户100余户和农户茶青交易，并形成了一芽二叶炒青茶、一芽一叶毛尖、一芽二叶龙魁、一芽一叶龙青、单芽龙针等优质石角龙茶，产品远销全国各地。双启明荣获2016年全国手工绿茶制作技能大赛优秀奖、"峨眉山杯"第十一届国际名茶评比银奖。

十二、蒋泽刚

蒋泽刚（1958年—），男，兴仁人，14岁便到龙角茶场从事生产劳动。1987年，承包了杨泗屯公社落渭屯村的300多亩茶场进行自主经营，还扩大了100多亩的种植面积，同时又打破了冬季剪枝的定律，增加了茶树夏季剪枝，使得龙角茶实现了春、夏、秋的三季连采。他用手工制作的"仁龙"茶，于2011年获得了贵州绿茶品牌博览会金奖。

十三、田连启

田连启（1978年—），男，兴义人，2002年安徽农业大学茶叶系机械制茶专业毕业，本科生，毕业后分配到晴隆县茶树良种苗圃场（茶业公司）工作，历任农场（公司）办公室主任、茶业公司经理、晴隆县茶叶产业局副局长等职。研制开发出"小兰花、晴红一号、化石绿、化石白、化石红"等众多优异产品，并将晴隆制茶术广为推广，为助推晴隆茶产业贡献自己的一切。

十四、岑开武

岑开武（1983年—），男，普安县人，2004年加入普安县细寨布依人家茶叶专业合作社。2018年荣获贵州省首届古树茶加工技能大赛红茶组三等奖、普安县第三届制茶大赛红茶组三等奖；2019年荣获贵州省第八届手工制茶大赛红茶组优秀奖、"普安红茶制作十大工匠"称号；2020年荣获贵州省"习叶杯"古树茶职业技能大赛绿茶组优秀奖、普安县第五届制茶大赛卷曲型绿茶一等奖；2021年荣获贵州绿茶第一次制茶大赛扁形茶三等奖、"普安红杯"制茶大赛一等奖、贵州省技能大赛"红杜鹃杯"第十届手工制茶技能大赛中（卷曲形）绿茶赛项二等奖；2022年荣获"普安红杯"制茶大赛一等奖。

第八章　县市茶俗采风

黔西南是一个多民聚居的地方，茶禅文化、饮茶风俗与茶叶生产、贸易及茶具生产是相辅相成的。正因为黔西南人民饮用茶叶的历史悠久，所以在人情往来的礼节中，送茶、敬茶也是最重要的风俗，茶叙，更是交友、商谈等的重要媒介，茶话会、茶会更是联谊、座谈的重要形式，在一些特定的礼节中茶俗有特定的讲究。如"上梁""开财门"仪式中需茶作为供奉用品，在婚嫁礼仪中需有白鹅一对、鸡鸭红蛋、糖食水果、盐茶烟酒、香蜡纸烛、新妇的衣裳和首饰等，还有回族的"涨（沸水）茶一盅，一天的威风"之说，以及布依族的摩经文记载关于茶的内容都是我们今天研究黔西南茶的历史和文化最鲜活的材料。史载元明以来，兴义府各属有白倮罗，婚姻以牛马为聘，死者择地盖高栅，名曰"翁车"，亲戚以牛酒致祭哭泣之，哀悼者，各率子弟执竹围绕。性顽梗，嗜酒，尚畏法，以贩茶为业。

第一节　民族茶俗文化

黔西南是一个多民族聚居的地方，有悠久的茶叶种植历史，茶叶集市形成较早，茶文化气氛浓郁。据《兴义府志》载："蜀汉时，有济火者从诸葛亮破孟获有功，后封罗甸国王，即倮僳远祖也……白倮僳饮食无盘盂，无论蠕动之物，攫燔攒食，以贩茶为业。"亦可说明，蜀汉时期，贩茶这种商业活动在黔西南就已经非常普遍了。公元221—263年，黔西南州就已经形成了中国最早的茶市了。正因为黔西南人民种植、贸易、饮用茶叶的历史悠久，在一些重要的活动中形成了特定的茶文化习俗。如茶是当地各县"上梁"等仪式必备的供奉用品，回族的"涨（沸水）茶一盅，一天的威风"之说，布依族的摩经文记载了关于茶的内容都是我们今天研究黔西南茶的历史和文化最鲜活的材料。史载元明以来，兴义府各属有白倮罗，婚姻以牛马为聘，死者择地盖高栅，名曰"翁车"，亲戚以牛酒致祭哭泣之，哀悼者，各率子弟执竹围绕。性顽梗，嗜酒，尚畏法，以贩茶为业。

布依族人饮用茶汤，历史很悠久。布依族（濮越）称灌木丛为"Xiaz（霞）"，乔木林为"ndongl（哝）"。据布依老人传说：老辈人不是喝茶水，而是口嚼食茶树叶。人们上山打猎或干活，累了，口渴了，头晕了就要嚼这种常绿的树叶，他们把这种树叶称"xiaz（霞）"，即茶叶。布依《摩经》是布依族人口授心记流传下来的，也是布依族有文字记载的唯一典籍。布依摩经源于何时并没有确切论证，但从古摩经中的象形文字看，其起源应该早于先秦。元、明代以后，布依族借汉字仿音加造字为己用，创造了布依古籍经典。布依《摩经（祈福）》篇里有"xiazmalndax，xiazmalguanh（霞妈鲁，霞妈贯）"，意为茶的来源，茶的产生最先而又最早。

濮越人是黔、滇、桂、川的土著民族，是壮、布依、傣、瑶等民族的共同祖先，黔、滇、桂、川又是中国大西南茶文化的发源地，布依《摩经》记载了关于茶的起源。

《摩央老》篇有关茶的摩词：

摩词：姑挠果挠柯	汉意：我说茶源头
摩词：姑挠霞孝贯	汉意：我说茶起源
摩词：姑挠霞孝鲁	汉意：我说古代茶
摩词：霞你代韋商缓讨	汉意：此茶从山坡而来
摩词：霞你待浪旷缓讨	汉意：此茶从峻岭摘来
摩词：堂天宜天三半得	汉意：到二三月时节
摩词：拜得马冷吧戎	汉意：嫩芽如雀嘴
摩词：嗮得旺眉旺	汉意：不管休闲不休闲
摩词：抱得代拜本	汉意：忙带篦去摘
摩词：抱得丙拜江	汉意：忙带竹箩去装
摩词：蒿孝金妈商	汉意：用金锅来炒
摩词：蒿孝刚妈养	汉意：用钢锅来炕
摩词：蒿罐老妈戎	汉意：用大罐来煮
摩词：用兄内妈倒	汉意：用小杯来倒
摩词：霞你妖时妖	汉意：此茶浓又浓
摩词：妖时高好夜	汉意：香如糯米味
摩词：暖拜吧问吧	汉意：品到口润口
摩词：暖拜鹅问鹅	汉意：品到喉润喉
摩词：冷拜董问董	汉意：吞到胃润肺
摩词：各堂来问来	汉意：吞到哪里润哪里
摩词：各堂来都享	汉意：喝了觉得全身都凉爽
摩词：各堂几省憒孔角都问	汉意：喝了好像胸骨也柔软……

这段摩经文详细记载了布依先民发现茶树、采摘茶叶、加工茶叶、煮茶、品茶汤的经过。茶树种植在山坡，每年2、3月时节，族人们背着背篦采摘形如雀舌的嫩叶，然后用锅炒茶、烘茶，布依人每家都有大茶罐（专用于煨茶），有专门的小杯用于喝茶，所制作的茶有糯米香，且甘润鲜爽。自古以来，布依人还把茶作为招待客人首要的物品。没茶敬来客，就觉得非常愧疚。所以，布依人还常把茶树移植在房前屋后，每年春夏都要采摘制成品做常年备用。布依人存放茶叶常用竹编的竹箩称"luozbacdil（箩把的）"（形

如一种小鸟"rogbacdil（若把的）"，专筑巢在灌木丛中的一种鸟巢）。

第二节 婚嫁中的茶俗

在普安县婚俗中，茶在"讨八字""订婚"等仪式中必不可少。在"讨八字"时，男方预备"附庚"之礼，即猪肘二只、猪肉二方、茶食糖果、首饰、布匹等送至女方家。普安境内回族婚俗中，问庚后，男方家三请媒人到女方家征求意见，以一定礼品酬谢媒人，媒人及同行人员携带的彩礼有一鸡、一羊、一包糖、一斗米和盐、茶数斤。贫困者仅用糖、茶一二包，谓之"三媒六征"，女方家乐意则表示订婚。

在兴仁市旧式的婚俗中茶是必不可少的聘礼。男女青年通过媒妁之言确定联姻进入纳聘环节后，就要用到茶。《民国兴仁县志》载："纳聘，俗谓之发八字、开庚、烧香，于将迎娶之前一年或半年行之，男家备茶食、衣料、绸缎、礼金、礼猪、酒米、香烛各物，舂之女家，女家乃书庚书于柬，其柬俗名鸾书……迎亲，合卺之前一日，婿家备绸舆一乘，衣裳饰品、礼物、鼓乐各事，请福寿齐眉之妇，携古铜镜一，古瓷小瓶一对，内贮盐、茶、米、豆及正腊二月皆三十日之历书……"

在贞丰民间习俗中，男女青年定亲，媒人携带的信物里，必不可少的东西叫"盐茶五谷"。所谓盐者，是每个家庭每天必不可少的调料，茶则代表人类生活所必备的油盐柴米酱醋茶；五谷则是人类维持生命所需的主要食物。贞丰县标志性品牌坡柳茶，最初也是布依新娘的陪嫁物品。

在安龙县旧式婚嫁礼仪中茶是不可少的聘礼。《安龙县志》载：旧式婚嫁礼仪主要有托媒、择期、接八字、过礼。托媒，男向女家提亲，须由媒人从中撮合，将男女生辰告诉算命苦占卜择期议聘。择期，算命者择出与婚嫁有关的各事项的日期，制成期单，一切如期单办理。接八字，又叫"送庚书"或"烧毛香"，即订婚。将男方生辰填写在有"天作之合"字样的小红封窄白处，外用写有"鸾凤和鸣"的大红封套定，连聘礼由媒人领送到女家。女家在庚书上填写女儿的生辰后，由媒人带回男家，此即婚约。是日宴亲友，但可不送礼。过礼，婚期前两日送请柬，张灯结彩，贴喜联。男方请一位识礼节的男性作押礼先生，带队将聘礼送到女家，主要有白鹅一对、鸡鸭红蛋、糖食水果、盐茶烟酒、香蜡纸烛、新的衣裳和首饰等。送礼途中，要奏乐，燃灯笼火把，穿闹市而过。到女家，押礼先生祭祀，将两支蜡烛点燃插于神龛上，然后祝词，称为"发蜡"。女家亦点香祭祀。押礼先生将准备好的红封酬谢女家执事、厨师等。之后，即将新娘嫁妆带回男家。

望谟县少数民族婚庆中，结婚时男方接亲队伍到女方家，女方家在客厅两侧摆放长凳，接亲队伍被女方邀请到客厅就座，女方会用茶作为接待，以表示欢迎。女方送亲一方到男方家，男方家在院子里摆凳子等待送亲队伍，同样以茶作为接待，以表示欢迎，在拜天地环节新郎和新娘会用茶敬男方父母以表永孝父母。

第三节　祭祀中的茶俗

在黔西南境内，无论是汉族，还是少数民族，都在较大程度上保留着以茶祭祀祖宗神灵的古老风俗。茶是各种祭祀活动中的必需品，除了用茶招待前来帮忙的亲朋好友及寨邻老幼，其也是必需供品（图8-1）。

布依族对祖宗神灵的崇拜是至高无上的，认为后人的吉凶祸福均与祖宗神灵有关，因而产生了对各自祖宗神灵的崇拜信仰。最为隆重的是春节，人们在农历腊月廿三就开始祭灶神，族语谓"朵绍"，第二天（廿四）就要把屋里屋外打扫得干干净净，迎接祖宗下界同后孙们过新年。除

图8-1　农家节日供桌上的茶水祭祀

夕晚餐，把准备好的食品如猪、鸡、鸭、鹅、鱼、虾、蟹、鳝等做好摆上桌，鸣放鞭炮供祭祖宗。子孙桌前跪拜完毕，方能全家围桌吃团圆饭。新年初，家家户户都争早供祖宗，报晓鸡一鸣叫，人们就点燃3炷香，用纸钱、纸马和七色线布，到井里"买回"新年水。接着就忙碌着准备过新年的酒肉饭菜。东方一发白，各户就争相鸣放鞭炮。诸事完毕，才能围桌吃新年饭。吃罢就把桌凳擦干净，换上一对新碗，两个新茶杯，盛上酒茶，整天供奉，碗杯内的酒茶不时更换。

建房必须要举行的"上梁"仪式，萌芽于魏晋时期，至明清时发展较为成熟，全国各地都有此风俗。普安县的民建木质结构房一般有选址、立中柱、上梁、立门、竣工等几个步骤。而"上梁"被人们视为建房中最重要的一步，要举行隆重的仪式。民间新居落成，梁上系有一包象征吉祥与祝福的物件，里面除金属硬币以外，还有茶叶之类易于长期保存的物品。另有一个重要的环节就是"设鲁班"，即木匠师傅在屋基地中央供上鲁班牌位，鲁班牌位前放置粑粑、圆宝、刀头、饭、茶、酒、水、公鸡一只、五谷作为供品，祈祷新居落成，万事吉祥如意。

在距兴义市市区30km的万屯镇阿红村，居住着200多户布依村民。他们每年都要举行3次祭山活动。每次祭山活动要"闲三"。所谓"闲三"就是3日内不得进山采伐，下

田劳作，停止一切生产劳动。阿红在农历三月的第一个蛇场祭山后的第三天，要进行全村扫寨活动，村民们希望通过这个活动扫除寨子里的秽垢之物，从而使本寨子清净平安无灾无难，人畜兴旺。扫寨过程中巫师将准备好的盐、茶、米抓撒一些在地上，意为这家人兴旺发达，不愁吃穿。节日的祭祀，百姓供桌上也少不了茶水，这是对九泉下先人的一种敬意方式。清明节相沿为祭扫祖墓、追思亲故的节日。清明前后，扫墓之家皆染制花糯米饭，备清凉供品如凉面、卷粉及凉菜、酒、茶配以香、烛、鞭炮等物，邀集家属赴墓茔祭扫后，即席地野餐，俗称"挂青"或"上坟"。

综上所述，黔西南州茶俗文化是其多民族世代相传形成的生活方式，具有地域性和多元性特点。几千年以来，茶已经成为黔西南人民生活中的重要部分，其深厚的历史文化积淀，是少数民族千百年来的文化传承。

第四节　茶与地名文化

一、地瓜茶叶桥

地瓜茶叶桥位于普安县地瓜镇境内的地瓜坡河上。据老人们回忆，地瓜坡河每次遇到河水暴涨的时候，南来北往的客人就不能通过，要绕行很远的路，极为不便。有些胆大的人，不愿绕路，冒险涉水过河而不幸溺亡的事情时有发生。当时，地瓜镇有一个名叫周先型的人，孝敬父母，乐善好施，以种茶为业。地瓜坡河经常"吃"人的事，他看在眼里，痛在心头，决心要用自己多年售茶的积蓄，在地瓜坡河上建桥，并发誓"只要我生命存在一天，就绝不让地瓜坡河上一日无桥"。通过不懈努力，这座桥终于建成，解决了人们"水涨断交"的心腹之患，挽救了不少生命。为感谢周先型的善举，人们便把这座桥叫作"茶叶桥"。茶叶桥建好后，多次垮塌，但周先型屡垮屡修，从一而终，兑现着他的誓言。随着交通发展的需要，昔日的茶叶桥已改建成了公路桥。尽管如此，茶叶桥的故事依然深深地影响着当地人。

二、茶神谷

普安县茶神谷位于茶籽化石发掘地——云头大山脚下，位于普安县联盟村4A级名胜景区内，中有一条幽深秀美的峡谷，是普安和晴隆的界河，这里就是《摩经》中记载的茶神谷。谷中至今仍生长着数十株百年古茶树，当地布依族群众每逢节日或吉时，皆杀猪宰羊，隆重祭祀茶神树。每年采茶前，族人都要备办香蜡纸烛，刚烈一头，雄鸡一只，酒百斤，用于祭祀茶神后供寨人"会餐"，这个传统一直传承了几百年。

第五节　采茶歌与采茶调

采茶歌

正月采茶一品红，郎为尘缘累几重。采茶只为相思苦，茶性更比酒性浓。

正月采茶梅花开，春茶含羞正抽苔。郎君无意把茶采，妹家有意等哥来。

二月采茶兰花密，郎心如兰心不移。求得兰花做知己，一生一世永不离。

二月兰花开得奇，兰花开后茶花密。郎心如茶常变味，妹心如兰永不移。

三月桃花十里香，郎在茶山采茶忙。等闲偷偷看一眼，越看情妹越断肠。

三月桃花满山开，妹在茶山把茶摘。等闲偷偷把哥看，左等右等哥不来。

四月蔷薇开路旁，郎在茶山费思量。想妹如茶清又苦，蔷薇花开夜未央。

四月蔷薇路旁开，妹在茶山费疑猜。想哥如茶清又苦，蔷薇花好无人摘。

五月茶山把茶收，郎心好比红石榴。石榴花开红似火，想妹想得好烦忧。

五月茶山收茶忙，妹心好比石榴黄。石榴开花又结籽，想哥不来泪两行。

六月荷花浪里颠，郎想情妹进茶山。拨开青莲见露水，不见情妹心不甘。

六月荷花浪里颠，妹等情哥在茶山。荷花露角哥不采，要等情哥到哪天。

七月窗前栀子香，郎在茶山心发慌。若妹芳心如栀子，应向爹娘要主张。

七月窗前栀子开，妹在茶山等哥来。门前条条石板路，迎客松树为哥栽。

八月桂花遍地开，桂花开过幸福来。哥采清茶泡沸水，等妹两眼望尘埃。

八月桂花遍地开，桂花开过等哥来。红茶煮成幸福水，绿柳扭成幸福结。

九月秋菊初开放，郎为情妹备红妆。等为爹娘敬茶水，花轿迎妹回家乡。

九月秋菊傲头霜，为郎妹家正梳妆。煮茶只为迎客到，堂前双双拜爹娘。

十月水边醉芙蓉，郎煮红茶色正浓。美人帐里春宵短，懒执明镜卸妆红。

十月芙蓉醉芬芳，懒起三杆卸红妆。拜郎饮尽碧螺水，执手相看泛红光。

冬月茶花去年栽，我俩红尘结伴来。相爱恰似茶和水，不离不弃不分开。

冬月茶花百世栽，郎情妾意一起来。哥是青茶妹是水，生生世世不分开。

腊月梅花开一年，星星月亮要团圆。茶敬夫人为儿女，幸福生活永相传。

腊月梅开过一生，月亮出来照星星。茶敬夫君为儿女，幸福生活万年春。

（普安县王志艳）

第九章　茶馆文化

第一节 老茶馆缩影

一、兴仁茶馆

《民国兴仁县志补志》:"清嘉庆、道光以来,多鄂粤两省人贩运洋绵、湖绵至县出售……其由南笼之坡脚、贞丰之百层运输达县者曰粤商;其由兴义、盘县运输入境者曰滇商。"晚清县境贡生张国华在《新城竹枝词》中写道:"家家儿女纺棉纱,民聚川湖俗尚华。竟日机房歌唱满,疏灯茶馆话生涯。"纺织业让兴仁呈现了一幅商业兴盛的景象,南来北往的客商,也纷纷捐资兴建了江西会馆、两湖会馆、四川会馆、南京会馆等楼堂馆所,这些会馆是兴仁最早的茶馆。如今兴仁市仅存两湖会馆,又名寿福寺,由正院与侧院建筑群组成,占地1314m²,现存西院,坐南朝北,由戏楼、正殿及两厢组成四合院。正殿面阔五间,撑拱饰浮雕图案。正院为四合天井式结构,分前楼(带戏楼)、正殿、左右两厢组合而成。天井为方形青石板铺成。20世纪80年代中期以后,兴仁县人民政府对寿福寺进行抢救性修复,使这一古建筑群更加壮观气派、色彩鲜亮。修葺一新的寿福寺,已成为当地人们品茶、下棋的最佳去处,并接待来自日本、新加坡等国家和国内的游人。

二、贞丰茶馆

据史料记载,晚清至民国一直到20世纪80年代贞丰县城有很多家茶馆。大西门的朱记茶馆,猪市坝的刘家茶馆是如今上了年纪的老人津津乐道的地方,通常是"小贵阳"居民消闲和聚会的场所。

那时候的茶馆,必备一种文化性的套餐节目——说书。有名的说书艺人有朱昌全(?—1980年)、廖登国等。朱昌全是无师自通或者叫自学成才的民间艺人,学历不高,据说只读过两三年私塾,却能在县城的几个茶馆中巡回演出并以此为生。除了说书,朱昌全还是20世纪50—60年代活跃在贞丰文琴剧团的梁柱人物,尤其以扮演祝英台名噪一时;据听过朱昌全说书的老人回忆,朱氏说书的内容既有《水浒传》《三国演义》《西游记》等古典名著,也有说唐说岳等民间抄本。

在物资匮乏的年代,县城茶馆的收费一般是5分钱一碗茶,开水任意续,有空闲的茶客可以坐一整天。刘锡龄老先生在电影院旁边的私宅开的茶馆,前后存续近20年左右,刘家茶馆既有说书的节目,也有象棋类消遣,是品种较为齐全的茶馆。

三、晴隆茶馆

晴隆茶馆源于明朝后期，仅县城一家，茶馆集酒店旅社于一体，供客商、官兵、富豪做生意和闲聊。清朝起，茶馆茶楼增多，一些大的集镇因屯兵和客商往来，政权机构建立等亦开设有茶馆。民国始，部分乡镇和驻地开设有茶馆、茶室等。新中国成立后，挂牌茶馆被取消，茶室大多设在饭店、旅社内。改革开放以来，社会经济迅速发展，全县各乡镇招待所、旅社、宾馆迅速增多，均没有专门用于商务、公务之小型茶室，特别是晴隆锑、金、煤三大产业兴旺时期，大厂、中营、莲城、沙子等镇驻地均开有茶馆或茶室。最有名的是县城南街（今南源农贸市场内）付国友茶馆，从20世纪80年代开起，至2012年才停办，历时30余年，茶馆虽不大，但热闹非凡，不但供来客茶水，还提供饮食（便餐）、住宿，白天客人少些，晚上来客爆满，有做生意的客商、背背箩的打工妹、游客、闲人等，在馆内喝茶唱民歌、跳民间舞等。其次是大厂镇境内沙八公路32公桩处的一茶楼，开设于黄金鼎盛时期的1995—2008年，历时13年，茶楼主要供各类客商谈生意，来往客商每天近百人，均在茶楼包间谈生意、茶室品茶。

2014年，电视剧《二十四道拐》在安南古城（晴隆古城）拍摄，剧组在古城内模仿旧时安南茶馆旧貌修建茶楼两座，是明清时期瓦木结构，一座为单层房，附偏房3栋。一座为两层楼房，茶楼以抗战年代为背景装饰和布置，挂多面茶旗（绿色），彰显其明清至民国时期茶馆业之形势。另模仿建造"莫忙庄"一座，两层，木瓦仿古建造，两边主柱和侧墙均雕刻和悬挂邓子龙所作对联"为名忙，为利忙，忙里偷闲，且喝一杯茶去；劳心苦，劳力苦，苦中作乐，再打四两酒来"（原文为"因公苦，因私苦，苦中作乐，再打一碗酒来"），横匾挂"莫忙庄"3个大字，下附"毛尖、翠芽、白茶、红茶、野生绞股蓝、黄金芽、铁观音、龙井、毛峰、碧螺春"等晴隆品牌名茶，侧面挂墨色茶旗，布置古色古香，充满茶香味。另在城内建有鸳鸯楼一座，以供游客游赏。

四、兴义茶馆

根据当地老人回忆，新中国成立前在兴义茶马古道畔，有许多马店，马店兼具食宿作用，内用铜制大茶壶泡茶，一般的赶马人和来客自行用碗取用；也有马帮头和富裕的客商享用专制的陶罐高温经烤热后，加入糯米和茶叶特制成的烤茶（据说，烤茶为兴义布依族的一种传统制茶工艺，也是古老的茶马古道上马店茶馆内招待贵宾的一道高端茶）。现在兴义仍然开设有一家传统的烤茶茶馆。民国《兴义县志》（2018年点校本355页）中出现"服饰既简朴，饮食自不能奢华。惟城区饮食较为考究，每日早晚膳后，呼朋引伴到茶馆酒店畅饮。无论贫富，皆有此习"的记载，茶馆的踪迹才开始被记录下来。

兴义茶文化历史悠久，始于唐，盛于明清的茶马古道兴义段约60km，贯穿兴义东西。茶馆文化曾经盛极一时。据《民国兴义县志》（2018年点校本355页）记载："服饰既简朴，饮食自不能奢华。惟城区饮食较为考究，每日早晚膳后，呼朋引伴到茶馆酒店畅饮。无论贫富，皆有此习。"茶馆的踪迹开始被记录下来。

据世代居住兴义的原吴家茶馆后人吴忠辉老人回忆，20世纪40—60年代，兴义城区有铁匠街吴家茶馆，占地面积200m²；湖南街蔡家茶馆，占地面积160m²；豆芽街有刘家茶馆，占地面积120m²；宣化街有徐家茶馆，占地面积80m²。其中以铁匠街吴家茶馆，规模最大，生意最为红火。当时的茶馆泡茶基本上用煤作燃料，烧水泡茶流程：头水锅（1.5m左右直径、烧水温30~40℃）—二水锅（水温增至60~80℃）—三水锅（水温烧到100℃），然后再用铁制、铜制、瓷器茶壶若干个，根据茶客需要泡制不同品种、规格的茶以供客人饮用。当时的茶馆主要经营业务：经营的茶品主要来自贵州当地和云南，茶种类和品种有香片、沱茶、砖茶等。

五、普安茶馆

一品马店位于普安县罐子窑镇新光社区上街，始建于清咸丰年间，坐北向南，由正房、两厢及后墙组成四合院，占地约250m²，建筑面积约200m²。正房面阔3间，通面阔11.6m，进深3间，通进深8.8m，穿斗式木结构硬山青瓦顶；门悬"西蜀一品马店"匾；柱础及封檐板精刻鱼、龙、花卉等图案；过去为黔滇"茶马古道"上往返人士们歇脚、住宿的场所，相当于现在的旅社、宾馆；具有一定历史、艺术及科学价值；县级文物保护单位；是古驿道历史文化内涵的重要组成部分。

第二节　当代茶馆

黔西南州现有注册涉茶茶馆有1692家。较具规模的茶馆兴义市135家，贞丰县12家，晴隆县11家，安龙县3家，望谟县2家，普安县15家，全国已开设"普安红"销售中心/专卖店56个（省外17个，省内39个），"普安红"销售专柜100余家，普安县宏鑫茶业公司已在深圳建立了"普安红"全球营销中心。兴义目前的茶叶经营场所有茶庄、茶楼（茶城）、茶馆几种，2018年底，兴义注册的涉茶企业、合作社、公司、个体经营户共464家（个）。兴义所属乡镇建设茶叶基地后，在其乡镇所在地集市开设茶楼、茶馆、茶店，既开展品茶活动，也推销自己的茶叶产品。兴义市以七舍镇街上小茶馆最多，目前有13家茶馆茶楼（图9-1）。设在兴义市区内的茶庄、茶楼（茶城）、茶馆，以休闲、品茗、销售各类茶叶、展示茶艺、传播茶文化为其主要功能，代表有马鞍山茶艺馆、茶木道、西南茶院等（图9-2）。

图 9-1 七舍镇街上的茶馆茶楼（宦其伟供图）

图 9-2 兴义马鞍山茶艺馆

一、西南茶院

西南茶院，成立于2011年，前身是兴义市天合茶书院，坐落于有"中国金州"美誉的黔西南州首府兴义市，是黔西南州首家集商务、交友、茶品销售，专业从事茶艺、茶道、评茶培训及茶文化交流、传播、推广，茶艺表演、指导茶楼茶庄企业内训于一体的综合服务体。

茶院内开辟有书吧、培训厅、会客厅、品茶室、评茶室等，以文化为主题，以发扬中国茶文化为经营理念，致力于追求一种宁静致远的感觉，不奢华而高贵，不繁杂而清雅。

茶院经营面积约350m²，共分两层，位于城市中心，周边交通便捷（图9-3）。茶院内部整体采用简中式风格。一楼前后为茶品茶器主展厅和书吧。入户有隔而不断的屏风，树桩上高悬一茶壶，涓涓细流，顺着石磨缓缓流入水池，其意境自在其中。中间为主泡台，一排清亮的茶座，透着明清古典的气质；往后移步，进入半圆拱门，穿过长廊，进得一片空谷幽兰之地——书吧，可谓"曲径通幽处，禅房花木深"。

图 9-3 西南茶院（梁洲艳摄）

二楼设有包厢和培训厅。每间包厢配有不同茶席、器皿、装饰，营造各不相同的茶文化氛围，很好地诠释了茶与生活的互相通融。用心打造"第三空间"，给顾客品茗和商务洽谈的空间，为他们提供一个工作和生活之外的休闲场所。如不定期举办茶友会、书画交流、收藏品品鉴等丰富的文化活动，当顾客进入茶院时，获得的不仅仅是优质的茶叶饮品，还有机会结识各类精英人才，获得舒适温馨的会客环境，从而满足互动交流的需求。

西南茶院，是茶人的家，乡愁的记忆；是城市的客厅，休闲的港湾；是茶和茶文化展示、传习、推介和消费的重要窗口；是传播信息、弘扬文化、增进人际交往和促进人的心灵的媒介载体，他将在品茶、商务洽谈、专业沙龙、茶艺培训于一体的特色道路上，不忘初心，砥砺前行。

二、茶木道

茶木道，总店位于兴义（图9-4）。以优质生态、有机茶品质赢得人们的认可；店面设计采用新中式结合现代风格不断迭代，每个店主题风格各异，以评茶师和设计师驱动品牌，将现代人文和传统文化有机结合，营造茶文化美学体验店。在2014年茶行业萎靡的时候创业，化危机为转机而获得市场青睐；通过文艺沙龙、公益文化分享推广茶文化，

图9-4 茶木道

传播茶道文化精神；提出自然朴真的茶文化美学获得赞誉。如今茶木道已经成为兴义文化旅游的一张名片。

三、黔西南州夜郎夫茶石文化馆

黔西南州夜郎夫茶石文化发展有限公司，成立于2016年8月，法人宋加兴，位于兴义桔山大商汇B3组2号写字楼28—03，是一家研发、销售纯手工茶，同时提供茶、石文化交流平台的公司（图9-5）。公司拥有茶艺精湛的年轻茶艺师和制茶团队，力求将黔西南丰富的生态茶资源和纯天然观赏石资源相结合，创建独特的茶石文化品牌。

图9-5 黔西南州夜郎夫茶石文化馆

公司始终坚持传承匠人之心，充分利用世界茶籽化石之乡黔西南境内丰富的茶资源，

精制健康之饮。创始人宋加兴在以黔西南州望谟县一个偏远少数民族村落的古茶树群体为基础，结合传统工艺，研究了一套完整的古树茶制茶技法。所制的"春郎、红娘、黔梅、黔古六里香"等赢得茶商、茶客的一致好评，制茶技艺得到同行的认可。

四、万峰红茶馆

"万峰红"品牌发源于兴义市万峰林山脉七舍镇海拔2100m多的白龙山（图9-6）；其茶馆面积420m²，茶舍兼具传统美学与现代设计感，大厅陈设清新、古朴典雅，楼内宽敞明亮。馆内设有6个包房，雅号灵秀阁、秋水居、玉笙居、陶然居、万峰居、瑞祥居。茶馆以优质服务和茶文化元素装点，旨为喜茶人打造兴义最美茶空间。万峰红茶馆以品茗

图9-6 万峰红茶馆一角

服务、茶叶销售为主，经营七舍绿茶、红茶、古树茶、普安红茶、普洱茶、乌龙茶、老白茶及周边产品销售。作为一间全方位的休憩场所，万峰红茶馆可品茗谈天、以茶会友、以茶论道，亦可独自一人闲坐静思，是难得的可修心养性、享受生活的"五维"茶空间。

五、晴隆茶馆

近年来，晴隆县茶业公司将原东街茶业公司一楼改为现代茶馆，门挂"晴隆县茶业公司经营部"牌子，上贴"晴隆茶业"4个大字，门前植古茶树标本（样）一盆，玻璃门贴满绿色茶字，内设品茶室两间，另有一间专门存放晴隆各种品牌茶叶，整个茶馆充满精神文明和现代化气息，客人可在馆内品茶、购买茶叶。茶馆生意兴旺、服务周到，是全县现代茶馆的一面旗帜。

六、谭家大院

谭家大院，位于贞丰古城内，是一座古老的民居建筑，已有百年历史，它也是当前贞丰古城明清一条街保护最为完整的百年民居建筑，依稀可见岁月斑驳。院落的主人是一对夫妻，男主人叫罗建华，是贞丰本地人，女主人叫桂琳，是浙江人。谭家大院建筑风格上既有北派四合院格局，又有南派阁楼式结构，以中国传统文化"八雅"（琴、棋、书、画、诗、酒、花、茶）为载体，融入现代人所向往的"慢生活"生活理念，二者结合，形成独具特色的庭院风格。

第十章　茶文化剪影

第一节　古代诗文

古代关于茶之诗文不多，但从明代起名人经铁索桥和茶马古道入住安南，对古驿道难行所作相关诗文较多。

明天启六年（1626年），朱家明（安南卫监军副使）修盘江铁桥时，赋《铁桥告竣志喜》诗云："牂牁形势向云盘，山插云霄万叠寒。地险难容江立柱，神工止许铁为栏。人从蜃市楼中现，我在金鳌背上看。三载胼胝今底定。伏波铜柱险嶙峋。"造桥时，诗人驻连云城，经常往返于茶马古道。继造桥成功后建连云城，又赋《桥工竣次第建石城十一座告成志喜》诗云："划破青山路一条，走鞭飞铁去来遥。碍天岩树冬先发，锁磴溪云尽不销。耕凿正闻歌帝力，车轮不复畏兵骄。金汤联终皇典巩，尽职何力敢任劳。"

清弘治年间，河南信阳人何景明作五言诗一首，名《安南》："崎岖踰岭路，到郭已昏钟。城险苗难越，关高贾不通。郊烟秋牧马，崖日暖收蜂。民俗殊中域，生涯亦颇同。"诗人王珣亦赋诗一首，名《鸦关梨雪》："不识黔南路，豁然一线通。羊肠何纷折，鸟道却玲珑。峭壁收初日，崖烟锁暮红。寒无景常在，恍如白云中。"

黎峨四时田家乐（仿古乐府）

陇头云，乐田家，丁丁筑场纳禾稼。午风凉处破新瓜。蛙鼓撼残荷，蝉吟透菊花。天地尽宽鹤展翅，水天一色鸥点沙。

烧红叶，煮浓茶，父子共叙丰年话。亲友过从步当车，从今后无牵挂、省却纷拿。

过龙头山农家小憩

路旁遥揖使君车，小坐寒暄一碗茶。抱布牵牛村市早，斜风细雨过乌沙。

新城竹枝词

家家儿女纺棉纱，氓聚川湖俗尚华。竟日机房歌唱满，疏灯茶馆话生涯。

（选自《兴义府志卷四十》）

秋　茗

扫叶招嘉客，来寻白鹤园。飏烟禅榻净，过雨古瓶喧。
石鼎添诗料，金盘泻露痕。可能浮七碗，佳趣个中论。

（清雍正八年进士李琼英，安龙人）

贞丰州竹枝词

小渡江头二月天，罗炎东下势回旋。无多寨落参差出，半在山边半水边。

地棚高耸白云间，老树枯藤任意删。见说种棉生土好，还馀一半未开山。

蓬头赤脚短襟衣，蕉叶包粮上翠微。一日锄开山一面，月明犹自荷柴归。

筊筒吸水小河边，白足行泥最可怜。闻道一声行不得，鹧鸪声里雨如烟。

晚饭黄昏苦菜鲜，合家团聚小炉前。怜他月上三更后，有火无灯尚纺棉。

新妇行年二九差，也通媒的也行茶。夜阑翻向西邻卧，还有三年再坐家。

妇去耕山夫种田，谋衣谋食各纷然。织来花布才盈丈，要与官差算脚钱。

桃李花开三月三，箫声吹暖碧云涵。女寻男去男寻女，一曲变歌意态愁。

（清道光贡生黄晋明，贞丰人）

第二节　当代诗文

一、诗歌选编

晴隆颂

晴隆县，古安南，茶籽化石百万年。抗战生命线，二十四道弯。

欲飞石刻气势壮，阿妹戚托天下传，天下传。

晴隆县，新安南，生态茶草连云端，高峡出平湖，快铁走山川，

乌金采玉放光华，盘江儿女舞蹁跹，舞蹁跹。

（2012年，时任中共晴隆县委书记许风伦）

晴隆，我可爱的家乡

奔腾不息的北盘江，流过我的家乡，我的家乡在云贵高原上，

巍巍群山，峰峦叠嶂，喊山的汉子挺拔的脊梁；

阿妹戚托，芦笙悠扬，采茶的妹子欢乐把歌唱；

茫茫煤海，茶花芬芳，家乡的建设改变了模样。

啊，这是我的家乡啊，这是我可爱的家乡！

世界闻名的二十四道拐，就在我的家乡，我的家乡在史迪威公路旁；

高原平湖，碧波荡漾，谱写西电东送的乐章；

西部开发，万众激昂，高速路带来了无限向往；

牛羊肥壮，瓜果飘香，家乡的各族儿女奔向小康。

啊，这是我的家乡啊，这是我可爱的家乡！

（作家李泽文）

布依茶歌

今早起来上茶坡　传来阿妹采茶歌　歌声好比百灵鸟　句句留在哥心窝
阿妹采茶唱山歌　阿哥听后魂已落　双手好似在织布　一会采了一大箩
阿妹制茶真传神　茶叶翻滚龙腾云　此身无缘妹相配　来世重做有缘人
阿妹送茶给阿哥　阿哥喝了甜心窝　想妹时候把茶饮　胜似灵丹和妙药

（李刚灿）

布依族情歌（节选）

大齐做在堂屋间　打罐茶来炖火边　茶杯不离茶罐口　情妹不离花园边
六月采花太阳辣　郎采茶叶妹采花　妹采花朵郎陪伴　石榴陪伴牡丹花
十月采花过大河　河边茶花开得多　情妹采花一朵朵　不知明春是如何

七舍寻茶

万重峰顶卧白龙，青岚深处觅茶踪。遥见老翁摘芽去，烟飘农舍香悠悠。

（吴宗泽）

茶咏四章

一

独守高寒志不渝，广济众生或可期。阅尽沧桑情未了，故乡水土最相宜。

二

物以山名坡柳茶，山因柴名龙头山。沏茶只用盘江水，走遍神州口不干。

三　读陆羽《茶经》

南国生嘉木，叶与世味殊。陆羽谙此道，遂著有奇书。

四　茶史

饥荒岁月不思茶，十室九户种豆瓜。如今高原一株树，绽作神州锦上花。

（李大文）

二、散文选编

嬢嬢茶

坡柳位于南北盘江之间的龙头大山脚下，这里山清水秀，树木郁郁葱葱，森林覆盖率大，有些地方还保持原始森林的风貌；这里气候宜人，属典型的亚热带季风性湿润气候，空气湿度大，最适宜茶叶生长。尤其是坡柳的坡熬和堡堡上，土质属中性土壤，种出来的茶，具有提神、清火、回味长、茶质好、无污染等特点，深得县里好之者的青睐。

常言："水有源头树有根"，坡柳茶并非"土生土长"。我小的时候听老辈人说：我们这里的茶种是从蚂蚁坟肖家那里得来的（本人系土生土长的坡熬人）。为了印证这个问题，笔者亲自到蚂蚁坟肖家去查证。据肖家老辈人讲：在明朝时，贵州虽已隶属朝廷管制，但因地处偏僻，这里仍由少数民族自己管理自己。而当时的永丰（丰）主要以黑旗（苗族）为主，他们提出要把这里的汉族杀光。肖家得知消息后，一家18口人连夜逃亡，后逃至云南。为了生活，在那里打长工，20多年后，不再以黑旗为主，而是变成了以汉族当政为主。这期间，因兵役、匪患、自然灾害等因素，肖家去时18口人，回来时只有俩娘母了。这俩娘母从云南带来茶籽，并在蚂蚁坟旁边种上。几年后，所栽的茶籽长成了茂密的茶林，结了很多茶籽，肖家捡回茶籽，拿去兑换粮食，堡堡上的陈家以每升茶籽兑换一升粮食。坡熬韵黄家因与肖家关系甚好，兑得的茶籽要多些。陈家把兑得的茶籽种在蚂蚁坟的反背堡堡上，现在仍有几十亩，坡熬的黄家把兑来的茶籽种在后坡上，现在仍有两三百亩。

坡熬的黄姓是布依族，全寨几十户，他们种出的茶叶加工精细，味色均匀，质地优良，茶味醇正，是茶叶中的上品，当时已小有名气。据说，嘉庆年间，因安龙的王囊仙（王阿崇）发起南笼起义，朝廷派兵镇压。当时有一钦差大臣督导，王囊仙被俘后押往北京，途经永丰（贞丰）时，当地的官员没什么贵重的东西相赠，想到特产茶叶，于是拿了12斤坡柳茶相送。该大臣押着王囊仙到北京后，一方面为了邀功，另一方面为了讨好皇上，除了禀报战功外，还送上从永丰州得来的特产坡柳茶。皇上甚是高兴，试饮后，觉得坡柳茶是茶中的上品，于是令黔州每年上贡坡柳茶。

坡柳的黄氏家族得到信息后，便在每年的清明节前后，叫没有结过婚的姑娘上山去采苔茶，晚上加工时筛选长短一致的苔尖，然后以百芽为一支，扭紧晒干后，以16支为一把（约1斤），再用红绸包裹，作为贡茶。因其形状犹如一支大毛笔的笔尖，故取名为"状元笔茶"。又因是未出嫁的姑娘所采，当地又叫它"嬢嬢茶"。直到20世纪60—70年代，坡熬和堡堡上两个寨子还保留着传统的用手捏制而成的这种茶。因这种茶从采摘到加工成品，工序相对繁琐，数量不大。据老辈人介绍，这种茶除了上贡外，很少拿到集市上去卖，只有姑娘出嫁，才舍得拿几把带到婆家，象征姑娘的贞洁。若是男方去定亲时，也会带几把作为礼物赠送。尤其是这里的布依族男女，他们"浪哨"时，感情达到一定程度，也会拿来作信物，互赠对方。

新中国成立前夕，坡柳的堡堡上寨子还用木刻模具压制"沱沱茶"，类似滇东沱茶。当时，一斤"孃孃茶"价值3~4块大洋，用一块大洋则可买4~5斤"沱沱茶"。据老辈人介绍，这两种茶，历史上曾有年产万斤的记录，附近的坡熬场集市就是以茶叶交易为主的集市，一天的成交量约在五六百斤左右，主要销往附近诸县以及广西的百色等地。

如今，坡柳村正沐浴着西部大开发的春风，他们在当地党委、政府的关心和帮助下，正以茶叶规模化、标准化为生产目标，采取集中连片科学种植与分户种植相结合的模式做大做强茶叶产业。

（黄进专）

贞丰坡柳茶

喝茶要喝坡柳茶，倒入杯中亮滑滑；喝上坡柳茶一杯，回甜解渴慢思茶。

这首古老的布依民歌，被当地布依人传为佳话。

据坡教村坡教组黄姓布依族的长老介绍，坡柳茶的茶种来源于云南，从云南带来栽种。开初在坡教村堡堡上组的蚂蚁坟、肖家大坡一带试种，大约3~4亩，后来逐步发展到堡堡上组、坡教组一带。现连片上百亩的有坡教反背、坡利、黄家厂至汤家湾一带。零星的还有油菜湾、翁搭哪、坡教对门，每处也有几十亩。

坡柳茶的制茶方法：茶农先从茶山上采摘苔茶回来，将茶叶放入大锅内炒，倒入簸箕内，用手工揉熟，才晒。晒干后再回锅炒一道，再晒干。然后按茶叶的长短选择一、二、三类茶，才拿上市场出卖。几年后的陈茶卖15~16元/斤，当年制成的新茶卖7~8元/斤。

坡柳茶中最有名的是"孃孃茶"。所谓"孃孃茶"：即选择16~18岁的布依姑娘（未婚），在采茶期选择16~18日这三天，每天早上8~9点钟，到茶山上摘最嫩最长的苔茶，带回家中放进锅里炒，炒后用手工揉熟，拧成沱，再放在火炉上炕干，即成"孃孃茶"。坡柳"孃孃茶"价格昂贵，上百元每斤。传说坡柳"孃孃茶"在清朝时期还向皇帝进贡过，因而坡柳"孃孃茶"名扬四方。

喝坡柳茶要用砂锅或土罐支到三脚架上，待砂锅或土罐内水沸腾时，放入新鲜的老茶叶，不断地加少量冷水，至少煮2~3道，这样的茶水味鲜而浓，初喝微苦，再喝回甜解渴，使人有饮一次终生难忘之感。如果用开水浸泡后喝的茶味，没有回甜味道。

人们通过多年多次喝坡柳茶的实践证明，坡柳茶中茶质最好的是坡敖反背、坡利一带，黄家厂至汤家湾一带生产的茶叶，可能是水土原因或接受阳光的缘故，这几处生产的茶叶茶质最好。犹如文中序幕布依民歌描述而名扬。

（余祯祥）

余祯祥，1958年生，1975年9月参加工作，1976年11月加入中国共产党。历任教师、科员，贞丰县监察局副科长、副主任科员，贞丰县小屯乡党委副书记，贞丰县长田乡党委副书记，贞丰县贸易局副局长，贞丰县民族宗教事务局副局长，贞丰县政协民宗社联副主任、主任科员，贞丰县政协民宗社联委，贞丰县政协科技教育文化卫生体育和文史委员会主任；曾在中央级、省级、州级有关报刊发表论苑、言论时评、感悟杂谈、通讯、散文、诗歌等文章300多篇，多次被评为优秀通讯员。

故乡的茶馆

在我少年的记忆中，故乡的茶馆也是一道迷人的风景。所以，很多年过去了，故乡小镇的茶馆早已不复存在了，可每当我回想那些逝去的时光，忆起遥远的故乡，总会想起故乡小西门外的茶馆来。

我故乡那座小镇，一共有两家茶馆，一家在大西门，一家在小西门。这是两家风格不同的茶馆：大西门的雅，小西门的俗。大西门的所谓雅，一是它的设施规范，颇有规模，而且完全在室内；二是它的茶客多是有点文化的生意人。而小西门的茶馆就简陋得多，它几乎是半露天的，四面无壁，就在一栋菜场上的瓦棚里摆些条桌条椅而已；其茶客也多是小镇上的铁匠、木匠、泥水匠之类的手艺人。然而，尽管如此，大凡夏秋两季，小西门的茶馆里仍然大都座无虚席。

一杯茶何以有如此的魅力？其实，茶馆的魅力并不在茶，而是评书。两家茶馆都有专业的说书人。大西门的姓朱，小西门的姓廖。在那没有电视，每月看一场露天电影形同过年的小镇上，每天劳作之余，泡杯茶，嗑着瓜子，听着评书，这是何等悠然自得的休闲啊！不过两位说书人的风格迥然不同——大西门以唱为主，小西门以说为主。正是这说书人一唱一说的分野，构建了两家茶馆的不同风格，也是两家都可以存在和发展的重要原因。手工业工人多是文盲和半文盲，他们愿意听故事，而不欣赏唱；而那些有点文化的生意人，自己就能看懂演义之类的小说，他们欣赏的是说书人在唱中显示的艺术技巧和情感。

那时我才上小学三四年级，既不喜欢听唱，也听不太懂，所以入了小西门茶馆的俗流，常常下了夜自习或者干脆就不上自习，而到小西门茶馆去听说书。不过我只是个没有资格入席的旁听者。好些日子，我便日复一日地背着书包，站在茶馆的屋檐下，听完了《水浒传》《说岳全传》《说唐》等好几部古典小说。

说书人老廖每天高坐在居于茶馆中心的高台上，手执惊堂木，边说边敲，节奏时快时慢，时缓时急。说到激烈处，一块惊堂木敲得扣人心弦，茶馆里寂然无声。可有时他却有意篡改说词，插科打诨，引发哄堂大笑。比如他说到双方叫阵时，便大叫一声："好大狗胆，你吃了秤砣，屙了秤杆！"众人不禁大笑，因为此时必有秤匠在座。众人笑过之后，那秤匠也免不了回敬一句："老廖——舅子！"于是众人又笑。老廖却不事纠缠依旧往下说他的书。老廖的绝招是，说到最激烈处，突然卖关子，留悬念，惊堂木一拍："要知后事如何，请明夜再来！"如茶客们想听分晓，便自愿凑上一两毛钱，让老廖加说一段。老廖的报酬是茶馆包断了的，加说的收入便是外快。老廖为弄外快也常常故弄玄虚，制造悬念，好在茶客们并不计较，只图娱乐。其实老廖给予茶客们的不仅是愉悦与快乐，他潜移默化中传播了许多传统文化观念。

20世纪80年代以后，随着录像厅、OK厅的兴起，茶馆便渐渐被小镇上的人们淡忘了，说书人老廖也早已死去。不过，我却总是记着那小西门外的茶馆，也时不时想起老廖来。

（田景丰）

老 廖

在我故乡的小镇上，一提起老廖这个人，几乎无人不晓。他所以有这么高的知名度，无疑是因为他职业的缘故。

老廖是个说书的。据说，我还没有出世，他就已经在这个小镇上说书了。

我故乡的小镇地处山区，交通闭塞，文化生活贫穷极了。直到20世纪60年代中期我离开小镇的时候，镇上还没有一个正规的影剧院，无论放电影、演戏都在露天，观众要自带凳子。如此一来，小西门那家茶馆倒成了最富有吸引力的群众娱乐场所，尤其是夏季的夜晚，这里几乎天天爆满，座无虚席，而且不到深夜不散。就连那些背着书包、提着灯笼上夜自习的小学生们也像钉在地上一样，一个个轰不跑，驱不散。

这个茶馆为什么有这么大的吸引力呢？是它的茶好？不，完全是因为老廖。

老廖是被这家茶馆包下说书的。他每天晚上在茶馆里说一个到两个小时的书，茶馆每夜免费供他一碗茶，一个月还给他20元酬金。每月20元酬金在现在微不足道，但在当时对于孑然一身的老廖维持个中下等生活水平，足够了。倘若他再"加场"，烟酒钱就不用愁了。那时我爷爷就在茶馆旁边开了个烟酒铺，据他说，老廖每天都要到他那里喝二两酒，买一盒"红袍台"香烟。

"加场"是在说完茶馆规定的时间外，另外加说的章回。"加场"茶馆不付酬金，由茶客们自愿凑加场费。

老廖大凡发现烟、酒钱拮据时便在正场之后，有意丢个悬念，一拍惊堂木，说声："要知道后事如何，请列位明夜再来！"显然，他是在吊人们的胃口。心里揣着个悬念，谁肯等到明夜？于是，人们便纷纷嚷道："老廖，加一场！""加一场！"每逢此时，那位评书迷罗秤匠总是自告奋勇地站起来，手举一个空茶碗，挨个地凑加场费。老廖对加场费从不贪心，一般大家凑足二毛三毛的，他也就重新丢木开场了。就此而言，老廖是十分感激那位罗秤匠的。他心里明白，这完全是罗秤匠对他的厚爱，因为他所说的这些本子，罗秤匠不止听过一次了。自从他开始在这个镇上说书，罗秤匠就几乎夜夜到场。有时，他个把段落说走了样，罗秤匠还在座位上提醒他哩。罗秤匠夜夜都来听说书，用罗秤匠的话说："听一百回也不厌烦。"

其实，像罗秤匠这样对老廖的评书百听不厌的，又岂止一个？镇上的许许多多目不识丁的人，所以能知道《三国》《水浒》，所以能把他们心目中的恶人呼之为"秦桧""曹操""西门庆"之类，所以能在训导子女时谈什么"岳母刺字""岳飞精忠报国""宁可天下人负我，我不负天下人"之类的古训，无疑也大多来源于老廖的评书。直到"文革"，这些目不识丁的茶客们，居然能够在暗地里议论什么"奸臣乱了朝纲""林彪陷害忠良"之类的话题，"罪恶"根源自然也牵扯到了老廖。也许正是因此，老廖成了牛鬼蛇神，茶馆也被封了。

然而，老廖那张嘴似乎没被封住，他每天扫完大街之后，总有一帮孩子围着他。孩子们只要肯把零花钱凑起来给他打酒喝，他就择个僻静的角落给孩子们讲一段《说岳全传》。有一次，他正蹲在一个角落里给几个小学生讲张邦昌陷害岳飞那一回，不幸被一个来屙尿的造反派碰上，结果他被揪去挨了一顿打，牙齿打掉了，腿也被打跛了。之后，人们便很久没再见到他了。我爷爷也说，老廖好几个月没有找他赊酒喝了。

一天，我爷爷突然抱回来厚厚两本书，是一套120回本的《水浒全传》。我问爷爷是从哪里弄来的。爷爷说是老廖来抵酒债的，他已欠下了我爷爷很多酒钱和烟钱。

"那，老廖是再不想说书了？"我问。爷爷说："还说书呢，我听说他肿得好厉害，怕是要交购粮本咯。""交购粮本"是死亡的代名词。

果然，不久我便听说老廖死了。老廖死后，又是罗秤匠挨家挨户凑钱葬了他。

埋葬老廖那天，罗秤匠拿了10块钱来，要向我爷爷赎回老廖的书，把这些书烧在坟头让老廖带了去。我爷爷没答应，但我爷爷却给了罗秤匠 10 块钱，说是就算他买了老廖那些书，让他用这些纸烧给老廖。

之后，那套书也失散了。再后来罗秤匠也死了，还有好些爱听老廖说书的人也都死了，小西门那家茶馆也不复存在了。

（田景丰）

田景丰，贵州省贞丰县人，1949 年出生，退休前供职于广西工学院，累计出版个人文学专著 8 种，主编《中国散文诗大系》《中国 99 散文诗丛》等多种文学图书，历任中国散文诗学会理事、中外散文诗研究会副会长、广西散文诗学会副主席、柳州市作家协会副主席。

黔仁白茶赋

兴仁西南隅，出城三五里，遥见一山峦，直冲云霄，巍巍峨峨，缈缈缥缥。此乃黔仁白茶基地也。

背靠南北盘江分水岭，面临漏江盘水古县城。远眺城垣楼阁，错落有致；车水马龙，静静悄悄。近观山阜相属，含溪怀谷；岗峦交错，雾锁林间；半坡流云，一派生机。环顾峰峦俊美，层林尽染，恺之在世，笔墨生香。悠悠晨韵，沉沉风箫，奇幻山岚，无限风骚。听晨曲暮风，看远山近景，携美眉左右，足以享视听之娱，恍若天上人间。受山之博大所染，感茶之灵性所动，诸君戏言，余妄作《黔仁白茶赋》，以博一笑耳。

人间有仙品，茶为草木珍，萧窗闻犬吠，忙净三才杯，茶之荣也；南生铁观音，北长齐山云，东有龙井绿，西多黄镶林，茶之生也；茗品呈六色，甘苦凭心生，牛饮可解燥，慢品能娱情，茶之趣也。

素闻闽有福鼎，滇有景谷，未听兴仁有黔仁白茶哉？然世间之玄妙，万物缤纷，非人心之可度也。岂福鼎乎？景谷乎？

东岳有泰山，南岳有衡山，西岳有华山，北岳有恒山，中有乌蒙山。

乌蒙磅礴秀，逶迤五百里，沟壑难测，氤氲垂阴。沃土若膏，泉水如蜜，原生有菽，籽化为石，西汉有载，杨子功高。此乃黔仁白茶之姻缘也！

得高山之沃土，沐云雾之润泽，受日月之精华，纳天地之灵性。通至简之工艺，添人生之韶华，借天然之风姿，白茶应运而生，原始之性也。

此间妙品，芽毫饱满，身披白毫，绿托云彩，形似花朵，娇羞万分。汤色黄绿，清澈透亮，清香四溢。浅酌一口，浸淫舌根，触碰味蕾，满口生津，恍若春梦，顿生心花。绿叶伴嫩芽，蓓蕾花半朵。黔仁白茶，天地精华，万物灵长，王者风范。

世间有白茶，人生有滋味。闻其香，香高馥郁，尝其味，鲜爽醇厚。一叶风骚，满树逍遥。一茶风骚，万人景仰。其色也，其味也！二者相得益彰，方知奥妙！

早采为茶，晚采为茗。品茗乖张，有失风雅，亦假亦真，贻笑大方。懂茶者，宜品啜，似蝶恋百花；解渴者，一咕噜，若牛喝闷水。雅也，俗也！

环佩叮当兮瑶台仙子，浅笑吟吟兮织女嫦娥。车轮辘辘兮洛神婢嫔，仙乐隐隐兮娥皇女英。百鸟和鸣兮《古兰经》齐诵，琼花绽放兮沙里麦竞艳。噫！余如梦初醒，方知黔仁白茶乃回回茶之故矣！

生于泗源箐，声名满华夏。芳香赛兰蕙，神韵压琼花。岁月沉香故，冉冉笑物华。相会芳草堂，共品黔仁茶。

呜呼，昔日纳贡品，今朝百姓家；回汉共携手，啜茶长寿乡！

（杨文泊）

兴义精洁茶室旧事

说起兴义茶事，往事犹历历在目。据父亲（吴万康）及堂兄（吴忠辉）回忆，20世纪40年代精洁茶室发展极盛，上午卖清茶，下午和晚上评书下茶，时常挤满客人，小孩子也难得挤得进去，好不热闹（图10-1至图10-6）。

图10-1 兴义精洁茶室原址

图10-2 1934年祖父吴天禄夫妇及其子女在茶室后花园合影

图10-3 吴天禄（1897—1983年）

图10-4 茶室的雅座椅茶罐

图10-5 大堂凳

图10-6 茶罐

兴义精洁茶室（当地人称吴家茶馆），由曾祖父吴爵尊（六世祖，又名吴超群，1874 年生，享年 71 岁）大约于 19 世纪末 20 世纪初命名字号并规范经营发展，由祖父吴天禄（七世祖，又名吴百寿，1897—1983 年）继承家业发展经营，到 20 世纪 40 年代发展至鼎盛，1955 年因公私合营改造为兴义食品店，茶室建筑群被依次改用为兴义国营第二旅社、兴义武装部宿舍、兴义饮食服务公司宿舍等多种用途，20 世纪 80 年代末城市改造后完全消亡，茶室物品散落民间，留存至今的寥寥无几。

兴义旧城的规划和建设极为讲究，以场坝（现街心花园）为中心，呈八卦型向外辐射，计有铁匠街、豆芽街、杨柳街、宣化街、沙井街、稻子巷等十三条街道，布局合理独特。两百多年来，兴义老城的街巷布局仍然保持不变沿用至今，在西部小城市中可谓独树一帜。兴义这座地处云南、广西、贵州三省区结合部中心的小城，终年气候温和、蓝天白云、阳光灿烂被冠以"小昆明"，水陆交通较为通畅，南来北往西进东出的各行客商携药材、棉纱、桐油、茶叶、百货在此集散，六百多年来形成了完备的交通、商铺、客栈、集市等服务设施和功能。曾经，多条街道分布有多家茶馆，如铁匠街（25 号）有吴家茶馆，豆芽街有刘家茶馆，宣化街有徐家茶馆，湖南街有蔡家茶馆等 4 家大茶馆。吴家茶馆名气最大，经营最盛，门庭若市，近 300 余年来一直是兴义市民喝茶说事、喝茶聊天听书、业界品评、交易和行市兴衰的代表。

吴家茶馆是典型的中式四合院，石木结构，青瓦屋面，据家谱记载和口口相传，始建于 1765 年。家族自清康熙乙亥年（1695 年）从湖南宝庆府迁移至兴义场坝以后，置产买田幸得定居。1765 年由三世祖启明公从场坝移居铁匠街经商日渐兴隆，历经百年营建，在 19 世纪中叶前后，主体建筑及附属建筑整体完工，形成了独立的四合院建筑群。正房三层设堂屋、庭院、卧室、书房等，左右两侧厢房及门厅房各两层，设卧室、厨房、茶室、茶水房、加工房、客房、工人房等房间，天井四方形，长宽各约 10m，用石板铺成，天井石阶正房侧三阶，另外三侧各一阶，正房屋檐下的石阶已被雨水冲滴出凹痕，天井当道处的石面已经被踏磨得光溜，天井一侧放置一口石材大水缸以备不时之需。四合院门窗、茶桌、茶椅、茶凳、茶罐等器物上，精雕细琢各种精美雕刻图案。四合院后院建有吴家祠堂、闺房、花园和果园等，园中种植橘子、石榴、海子梨、花红、水晶葡萄等花木，栽植有一片横竖成行的楸树林，小径旁放置花木盆景等供客人欣赏。早春一到，新茗上市，各方客人纷至沓来，檐下燕巢又复生机，老燕携雏燕每年如期而至，一派生机盎然、鸟语花香、生意兴隆的景象。整栋四合院建筑群作为茶室，其规模在当下也是堪称浩大恢宏。

历经 300 年发展，精洁茶室日渐兴隆、完善殷实，在茶叶交易和茶馆业应时而生而倡的历史背景下，成为了往来客商的落脚点，长此以往，过往客商、周边市民物品交易、喝茶说事喝茶聊天听书早已成为日常。明代旅行家文化学者徐霞客于明崇祯十一年（1638年）第一次考察至兴义（明代称黄草营）马日集市（逢子、午场期）记录评述的"其地田塍中辟，道路四达，人民颇集，可建一县"超前预言终成现实，其高瞻远瞩令后人仰慕。

精洁茶室的茶品选料及泡茶流程，那是既讲究又实用。茶品精选香片、沱茶、砖茶、兴义古树茶等，主要来自云南马帮送货上门。茶客根据人数及爱好可选10铜钱一大壶或5铜钱一小壶再或者3铜钱一盖碗等，并可另选茶点下茶，客人一边喝茶吃茶点一边听书，优哉游哉，陶陶乐乐。泡茶用水首选城郊甘泉"冒沙井"井水，生活用水选用湾塘河河水等。茶水房一侧靠壁一字排开设多堂煤炉（柴火）灶烧水，泡茶用水依次经由头水锅和二水锅加热并沉淀净化后铜瓢舀取。头水锅一口首先预热至约30~40℃，转二水锅一口加热到60~70℃，再分至铜质小水壶若干烧沸开水泡茶。头水锅及二水锅铁质，头水锅口径约1.3m，二水锅口径约1m。客人进入茶室，可选前堂或后堂入座，前堂安放7、8桌，后堂摆放十余桌，亦可选包房雅间入座喝茶娱乐。

精洁茶室的另一产业是生产糕点，诸如重油蛋糕、沙琪玛、饼干、金钱酥、奶油酥、糯米糕等十余种系列点心应有尽有，这在当时就是响当当的名优糕点。客人单买糕点或吃茶后买上糕点一两封回家与家人分享、馈赠亲友等。

每逢春节，是祖父母一年中最繁忙的一段时间，为了吸引和回报广大茶客，营造茶室喜庆氛围，总是要提前备许多纸捻子和篾条，绑扎一些走马灯，扎一条黄龙和一条青龙，以及亲自撰写春联馈赠亲友客人等活动，为春节增添喜庆氛围，这个传统一直保持到祖父母晚年仍然乐此不疲。有一年，祖父亲自为厨房撰写一副春联贴上：饭恐有沙需细嚼；水虽无骨莫急吞。横批：劳而后食。兴隆发达的茶室生意植根于柴米油盐酱醋茶的生活沃土，朴素哲理的茶室文化弘扬勤劳致富的治家真谛。几十年后，此情此景我们仍然记忆犹新。

祖父生平勤劳朴实，聪慧好学，低调谦和，遵循祖训，传承家风，与世无争，在我们的记忆中有着深刻印象和崇高威望。他既俭朴又勤劳，既谦和又智慧，既内敛又豪迈；他岁月中有坚韧，教诲中有慈祥，低调中有人品，平凡中有崇高，舍得中获商机，竞争中讲和谐；他的茶室及他的经营理念，包括但不限于是现代茶道"和、静、清、俭"萌生的沃土，我们无不受此熏陶，引以为傲。

源于家承和对茶的热爱，生为茶室后人的笔者于1979年考进安徽农业大学茶叶系机械制茶专业，系统地学习茶学理论和实操；数十年与茶交集，痴迷于茶的千姿百态、千变万化和"知恩图报";退休后又将茶事,2020年牵头开办贵州黔西南春夏秋茶叶有限责任公司及附属茶楼;两年来相继荣获业界多项荣誉,2020年荣获黔西南州首届夏秋茶评茶大赛一等奖,2022年分别荣获贵州省黔茶杯名优茶评比一等奖、贵州省第五届古树茶加工技能大赛三等奖、贵州省第十一届手工制茶技能大赛优秀奖和贵州省第六届古树茶斗茶赛优质奖,深受业界好评,从而继承了祖上对于茶的不解之缘。

上述家事曾经是家业的荣耀,亦是兴义茶室、茶俗、茶事、茶史的一抹烟云,虽然已成往事,回顾这段往事仍可供人们回味,这段茶事、这些文化值得人们敬畏和追忆。

（回忆：吴万康、吴忠辉 执笔：吴忠纯）

第三节 茶传说故事

一、仙马送茶种的故事（节选）

这天,一个茶商贩茶经过这里,听到村民们议论起小树苗的事,就让村民带他去看那"奇怪"的小树苗,又问村民近来可发生过什么奇怪的事。村民们就把两月前,帮一个商人"亚布黑"把摔死的白马埋了的事告诉了他,并带他看了摔死马的地方和马的坟墓。这个有学识的商人掐着指头算了一会儿,就告诉村民们,发生的这件事,其实是茶神送茶种。

事情是这样的,茶神派他的弟子们,从云南运送茶种子到广西,其中一个弟子叫"亚布黑",他送茶的头天晚上,和其他几个弟子一起吃饭喝酒,多喝了几杯。第二天,其他弟子都早早地就牵着各自的仙马驮茶种子走了,"亚布黑"晕晕忽忽睡到中午才醒来,还有点迷迷糊糊的,他也牵了自己的白色的仙马,到了种子库里,稀里糊涂地提了两袋种子,驮上马就走了。到了傍晚,已到兴义境内,"亚布黑"才酒气散去,他作了几深呼吸,清醒过来。他这才仔细看了看白马驮的袋子,不由得一惊,原来他把种子拿错了！一袋是茶叶种子,一袋是油茶种子。他想：我如这样把种子送去,师傅知道了肯定要责罚我。他一想一边往云下一看,只见云下的大地,一片山清水秀,傍晚时分已是"云雾笼罩",是个种茶的好地方。于是他想：我不如把种子都"撒"在这里,然后……于是,他飞到仙马的上方,施展法术,刮起一阵乱风,一不小心,他从上方"摔"了下来,正好砸在仙马背上,把装种子的口袋"砸"破了,种子到处洒落。那仙马被砸得在空中翻了几个跟斗,掉了下来,在地上踏出了一片"蹄印"。仙马因摔伤太重,第二天就死了,亚布黑才请村民们把仙马埋葬了。村民们为了纪念为他们送茶的"亚布黑",村民们就把他们的寨子叫作"亚布黑"了。

所以现在还能在仙马摔死的地方的石板上找到仙马蹄印,对面的山包下方还有仙马的坟墓，能看到仙马坟两边，靠"亚布黑"寨子的树林里有茶叶树苗，而靠毛栗寨一侧的树林里有油茶树苗（图10-7）。

图 10-7 仙马坟仙马蹄印

二、传奇白龙寺（节选）

兴义七舍白龙山上对着纸厂方向有一岩洞，岩洞之上不远处原始森林中，现有古寺遗址一处。据当地百姓一代代相传，该洞名叫白龙洞，该寺名叫白龙寺，建于大约600年前元末明初。

从此，七舍及白龙山一带再无恶霸横行和官兵欺压，老百姓因此得以安居乐业。谁知这时七舍一带却又遭遇百年不遇的大旱，山上草木枯死，山下庄稼颗粒无收，就在老百姓呼天不应喊地无声之时，一日凌晨，人们听到白龙山腰上突然发出"哈嗞"一声嘶鸣，接着一道金光从白龙山腰射出，一条白龙显形在空中盘旋、升腾，顿时天空中雷声响起，雨云密布。不多时，天空中降下大雨，大雨接连下了三天三夜，那条白龙也在天空中盘旋了三天三夜，直到地上沟满池溢、田土滋润后，白龙才隐身消失。

据说，当那三天三夜的大雨过后，人们来到白龙山腰上寻找那一道金光闪现之处，却什么也没看到，只发现在一片坚硬的岩石上凭空生出一个人们平常未曾见过的岩洞。人们这才想到，原来这是白龙王子在看到百姓遭受大旱之苦后，于心不忍，所以奋身从那岩石里腾空显形，呼唤风雨，救济百姓。于是，当地老百姓便把那个岩洞称为白龙洞。

从此之后，每到天气出现阴晴变化时，白龙王子都会在凌晨时从白云里腾空现身，警惕着灾难的到来，保佑着当地生灵。后来，为了感恩白龙王子的善举，当地老百姓便在白龙洞之上不远处树林里修建白龙寺一座，让子孙后代香火供奉，感恩白龙王子保佑百姓世代平安。

直到今天，当地百姓们谁家有个三灾两难时，都要到白龙洞和白龙寺遗址旁烧香祈祷。据说，凡是去烧香祈福的人，都会得到白龙王子的保佑，非常灵验。

（搜集整理：山毛、远康）

三、猪场坪乡名泉溯源——大、小滩传奇

　　猪场坪乡优质泉水水源分布较多，其中以位于猪场坪乡丫口寨村向阳组的大、小滩最为出名，该泉水清醇甘洌，水源无污染、无公害，终年不断。大滩与小滩水平距离约400m，高低落差约30m。大滩沿着山脉延伸一小段就来到小滩。泉水周围四时风光各不相同，晴天犹如一块翡翠，雨后常有彩虹悬挂，起雾时又如人间仙境，起风时碧波荡漾。

　　大、小滩是怎样来的呢？当地民间流传着一个感人的故事：相传丫口寨村向阳组方圆十里内并无水源点，村民取水都得走上很远的距离到七舍大坪子龙滩取水，往返十分不便。大坪子龙滩水源点有一大一小两个出水口，每到干旱时，大出水口的水就会源源不断地涌进小出水口，就像母亲哺育孩子一样。

　　后来，有一年突然大旱，庄稼眼见就要颗粒无收，向阳组村民翻山越岭请来风水大师求雨。大师到向阳组后四处走访，查看旱情，一日大师来到大坪子龙滩水源点，见滩中水雾缭绕，惊呼其为神滩，又见滩中隐约有两眼出水口，于是心生一念，若能将其中一眼引至向阳组，旱灾必定能除。大师当即摆坛作法，祷告上天，不一会儿风雨大作，滩边出现一对母子，只见母亲牵着儿子到大师面前对大师说："我和犬子乃是这滩中守护神，愿遣犬子随大师去解决旱灾，也算犬子行善积德，犬子尚且年幼，望大师善待吾子，旱灾除后望大师送犬子回家与我相聚。"说完后，母亲又再三嘱咐儿子，才与儿子依依惜别！

　　小孩随大师来到丫口寨村向阳组后，被安排在当地颇有名望的吕姓人家入住，第二天一早，吕姓人家惊奇地发现院内出现了一眼泉水。吕姓人家高兴地请来大师和村民，人们在看到这一眼泉水之后，禁不住高呼"感谢上苍"。

　　这一年，旱灾已除，人们喜获丰收，秋收过后，村民一起来到吕姓人家祭拜泉眼。当天夜里，吕姓一家均梦到一个小孩说想念自己的妈妈，请求他们派人去找到大师，请大师送他回到妈妈身边。吕姓人家第二天赶紧召集村民，派人去请大师。然而，派去的人很快就带回消息来说，大师已于前几日云游仙去，大师仙去时给向阳组村民留下一句话，叫他们务必在旱灾除去后将泉眼送回！

　　向阳组村民感恩大师引来泉眼除去旱灾，就四处想办法希望能将泉眼移回大坪子组，好让母子团聚。可是眼见时间一天天过去了，村民们焦急又无奈地四处奔波！一日，一位书生路过向阳组，听闻了这个故事，书生心想若各取一瓢泉水置于同一容器中，岂不是能让两泉相聚。于是书生就将自己的想法告诉了村民，村民也觉得有理，就派两人奔赴两泉眼取水，并约定在中途相遇。两人取水后，便赶忙向对方走来，眼见两人就快相遇了，突然天空中一声惊雷，把两人吓得一个趔趄，水洒在地上，霎时间便在水洒落的地方出现一大一小两个泉眼，泉水不断涌出，不一会儿就交汇在一起，就形成了今天的大、小滩。

后来，丫口寨村鱼塘组的吕金鼎考中秀才，协同刘统之、赵学坤兴办教育，并引进茶树，兴建茶园，是兴义地区有记载以来最早的茶园。吕秀才又兴修水利，引龙滩水灌溉茶园，泡制新茶，泡出的茶色香味俱佳，远近闻名，吸引八方茶客慕名而来。

（搜集整理：罗永远、江超）

四、仆人茶（节选）

老人端起茶杯，重重地喝了一大口。接着道："有一天他跟我说了他六个月来一直在深山老林中转圈子寻找我的事情，说完他还挣扎着想赶紧回来告知于你。我知道他那伤口不宜行动，否则难免落下残疾。所以我实在看不过，就亲自来了。"隆老板听到这里，站起身给卖茶老人深深作了一揖，道："多谢先生搭救之恩。阿广虽名为仆人，实如我家亲人一般。今闻得他安然无事，我也就放心了。"

于是隆老板盛情接待了卖茶老人，并安排车马送他回去，同时将仆人阿广接了回来，找当地名医为他医治。隆老板又买到了极品茶。他邀请当地的名人全来品茶，众人都对这种茶赞不绝口，纷纷询问这是什么茶，隆老板说："这是我家最忠实的仆人阿广冒着生命危险找寻来的茶，就唤仆人茶。"

从那以后，"仆人茶"成了隆泰茶庄的招牌茶，一直卖了很多年。

（田　刚）

五、福娘传奇（节选）

阿布王子及福娘等一路急驰，凌晨三点便赶到了寨落，阿布王子派到乌龙山采紫苏的队伍早就回来了。他们立即架起大锅，生火熬茶、熬紫苏，分发病人。说也神奇，病人们的病情慢慢就好转了。

阿布王子一边吩咐更多的随从前去普白大箐驮清水，一边跟福娘到其他村落熬茶救人，过了一段时间，瘟疫得到了控制。阿布王子和福娘，也在救治病人的路上相恋了。

再后来，福娘茶在牂牁江畔流行起来，它不再只是治病的一味药，而是一种饮品、一种商品、一种贡品。族人感念福娘的恩德，在茶神谷中修福娘阁，世世代代进行纪念，一直延续到今天。

（田　刚）

六、八步紫茶

在望谟县郊纳镇境内的山山岭岭，有许多的"八步紫茶"古茶树，而这里高龄老人和双胞胎非常多，有关"八步紫茶"的来历，在当地有这样一个美丽的传说。

很久以前，天上玉皇大帝的茶园里有个茶神叫玉女，玉女和嫦娥是很要好的朋友，两人经常到茶园外的广寒宫去玩耍。

有一天，茶神玉女和嫦娥在玩"躲猫猫"的游戏中，发现广寒宫的茶园里有一种她叫不出名的茶树，茶树的叶子香气迷人。玉女想，玉帝的茶园里什么茶树都有，就怎么没有广寒宫的这种茶树呢？

玉女询问嫦娥，这茶树是从哪里弄来的？嫦娥笑而不答。玉女紧问个不停，嫦娥才告诉玉女，这个茶树呀，是王母娘娘过生日时，如来佛祖从天竺国送来的，这种茶耐寒、香气好。

"既然这样，你送我几棵嘛。"在玉女的一再要求下，嫦娥私自送了几棵茶树给玉女，玉女欢喜地拿着茶树走出广寒宫，准备去种在玉帝的茶园里，没想到与回来的王母娘娘遇上了，王母娘娘认出是自己茶园的茶树，她一怒之下，用手杖把玉女手中的茶树打掉，玉女被吓跑了。

被打掉的几棵茶树从天上落到了一个老农的菜园里，香气迷人的茶树让老农十分吃惊，这是什么树呀，怎么这么香，既然是从天上掉下来给我的，就栽吧。老农想着。

一年后，茶树枝繁叶茂，有一棵开了红花，有的开了白花和淡绿色的花朵，老农兴奋极了，看着这香气浓郁的茶树，老农忍不住用手摘了几片茶叶泡水喝，清凉可口的紫红茶水让老农心满意足，于是便给它取了个好听的名字"紫娟茶"。

随着时光的推移，茶农和人们又惊奇地发现，常喝"紫娟茶"的人不但能长寿，还能生育双胞胎呢。于是，村里的男男女女们在日常生活中就有了喝"紫娟茶"习惯，而客人进了家，主人就会递上一碗香气四溢的"紫娟茶"水，表示以上等的礼遇待客。

如今，在望谟县郊纳镇10来个村就生长着这种"紫娟茶"茶树，当地人称它为"八步茶""八步紫茶"。这个镇2017年去世的王吴氏老人，就活了115岁，当地老百姓生双胞胎的就更多了。

（罗春雷）

七、布依三神（节选）

福娘看着身边的两位英雄。先深深地向万年古茶树鞠躬道谢，说："我们世世代代在你老人家身上采摘茶叶，治病救人，福娘在此多谢你老人家的恩赐了。只是现在既知道你老人家也已幻化成人，再来采摘恐有不妥，还望你老人家给我们指点一条明路。"只见那万年古茶树打着呵欠道："我今天是被这恶龙的一把火给烧醒了，要不然我都不知道自己什么时候才会醒来，你们在我身上采摘树叶，就像给我挠痒痒一样，舒服得很。一会我又要睡了，你们只管来采。要是再有坏蛋骚扰乡里，你们可以大声呼唤我，我就会醒来的。不过最好还是不要叫我。"万年古茶树扭头看着神龙说："牂牁江畔有了神龙，以后应该也不会麻烦我老人家了。"古茶树说着说着，又打了个哈欠，只见身上柔软的枝条又慢慢恢复了树枝的模样，刚刚清晰可见的脑袋也回复了树干的样子。福娘见古茶树睡着了，又扭头抱拳向神龙道："谢谢英雄前来相救，福娘感激不尽。"神龙道："你是牂牁江布依之福娘神，我是神农氏里的飞龙氏，你带着族人守护着青山，我守护着牂牁江畔绿水，青山绿水，理当互相守望。"于是他们相视而笑。

从此以后，福娘继续治病救人，古茶树继续抽芽吐蕊，神龙继续保卫布依村落平安。村民们在福娘的带领下，每年精心准备贡品，于"六月六"供奉万年古茶树。又不知过了多少年，福娘有了新的接班人，神龙也渐渐苍老，有一日突然不知所终，据说是修炼成仙到天上去了。于是村民们便在村落里修了福娘阁和神农祠，连同万年古茶树作为布依三神进行供奉。

后来又不知经历了几朝几代，福娘阁、神农祠和万年古茶树相继消失了。只留下一片片茶山和一段段佳话，继续在布依村落里流传。

今天，当万年古茶树的子孙后代在普安境内四处繁衍，当4800年的古茶树横空出世被世人所发现，当福娘阁和神龙祠以全新的面貌矗立在普安东城区，布依三神还将续写新的传奇故事，续写新时代普安人民的美好未来。

（田　刚）

第十一章 黔西南茶科教与行业组织

第一节　茶学科研教育

一、黔西南民族职业技术学院

黔西南民族职业技术学院（图11-1），前身为黔西南农业学校，1973年建于贵州省兴义市丰都街道（小地名箐箕凼）。1982年，窦淑明、王典林、洪英华等老师积极倡议设立茶学专业，得到了当时的农校上级主管部门贵州省农业厅的批准。当时叫果茶专业，后正式定名为园艺专业。黔西南农业学校随即组建了第一支茶学专

图 11-1　黔西南民族职业技术学院

业教师队伍，由窦淑明、王典林、洪英华、程兴智（现已故）等老师作为园艺专业茶学课的首届任课教师。专门开设了《茶叶栽培技术》《茶叶加工》《茶叶病虫害防治技术》等专业课，面向全州、全省招生。1985年培养出第一批茶学专业毕业生40名，分布在兴义市及周边七个县（市）农业系统工作。从此，黔西南农业学校园艺茶学专业成为常年开设的骨干专业，在兴义大地上正式扎根，为兴义市、黔西南州乃至全省的茶产业发展打下了坚实的基础。1985—2004年，贵州省知名的茶学专家李松克、赵同贵、吴彤林、杨卫琴、杨云彩、彭延英、江厚成、赵贤龙等相继加入教师团队，以拓宽茶学专业的广度和深度，培养出能在茶叶行业各领域独当一面的技术型人才为目标，以培养高素质茶学人才为己任，不断推动黔西南农业学校茶学教育与科学技术研究的进步。

2004年，黔西南农业学校与卫生学校、财贸学校、水利电力学校、农业机械化学校组建成立黔西南民族职业技术学院，下设7个系，其中园艺茶学专业成为农业工程系（现名为生物工程系）的骨干专业。引入了其他高校先进的办学理念，搭建现代化教学科研平台，引进莫熙礼、彭琴、黄蔚等高层次人才，组建了高水平、专业化的教学、科研队伍，培养出许多能适应现代化山地高效农业发展需求的专业技能型人才。2016年，瞄准黔西南州茶产业各领域专业人才需求，创建高职"茶树栽培与茶叶加工"专业，同时引进了王慧颖、朱钰、韦红边、张伟丽等高层次人才，形成由省级优秀教学团队、全国农业职业教育教学名师、国内访问学者、省级"职教名师"、省级优秀农业专家组成的强大的教学、科研团队，开发了多门省级精品课程，申报立项省州科技计划项目10余项，建成茶叶加工、茶叶评审、茶艺表演等7个专业实验实训室和1个校内茶叶栽培实训基地，

与校外10多家茶叶基地、茶艺茶道及茶文化推广企业建立战略合作关系，更系统化、专业化、科学化地培养全能化的高端人才（图11-2）。科研、人才培养成效凸显，在学术期刊发表论文50余篇（其中全国中文核心期刊11篇），在学院大学科技园创立"听雨茶阁"创业平台，多名教师和学生因表现优异荣获国家级奖励5项、省级奖励16项、州级奖励25项，毕业生的综合素质和职业技术能力在贵州区域同类专业中均处于较高水平。

图11-2 实训基地（左）、茶艺课（右）

近40年来，生物工程系始终坚持初心和使命，不遗余力、尽心尽责地为兴义市及周边茶产业发展培养了3000多名精英，既有牵头推动兴义市茶文化发展的兴义市农业农村局中茶站站长冯杰，也有为茶产业发展奉献了35年青春的高级农艺师黄凌昌，既有对扁茶制作颇有研究的兴义市区划办主任吕天洪，也有为茶产业发展与兴义茶全书默默贡献力量的高级农艺师郎元兴和梁文华，既有执着于开发黔西南州10万亩优质茶商品基地的前州农委经作站站长钱保霖高级农艺师，也有志在建设茶旅一体化基地和创建"万峰叠翠"品牌的戴明仲经理……也正因为这3000多名学生昨日的不懈努力和默默奉献，造就了今日兴义市乃至黔西南州茶产业的全方位稳定及高速发展局面。

二、兴义市中等职业学校

办学历史起源于1986年，2014年更现名。学校坚持以市场为导向，以服务为宗旨，以培训社会急需人才为目标，开设有计算机应用、美容美发、宾馆旅游服务、汽车运用与维修、电子电工、学前教育、建筑工程施工、服装设计、物流服务与管理、家政服务与管理等专业，是黔西南办学规模最大、办学功能全、专业设置最多的职业教育学校。随着全州经济的发展，中国传统文化的复兴，茶产业和茶文化也在黔西南州有了迅猛的发展，茶文化迅速推广，大量的茶企业纷纷成立。与此同时，茶产业中的相关茶艺、茶文化传承及从业人员也有了较大的缺口。兴义市中等职业学校于2010年起便在旅游专业中开设了《茶艺》这门课程，课程开设之初主要目的是面对酒店服务中的茶水服务，随着茶文化的深入发展，该门课程将简单的茶叶冲泡技能拓展为茶文化的发展、茶的鉴赏、茶的冲泡、茶的销售、茶艺表演等多个项目，让学生通过该门课程的学习，能够更深入、专业地了解茶文化，以便今后走出校门能够更快地入茶企业。

在教学的过程中，茶艺课教师先后参加各种茶艺培训，考取了茶艺师证、评茶师证，同时还聘请兴义市马鞍山茶艺馆的周鸣蓉总经理为学生专业授课。经过多方的努力和一定的经验积累，学校的茶艺教学取得了一定的成果。近年来，学校参加黔西南州茶艺技能比赛多次获奖，茶艺队同学参加各类茶艺表演深受好评，也有越来越多的学生把从事茶文化事业作为自己事业的方向去努力。

兴义职校依托多年的教学经验，不断探索新的教学方法，开拓新的教学领域，茶艺课程立足于本土经济发展，培养了本地茶艺人才，为地方经济发展做出了积极贡献。

三、普安县中等职业学校

普安县是世界茶源地，是黔西南州重大的茶叶种植基地。茶产业是普安县的特色产业。在当地推广茶学的科研和教育，对于普及茶学相关知识，培养茶学人才，夯实普安茶产业发展的人才基础意义重大。

目前，普安县中等职业学校开设茶学学科教育，大力推进茶学科研和教育工作。普安县中等职业学校自2016年增设茶叶生产与加工专业以来，着力加强基础设施建设和师资队伍建设。学校现建有茶艺实训室一个（130m^2、40个工位），手工制茶室一个（130m^2、20个工位），待客茶室一个，茶叶生产实训基地一个（350亩）。师资队伍方面，目前有茶学方面的专任教师6名，其中2名教师具备高级茶艺师资格，1名教师具备高级评茶员资格，1名教师具备中级茶艺师资格。本专业核心课程主要包括土壤气候、茶学概论、茶园管理、茶树栽培、茶树病虫害防治、茶叶加工学、茶叶审评与检验、茶叶市场营销、茶道与茶艺、茶文化学、茶艺师考证、茶席艺术等。主要培养具备熟知中国茶文化、熟练掌握多方面技能的应用型、复合型乡土人才。学生在校期间不但要学习基础理论知识，还要学习实际操作技能。学生毕业后主要从事茶园管理、茶叶加工、茶叶精制、茶叶品质检验、茶叶保鲜与包装、泡茶技艺、品茗环境设计、举办茶会等工作。该专业每年计划招收50名学生，目前已培养毕业生200余人。2017、2018年，普安县中等职业学校分别成功承办黔西南州第三、四届职业院校职业技能大赛（茶艺、手工制茶），有来自全州职业院校师生代表参加比赛，两个竞赛项目均取得较好成绩。

除了依托普安县中等职业学校茶叶生产与加工专业培养学生外，普安县还依托县属相关单位、县相关企业，举办茶叶生产与加工中短期培训班。2010年以来，年均开展培训300余人次。

四、晴隆茶学教育

晴隆县茶学科研教育起步于20世纪80年代末期，先后完成"茶叶生产企业标准""茶园改良研究"，培训优质茶园"科技二传手"，"古茶树"探索，编制完成"茶叶乡土教材"，研发"晴隆茶酒"，"茶叶叶面肥喷施试验"等。1987年12月花贡茶场制定晴隆县第一个茶叶产品质量管理体系，生产红碎茶、绿茶执行企业标准。1988年县茶树良种苗与县农业广播学校联合开办茶叶专业培训班一期，培训学员95人。1991年县茶树良种苗圃以《晴隆县茶园建设技术规程》为主要内容，以茶树苗圃为实践基地，围绕高产优质示范园建设，组织开展技术培训5期，培训技术骨干252人次，编制完成《茶园喷施微肥试验分析报告》《茶叶示范园管理技术措施》。组织技术人员用小叶茶70%与云大福鼎30%拼配研发生产的"云岭绿茶"，品质优良，清醇浓香，回味持久，耐冲泡，具有提神醒脑、止渴生津、消炎治疾、防衰延年功效。1997年县茶树良种苗圃完成"煤矸石改良建立茶园研究"课题试验取得较好成果。1999年作"茶树叶面喷施叶肥试验"，完成结果分析报告。2009年县茶叶产业局对晴隆茶完成主要成分分析研究：晴隆地处低纬度、高海拔地区，土层深厚，属亚热带季风气候区，气候温和，日照少，雨水充沛，无霜期长，茶树生长环境优越，晴隆茶叶的茶多酚高达35%，水浸出物45%。2010年晴隆县优质茶园"科技二传手"培训项目获得贵州省科协批准，并投入资金培训52人。2011年贵州省科技厅投入晴隆县《原生态古茶树资源鉴选与应用开发》资金25万元，促进县域古茶树资源开发与应用。2012年高级农艺师罗琳杰主持的《晴隆县原生态早生古茶树资源鉴定与应用开发》课题通过了省级验收，在省级刊物发表《晴隆大叶茶内含物丰富的原因》茶学研究论文，完成了《晴隆县原生态古茶树调查及评鉴》《高茶多酚茶树资源评鉴及快繁技术研究》等重大农业攻关项目。高级农艺师贺伯虎主持编写完成第一部晴隆县茶叶生产乡土教材，制作《茶叶生产教学课件》，并应用于全县茶叶技术授课教程。2016年晴隆县科技局实施"科技二传手"培训项目，培训茶叶技术人员60人，晴隆县茶叶专业协会茶叶科研项目获国家科协个人奖励资金5万元。

五、贵州汉唐职业技术培训学校

贵州汉唐职业技术培训学校（图11-3），坐落于兴义市市中心桔山广场对面，2019年正式成立，注册资金20万元，校舍面积近2000m²，硬件设施近100万元；现有教师12人，其中硕士2人，本科7人，专科3人。

贵州汉唐职业技术培训学校，是黔西南州首家茶文化培训学校，是黔西南州人社局指定茶艺师与评茶员培训学校。贵州汉唐以继承和弘扬中华民族文化为己任，宣传茶文化，普及茶知识。采用现代化多媒体教学，理论与实操相结合的教学方式，全面提高学生的综合素质和职业能力。

贵州汉唐承担了黔西南州中国国家初、中、高级茶艺师与评茶员的培训及考核工作，经考核合格后颁发国家人力资源和社会劳动保障部职业技能等级证书。迄今为止，面向全国培养和输出了优秀茶艺师、评茶员近500

图 11-3 贵州汉唐职业技术培训学校

名，培养的学员遍布全国大江南北。贵州汉唐远不止停留在教书育人上，它的更大效能是对一个城市、一个地区的技能人才培养和经济增长做出贡献和提供服务。作为职业学校，为企业输送高素质专业技能人才是其教学宗旨和关键，为了不断提升学校对企业生产技术的服务能力，一直以来，贵州汉唐坚持特色办学，紧贴实际，持续深化校企融合。未来，贵州汉唐将会在职业技术教学这片沃土上，致力培育出更多的优秀技能型人才。

六、七舍镇中学

七舍中学位于黔西南州兴义市西南部的产茶大镇七舍镇。目前，七舍镇茶园面积2万多亩，"七舍茶"已经成为国家地理标志保护产品，是兴义市茶产业的标杆，也是七舍经济发展的重要支柱。全镇上到七八十岁的老人，下到三五岁的小孩，对茶均有一定的了解，在此环境下，为培养学生的业余爱好，发扬茶文化，从2018年3月开始，七舍镇中学就以社团的形式设立茶文化的授课课程。

课程涉及中国茶历史、七舍茶历史、茶艺文化、茶艺表演、茶具的种类及用途、茶树的种植、红茶及绿茶的加工等。茶艺课教学老师，不光接受专业培训还经常到当地多家茶室进行取经学习，茶艺课的开设让许多学生喜爱上了茶艺，爱上了中国茶。

为让师生更好地了解茶知识、掌握一定的茶艺技术，学校还开辟了6亩茶叶种植基地，计划引进一批七舍古茶树，适当增加种植规模并出资聘请本地茶叶加工厂的师傅传授示范茶树种植及茶叶加工工艺。

七、兴义市乐知幼儿园

兴义市乐知幼儿园是2017年由教育行政部门审批成立开办的一所私立幼儿园，设立有乐知班、博学班、致远班、明德班、知新班、厚德班6个国学特色班级，开设有国学经典诵读、茶艺、插花、武术、手工织布、陶程、刺绣、国程、书法、创意古诗词、围棋、民族风情等课程，其中茶艺是该园的特色课程之一（图11-4）。

图 11-4 兴义市乐知幼儿园茶艺课

为让幼儿真正了解中国茶文化知识、学习传统茶艺，该园教师先后到茶木道学习初级茶艺、安顺市爱心妈妈幼儿园学习经典茶艺、山东曲阜华夫子国学幼儿园学习中级茶艺、龙广镇学习高级茶艺，并邀请山东曲阜华夫子国学幼儿园教师到本园开展茶艺知识和技能培训。

幼儿茶艺教学，既解决了由于教师专业局限对教学效果的影响，同时又使更多的教师参与到校本课程的研究与实践中来。该园2018年还将少儿茶艺知识做成墙体展板在茶艺室展示。在幼儿园专设的茶艺室，集学习知识、动手实践和涵养情趣于一体，为学生参观学习、实践体验、展示交流提供了场所。

第二节　茶行业组织

一、黔西南州茶叶协会

黔西南州茶叶协会成立于2016年12月15日。有会员单位44家，宗旨是为了行业自律、抱团发展，协调会员单位的生产经营活动，引导和促进会员之间、会员与国内外同行之间的茶叶科研、信息、生产、加工、贸易的合作与交流，提高黔西南州茶叶生产、加工、科技含量和提高经济效益，扩大出口创汇能力，促进黔西南州茶叶产业化发展。由普安县宏鑫茶业开发有限公司董事长曹宏担任会长。

二、普安茶叶协会

普安县茶叶协会最早成立于2010年6月，后为了进一步规范普安茶叶生产经营管理秩序，优化茶叶品种种植结构，提高茶叶品质，打造普安茶叶品牌知名度，增加茶农和企业收入，振兴普安茶业发展，于2015年5月26日进行改选并挂牌。

协会现有个人会员41名，单位会员14家，内设综合部、财务部、市场信息部、技术部、生产部等机构。共有理事会成员14人，监事1人。各理事会成员均是全县茶区加工企业的主要负责人。协会技术力量雄厚，其成员中有高级农艺师2人，高级评茶师1人，中级农艺师2人，茶叶专业技术人员26人，其管理和技术力量能满足全县茶叶的生产、加工进行全方位服务。

三、兴仁县茶叶协会

兴仁县茶叶协会成立于2013年5月18日，由茶叶专业合作社、茶叶企业、茶叶加工厂18家企业组成。协会进一步发挥群团组织联系政府与企业、市场和农户的纽带和桥梁作用，让兴仁从事茶产业的企业抱团发展，着力提高兴仁茶叶知名度，产品竞争力，推动兴仁茶产业发展，促进农民增收，企业发展，农业增效。

四、兴义市茶业产业协会

兴义市茶业产业协会，在兴义市农业农村工作委员会的指导下，于2018年8月确定成立意向。在兴义市众多茶叶产业相关企业、合作社及茶馆等主体的共同参与中，于2019年完善手续。

目前协会团体会员40余家，个人会员60余人。协会会长罗春阳，监事长李刚灿，常务理事杨兴林，副会长杨德军、付万刚、刘艳川、方彦安，秘书长王可。

协会致力于推动兴义市茶叶产业兴旺发展，服务全体会员，带动茶叶从业者发展致富。

五、晴隆县茶叶产业协会

晴隆县茶叶产业协会成立于2010年5月，共有会员74名，其中团体会员57名，个人会员17名。协会根据《社会团体登记管理条例》起草了《晴隆县茶叶产业协会章程》《晴隆县茶叶产业协会理事、会长、副会长、秘书长选举办法》。根据选举办法从会员中选举产生陈辞、舒斌、张明义、罗琳杰、邓吉斌、田连启、梁建祥、胡州巨、罗景杰、李政、王显贵、令狐昌澡、刘杰、李国柱、杨克明、赵英、罗洪印、吴进、封叶、王小霞、李志勇、王磊、贺伯虎等23人为晴隆县茶叶产业协会理事，选举田连启、胡州巨、邓吉斌、王小霞、贺伯虎5人为晴隆县茶叶产业协会副会长，选举梁建祥为晴隆县茶叶产业协会会长，选举罗琳杰为晴隆县茶叶产业协会秘书长。2015年晴隆县茶叶协会下辖茶叶专业合作社14个，有社员12000余人，成功申报"晴隆绿茶"地理证明商标。

六、贞丰县茶叶产业协会

2017年6月27日，贞丰县茶叶产业协会成立暨第一次会员大会在县城电子商务协会会议室召开。与会成员单位及代表36人参加会议。会议主持人王云霄向大会做贞丰县茶叶产业协会筹备工作报告，宣读《贞丰县茶叶产业协会章程》，并由全体与会代表现场举手表决通过。

大会选举产生贞丰县茶叶产业协会第一届理事会。刘德雄当选会长，王云霄、王斌、黎立、陶占昌、罗品超、王瑶任副会长，龚永兰当选秘书长。与会36家茶叶企业成为贞丰县茶叶产业协会首届发起成员。

黔西南茶旅指南

第十二章

第一节　县市观光茶园之旅

一、兴仁县黔仁茶生态观光茶园基地

黔仁茶生态观光茶园基地，又称黔仁茶山，位于兴仁市真武山街道办事处马家屯居委会马家屯国有林场，总计4000亩，重点发展白茶产业，同步打造"现代生态茶旅一体化"旅游点（图12-1）。黔仁茶山距兴仁市区仅3km，最高海拔1600m，如一道青龙横亘于西面，茶山已配套建设柏油路、步道、观光亭等旅游设施。信步茶山，视野开阔，兴仁市区风光尽收眼底。近年来，茶山举办过多次户外徒步活动，是健身、观光、摄影好去处。

图 12-1 兴仁黔仁茶生态观光茶园基地（黔西南州农业农村局供图）

二、七舍茶区旅游观光基地

七舍镇白龙山依托高海拔生态有机茶园生产基地3000亩及近万亩天然林地及千亩野生杜鹃花海，重点开发避暑休闲，养生养老，高海拔户外运动，科普教育，茶园观光体验，禅茶、太极茶文化等茶旅一体项目（图12-2、图12-3）。避暑胜地品"茶中雪莲"在白龙山上，每年春夏季，山上广搭凉棚，游客赏花赏景，品"茶中雪莲"茗茶，解暑解渴，为白龙山一大景观。同时在七舍镇所有的茶企、茶厂都开展品茗活动。白龙山的野生杜鹃花海，一直是广大摄影爱好者的固定科目（图12-4）。凌晨4点，当大多数人还在熟睡的时候，摄影爱好者们就已经出发了，大家结伴而行，为的就是抢到日出的第一缕阳光。2014年其杜鹃花海被农业部命名为"中国美丽田园"称号。

图 12-2 繁忙的白龙山茶旅　　图 12-3 骑自行车挑战茶园　　图 12-4 摄影爱好者在白龙山
　　　公路（郎应策摄）　　　　　梯步（华曦公司供图）　　　　采风（郎应策供图）

三、兴仁县富益茶山

富益茶山横跨巴铃镇百卡村、屯脚镇坪寨村和屯上村三村，由兴仁县富益茶业有限公司于2009年6月以彝族抗清历史遗迹营盘山为中心，流转周边农户土地、开发荒山开发建设，总占地面积20000余亩。富益茶山最高峰营盘山海拔1430m，水泥路四通八达。站在山巅放眼望去，四周山水风光非常俊美，东面是气势磅礴的龙头大山，南面是屯脚峰林，北面是布依古寨卡嘎寨，西面是绵延横亘的求雨山。营盘是清顺治年间彝族土司龙吉佐、龙吉兆、龙吉祥抗清据点，距今有近400年历史。每年农历四月第一个猴日，营盘山周边卡嘎寨、曾家庄、上送瓦、下送瓦、坪寨等五寨半的布依族同胞都要相聚于此，宰牛祭祀山神，祈求风调雨顺、五谷丰登。

四、普安县江西坡国际自行车赛道茶园谷

"世界茶源谷景区"位于普安县城以东15km（江西坡普安茶场），处于贵阳和昆明两大省会城市的中间地带，黄果树、兴义和六盘水"黄金三角旅游区"的中心，沪昆高速、晴兴高速在此交汇，沪昆高铁普安县站至景区20min即可到达，区位条件十分优越。普安与晴隆交界的云头大山古茶籽化石，江西坡—地瓜镇—青山镇一带遗存的2万多株野生四球古茶树，上万亩的茶叶基地，多民族丰富的民族民俗文化，都为景区的发展提供了坚实的基础。茶源谷景区以四球古茶源地为核心，打造以茶文化体验园、茶产业基地、最美自行车道——户外运动基地、康体养生度假区、布依族民宿体验区以及民族民俗文化村寨为载体的旅游度假区。

（一）核心景区茶神谷

茶神谷是古茶籽化石的发掘地，也是普安茶产业示范基地，与茶源小镇和普安茶海核心区遥遥相望。谷中至今仍生长着数十株百年古茶树，茶海绿涛翻涌，景区茶香弥漫，茶中有林，林中有茶，山峦起伏，满目苍翠，是普安茶产业皇冠上的一颗明珠，也是普安"茶旅+"最吸引人的一个地方（图12-5）。

图12-5 万亩茶山（张仕琨摄）

（二）中国最美山地自行车赛道

本赛道是普安国际山地自行车赛道，位于江西坡镇，总长约75km，起于茶源文化广场（图12-6）。赛道从海拔1100m上升至1800m余，以户外骑行、休闲观光、运动健身为主题，依山就势，沿水而建悬挂于峭壁、穿越秀美茶山、蜿蜒盘旋缠绕于山间，沿线打造婚纱

摄影基地、汽车露营基地和户外儿童乐园等20个景点。骑行中，涉水溯溪，穿越激流河谷；秘境探幽，驰骋山峦密林；寻求惊险，飞车悬崖栈道；徜徉文化，穿越民族村寨（图12-7）；感受浪漫，投身湿地花海；感思乡愁，走近湖泊梯田；享受自然，亲近万亩茶海。无论是走在石板、彩砖、天然河床、水泥、柏油、泥石等越野混合的哪一种路面，或是速降、涉水、爬坡、下坡，沿途满眼苍翠，一路林茶相间，美景目不暇接。2018年，普安县以"奇行圣境·茶源普安"为主题，成功举办黔西南州第四届旅游产业发展大会及系列活动；建成自行车主题公园、神农祠、福娘阁等项目，世界茶源景区配套设施逐步完善；打造马家坪古茶树保护区、贵州茶马古道打铁关至罐子窑古道（普安段）等旅游景点，推出"四球古茶、茶马古道、山地奇行、健康养生"等旅游观光线路。

图12-6 景区最美自行车赛道　　　　　　图12-7 省级非物质文化遗产——小打音乐

第二节　县市古茶树寻访之旅

一、普安县普白森林公园古茶树寻访之旅

贵州省普安县普白省级森林公园位于贵州省黔西南州普安县南部的普白林场中心工区、麻洼工区和林场相邻的楼下镇堵嘎村区域，围绕茶园、竹园、梨园和野果园四大园区规划布局。公园规划总面积9808.65亩，公园以优良的森林生态环境为基础，地貌景观为骨架，森林景观为主体，四球茶树景观、避暑气候、民族文化为特色，集休闲、度假、游乐等功能于一体的综合性省级森林公园。公园内有独具特色的茶园、竹园和梨园。茶园主要围绕普白林场所独有的珍稀茶树——千年野生四球古茶建设，其主要生长在阔叶林与竹林混交、针叶林与阔叶林混交林中。分布面积约2400亩，核心区640亩，是公园最为特色森林景观资源，据不完全统计有2万多株，树龄千年以上386株，百年以上的有1759株，具有极高的观赏、科研和经济价值，其嫩叶精制茶叶闻名遐迩。

二、七舍镇古茶树寻访之旅

从兴义市出发，经下五屯、坝佑，翻过险峻的八环地盘山公路，过马革闹，来到白龙山脚，在革上右面分路，沿着一条清澈的溪边柏油路进入白龙山旅游景区的又一旅游景点革上村纸厂组——纸厂古茶树林。这里古木参天，鸟语花香，泉水淙淙，环境古朴优雅。这里，目前现存百年古茶树260余株，成林成片生长约160株。其中树高5m以上、冠幅12m²以上的有30株，株高4m以上、冠幅7m²以上的有70余株。最为引人注目的是被当地人称为"茶树王"的一株，树龄达1000多年，其树身高10.5m、冠幅28m²以上。形如巨伞，郁郁葱葱，枝繁叶茂，盘根错节，甚为壮观。2007年12月，当地政府对每一株古茶树都进行了编号、挂牌、建档案，实行单株跟踪护理。时刻与专家保持联系，并明确专人负责管理。看着一株株生机勃勃，古朴沧桑的古茶树不禁引人进入无限的遐思……

三、敬南镇古茶树寻访之旅

敬南镇是兴义古茶树资源的主要分布区域之一，古茶树主要分布在高山村的烂木箐地区。高山村烂木箐处在高山深谷地带，山高路险，交通不便。这里多为泥山，土壤深厚疏松，植被茂密，山间泉水清冽，得天独厚的气候、土壤、水源等优势，加之位置偏僻，少有人家居住，不易受到外界因素干扰，适宜古茶树长期生长。高山村烂木箐离布雄街上8km左右，离兴义市城区16km。从兴义市城区平桥路口出发，沿着兴拢快速公路，大约8min到达敬南镇高山村后，有两条路线去往目的地。一是从高山村村公所对面的公路开车上去，大约继续前行8km，因道路弯道多，比较险峻，本段用时大约35min。二是沿着兴拢快速公路，大约10min到达飞龙洞村，到达路口后车右边转上去，行使大约8km到达烂木箐，用时大约30min。烂木箐的古茶树目前有40余株，树龄最大的有200多年，古茶树多为三籽茶，目前成长状态较好。

四、坪东街道办古茶树寻访之旅

在坪东街道洒金村塘房组勤智学校后面的大山坡上，生长着一片古茶树，共28株左右，属目前在兴义市发现的唯一典型喀斯特地貌上的古茶树，也是距城区最近的古茶树。它们利用石缝间的土壤生长，几百年的茶树看起来不是很高大。茶树有大有小，大的估计300多年，小的也是100年左右。这些古茶树中还有不同的品种，分为颜色深绿色的和黄绿色的两种，颜色深绿的茶树抽出来的嫩芽毛茸茸的，而黄绿色的茶树抽出来的嫩芽没有绒毛。这些老茶树产量不高，但价值还不错，一棵树可能采摘1斤左右的量，价值约4500元，此茶制成成品后口感甜润，有点苦涩，苦涩在口腔内停留的时间不长，大约几十秒。

第十三章 茶政策篇

1974年8月11日，为了使兴义市茶叶生产既快又好地发展，力争1980年实现年产茶叶5万担，兴义县革命委员会出台《兴义县革命委员会关于发展茶叶生产的意见》，计划在兴义发展茶叶5万亩。

1985年，贵州省农业厅茶叶项目办与普安县政府在江西坡镇联合开发万亩红碎茶基地，同时成立了普安县茶场（国有茶场）。

1986年，普安县兴建万亩茶场基地。

1987年8月，黔西南州计划委员会、黔西南州农业局转呈贵州省计划委员会、贵州省农业厅《关于贵州省晴隆县茶树良种苗圃计划任务书的报告》。报告中阐述晴隆县的自然条件和气候条件，适宜发展大叶茶，经过省、州有关单位专家、学者和科技工作者多次调研论证确定，适宜建设茶树良种苗圃。由国家农牧渔业部、贵州省农业厅、黔西南州人民政府、晴隆县政府四级联合新建"贵州省晴隆县茶树良种苗圃"协议书已经签字，报请贵州省计划委员审批。同月，晴隆县成立"贵州晴隆茶树良种苗圃"工作领导小组，以晴隆县县长任组长，政府各相关部门主要领导为成员。领导小组下设办公室，由晴隆县农业局局长任主任，负责苗圃基地建设的各项工作。设立"贵州晴隆茶树良种苗圃"筹建组，晴隆县农业局副局长任组长，主抓"贵州晴隆茶树良种苗圃"筹备工作。9月，贵州省计划委员会印发《关于晴隆县茶树良种苗圃计划任务书的批复》，根据《贵州省晴隆县茶树良种苗圃计划任务书》的报告，经与贵州省农业厅研究批复决定：①根据国家农牧渔业部、省农业厅与晴隆县政府签订的协议，同意建设晴隆县茶树良种苗圃基地，隶属晴隆县农业局领导和管理。②主要建设内容：茶园550亩，其中，母本园150亩、苗圃园100亩、良种示范园300亩；生产用房2000m²，其中，红碎茶初精制车间1000m²、仓库500m²、生产附属用房500m²（含收青室、化验室、保管室、职工宿舍等）以及制茶机械设备和安装、水、电、路等附属设施建设。③计划总投资95万元，资金来源：国家农牧渔业部投资35万元，省投资40万元，州投资10万元，县自筹资金10万元。国家农牧渔业部和省均为一次性补助投资，包干使用，超支不补。总投资和规模要严格控制，不得突破。建设中无论何种原因造成的超支，概由县政府自筹解决。

1987年11月，晴隆县茶树良种苗圃基地选址于沙子乡、沙子水库周围茶场内，并开工建设。

1989年，晴隆县茶树良种苗圃基地建成。苗圃为独立核算的事业单位，全民所有制性质，行政隶属晴隆县农业局。业务上接受黔西南州农业局和贵州省农业厅领导。苗圃下设3个苗木生产队和1个制茶厂，生产队分别负责母本园、扦插苗圃和试验示范园的管理，制茶厂负责红碎茶初精制。苗圃正式干部、事业单位职工50余人，原茶场正式工人

（含临时工）30余人。

1989年4月，普安县委、县政府在安排全县扶贫工作中强调，在产业帮扶中将茶叶种植纳入主要帮扶项目，由部门为贫困村、组、户提供种苗。

1991年，在国家科委、民委、工商联和一些民主党派人士的联合推动下，晴隆苗圃承担国家科委星火计划科技扶贫试验区600亩优质高效大叶茶示范园项目建设。

1993年7月，普安县投资162万元，建1500亩规模的普纳茶场。

1993年，国家科委副主任到黔西南州视察工作，对晴隆县承担国家科委安排的"星火计划科技扶贫试验区优质高产茶园建设项目"和"贫困地区茶叶生产集约化经营管理模式研究"给予高度评价。并给晴隆县茶树良种苗圃生产出来的高档绿茶命名为"绿凤凰"，同时倡导成立"黔西南州茶叶总公司"，对全州茶叶产业实行产、供、销一条龙和技、工、贸一体化管理。是年4月16日，黔西南州人民政府专题会议研究决定：以晴隆县茶业公司为核心，正式成立"黔西南州绿凤凰茶业集团总公司"。

1998年6月8日，宁波市镇海区政协党组书记、常务副主席邓信才带领区政协农林工委及有关部门负责同志一行12人到普安视察，普安县委书记龚修明主持了座谈会，双方就下一步对帮扶协作工作进行了认真座谈，达成了"大棚蔬菜""茶叶精加工。""开发楼下长征桥水电站"意向项目3个。

2004年1月1日起，普安县不再征收毛茶、原木、花生、薏米、芭蕉芋等品目的农业特产税。

2007年12月24日，中共黔西南州委、黔西南州人民政府出台了《中共黔西南州委黔西南州人民政府关于加快茶叶产业发展的意见》，全州确定25个茶叶生产重点乡镇，其中晴隆县5个（沙子、碧痕、大厂、花贡、紫马），普安县5个（江西坡、地瓜、新店、高棉、罗汉），兴义市6个（七舍、捧乍、猪场坪、泥凼、敬南、下五屯），兴仁县3个（四联、雨樟、巴铃），贞丰县3个（龙场、长田、小屯），安龙县3个（新桥、洒雨、龙广）。确定建设各具特色的茶叶产业带。在晴隆、普安海拔1100~1400m的区域发展大叶种茶叶，形成大叶种早生绿茶和花茶坯产业带；在兴义市海拔1400~1800m区域发展小叶种茶叶，形成"高山"有机绿茶产业带；在兴仁、贞丰、安龙海拔1000~1300m区域发展中叶种茶叶，形成地方特色绿茶产业带。确定围绕基地、加工、市场等产业化的关键环节，突出重点，全面实施"4821工程"，即：改造4万亩低产茶园，新建8万亩生态高效良种茶园，兴办20家标准化名茶加工厂（车间），建设一个能代表黔西南州茶叶水平的茗品茶叶交易市场，提升我州茶业产业化水平。

2007年8月6日，兴义市副市长廖福刚在市政府四楼会议室主持召开会议，专题研究万峰林退耕还茶、泥凼何氏苦丁茶项目落实有关事宜。

2008年6月，成立普安县茶业发展中心。普安县茶业发展中心为正科级事业单位，隶属普安县农业局，内设综合股、项目规划股、生产技术管理股、统计信息股、计划财务股5个股室，核定编制10人。

2008年10月，中共普安县委、县政府出台了《关于成立普安县茶产业发展领导小组的通知》，切实加强对普安县茶叶产业工作的领导。中共普安县委、县政府出台了关于《茶叶产业发展的意见》。

2009年6月，中共普安县委、县政府出台了《关于调整普安县茶产业发展工作领导小组成员的通知》，加强对普安县茶叶产业工作的领导。

2009年3月29日，"普安2009'三月三'采茶节"在普安县茶场开幕（图13-1）。在招商引资签约仪式上，签约项目19项，协议意向引资24.8亿元。

2010年，中共普安县委、县政府出台了《关于调整普安县茶产业发展工作领导小组成员的通知》，进一步加强对普安县茶叶产业工作的领导。

2010年5月，成立普安县茶叶协会，张宁为法定代表人。

图 13-1 采茶节（王存良摄）

2011年4月1日，由黔西南州人民政府主办，普安县政府承办的"2011中国·普安春茶节"在普安县休闲体育广场举行。举办文艺演出和春茶展销活动，举行招商引资项目签约仪式，协议引资164.19亿元，涉及项目20项。

2011年12月2日，黔西南州人民政府印发了《州人民政府办公室关于印发黔西南州"十二五"茶产业发展规划的通知》，明确提出要引进优新品种，优化品种结构，加大茶园改良和新植力度，完善基础设施，建设生态型的优质原料基地。要提升品质和创建品牌，推进茶叶产业升级。要积极应对国际"绿色壁垒"，主攻有机茶、绿色和特色产品，走高效生态茶业之路，把我州茶业融入到国际茶业大市场中去。要以建设清洁化、标准化名茶加工厂为载体，改善茶叶生产环境，全面推广茶叶无害化、标准化生产。要加强名茶机械加工、机采机剪、茶树病虫害监控、茶叶精深加工等实用新技术的培训与推广，提高茶叶的经济效益和产品附加值。要以专卖窗口和茶叶茗品市场建设为突破，运用现代营销和管理手段，拓展市场，做大规模，做强品牌。

2011年，出台《贵州省普安县茶产业发展总体规划（2011—2020年）》。

2012年，中共普安县委、县政府出台了关于《切实推进"四大"农业特色产业的意见》《茶叶产业推进工作实施方案》。

2012年，七舍镇得到各级的支持，实施了宁波对口帮扶6500亩茶叶种植项目。

2012年，普安茶场拟采取将现有国有资产和相关债务交归普安县政府，由普安县政府出资以货币的形式对现有国企职工进行一次性补偿安置，解除国有身份，终止相关的一切劳动合同。

2012年10月30日，为进一步加快兴义市茶叶产业发展，促进农村产业结构调整和农业增效、农民增收，兴义市人民政府办公室出台《关于抓好2012年茶产业发展工作的通知》。

2013年4月，根据贵州省人民政府办公厅《关于印发贵州省100个现代高效农业示范园区建设2013年工作方案的通知》精神，成立了普安县江西坡茶业现代高效农业示范园区。园区采用"一园三区一中心"的布局方式，以江西坡镇为核心建设山地优质生态茶园12.06万亩，其中核心区2.01万亩、拓展区10.05万亩；配套建设农产品加工区、农产品交易区和综合管理服务中心。

2013年，普安县政府办公室关于印发《茶叶产业推进工作实施方案》的通知。

2013年11月4日，兴义市人民政府出台专题会议纪要《关于研究兴义市生态标准示范茶园建设有关事宜的专题会议纪要》。

2014年5月13日，为进一步推进兴义市茶叶产业发展，促进茶叶产业做大做强，兴义市人民政府办公室出台《关于成立兴义市推进茶叶产业发展工作领导小组》。

2014年8月20日，为切实做好兴义市古茶树资源保护与合理开发利用，兴义市人民政府办公室出台《关于成立兴义市古茶树资源保护与合理开发利用兴义市人民政府办公室项目工作领导小组的通知》。

2014年10月11日，普安县宏鑫茶业开发有限公司武装部成立，是普安县第一个企业武装部。中共普安县委常委、常务副县长岑华斌为宏鑫茶厂武装部授牌、授旗，县委常委、人武部部长叶胜奇宣读宏鑫茶业开发有限公司武装部成立的批复，下达部长、干事任职命令。

2015年，普安县政府出台了《关于推进2015年茶园基地建设的意见》。

2015年2月5日，兴义市人民政府出台专题会议纪要《关于研究兴义市2012年中央和省级财政现代农业特色优势产业发展资金2万亩茶叶项目相关事宜的会议纪要》。

2015年5月26日，兴义市人民政府出台专题会议纪要《关于宁波对口帮扶七舍镇茶叶种植资金项目实施有关事宜的会议纪要》。

2015年9月24—25日，首届"中国贵州·普安红·古茶文化节"在普安县江西坡小微企业创业园举行。期间，举行集中签约仪式、项目集中开工典礼、民族文化及农特产品（民间工艺品）展示、赛兔活动、参观四球茶树和品茗、项目推介、恳谈系列活动。

2015年10月16日，州人民政府印发了《黔西南州茶产业三年提升计划行动方案（2015—2017）》。明确指出到2017年，全州标准化绿色无公害生态茶园建设面积达到50万亩；建成万亩茶园乡镇38个；建设三大特色茶叶产业带；以清洁化、标准化、规模化为发展方向的茶叶生产加工技术提升率80%以上，扶持黔西南州茶叶产业集团，建设"产、加、销"一体化茶叶产销联盟，统一打造黔西南州四球古茶普安红、四球古茶万峰报春"一红、一绿"两个茶叶品牌。

2016年1月12—16日，中共普安县委副书记、县长毛仕诚率普安县党政考察团前往宁波市等地参观考察，普安县政协主席张盛琦，普安县委副书记徐祖荣，普安县人大常委会副主任王强以及普安县市场监督管理局、投促局、住建局、农业局、茶叶发展中心、扶贫办等部门负责人参加考察。考察团一行实地考察了宁波市镇海德信兔毛加工厂、宁波市国家大学科技园科创大厦以及科技创新企业洛可可、嵊州市华发茶叶有限公司，到镇海中心慰问普安籍的11名在校学生。与宁波市镇海区委、区政府，宁波市市场监督管理局，宁波市住建委，浙江新大集团等举行座谈会，双方就对口帮扶的兔产业、茶产业等事项达成一致意见。

2016年1月23日，"正山堂·普安红"茶产业项目合作签约仪式在兴义举行，按照合作协议，普安县五特农业投资有限责任公司与福建正山堂茶业有限责任公司共同出资成立"贵州正山堂普安红茶有限责任公司"，共同打造"正山堂·普安红"品牌，推进普安茶产业的发展，争取用5年时间将"正山堂·普安红"系列红茶初步打造成为贵州红茶的领军品牌，成为中国红茶的又一全国性品牌，促进普安、黔西南甚至贵州茶产业的整体发展，建设和形成全国性红茶品牌的配套产业体系，引领"黔茶出山"。

2016年1月27日，黔西南首个出口食品农产品质量安全示范区落户普安，副州长范华为普安县授予"贵州省出口食品农产品质量安全示范区"牌子。普安县出口食品农产品质量安全示范区主要以出口茶叶为主，2015年，普安县宏鑫茶叶有限公司成功向越南出口红碎茶，获利35万美元。

2016年3月25日，普安县举行2016年第一期茶文化培训会（图13-2）。在培训会上，上海交通大学教授、国务院发展中心研究员、中国创意农业发起人许立言作了《世界创意农业中的黔茶出山与中国传统茶文化》的讲座。

2016年4月1日，第二届国际山地旅游大会黔西南州重点项目集中开工仪式举行。在

图 13-2 茶文化培训（王存良摄）

普安县设置分会场，举行开工项目2个，分别为普安国际山地自行车赛道、世界茶源文化广场。

2016年5月13日，多彩贵州文化旅游专题招商推介暨签约仪式在深圳会展中心举行。现场，贵州省大德华翔农业科技开发有限公司与普安县政府签署《普安县山地文化旅游基地建设项目投资合同》，该项目为普安茶庵、江西坡6万亩茶场、国际山地旅游文化、布依民族文化融合建设打造，山地自行车道、山地车速降赛道、训练中心、山地户外运动拓展基地、登山步道、服务中心等及附属设施，建设周期为3年，总投资额2.17亿元。

2016年6月24日，2016北京马连道国际茶文化展贵州"普安红"暨茶旅一体化专场推介会在北京举行。福建正山堂茶业、普安宏鑫茶业、富洪茶业、福娘茶业、布依人家茶业、朗通茶业6家生产经营"普安红"的茶企参加推介，标志着有百万年古茶基因的"普安红"开启步入国际市场的窗口。

2016年6月28日，"康养黔西南·四季花园城"贵州黔西南州旅游宣传推介会走进乌鲁木齐，中共黔西南州委副书记、州长杨永英当起"推销员"，向新疆人民推销"普安红"。当天，普安县宏鑫公司的"普安红"在推介会上与新疆智美人生文化传播有限公司签订2000万元的红茶订单，并达成新疆总代理协议，现场销售了8000多元的红茶。

2016年7月4日，国家质量监督检验检疫总局发布《关于批准对麻江蓝莓等37个产品实施地理标志产品保护的公告》，普安四球茶、普安红茶成为地理标志保护产品。

2016年7月26日，在普安召开黔西南州茶树病虫害绿色防控技术现场培训会，全州各地200多名茶叶企业、农药骨干企业代表及茶农参加培训，参观普安县茶树病虫害绿色防控实验区，了解普安在病虫害防治方面的具体做法。

2016年9月20日，普安县斥资2.17亿元，在江西坡世界茶源谷景区按照国际标准打造的75km长的山地自行车赛道，穿越数万亩茶海、激流溪谷、山峦密林、湿地花海、民族村寨、湖泊梯田，沿途原生态风光旖旎景致秀美，赛道有可速降、涉水、爬坡的石板、彩砖、天然河床、水泥、柏油、泥石等多种越野混合路面，被业界誉为"中国最美山地自行车赛道"。除了自行车越野体验外，在赛道沿途布局了婚纱摄影、自行车旅游观光、户外运动房车露营、古茶及茶文化体验、森林魔幻探险、少数民族文化习俗等互动体验区，既可骑行体验越野运动快感，也可慢游品味奇山秀水。

2016年11月25日，普安县《地理标志产品普安四球茶》《地理标志产品普安红茶》省级地方标准专家审定会在贵阳召开，并通过省级专家组审定。

2016年12月21日，人民日报、新华社、中新社、中央电视台、经济日报、"人民铁道"报、人民网、新浪网、搜狐网、网易网、腾讯网、贵州日报、今日贵州、贵州广播电视台、《当代贵州》杂志社、多彩贵州网、贵州都市报、黔西南日报、黔西南电视台、新目标等全国90多家通讯社、报纸、广播电视、网站、新媒体平台等媒体记者，分别到普安县江西坡世界茶源文化广场、布依茶源小镇、白芨种植基地、国际山地自行车赛道、高铁普安县站等旅游文化聚集地开展实地采访活动。

2016年12月22日，"普安红茶""普安四球茶"省级地方标准发布，规定从2017年6月21日起开始实施。

2017年制定了《兴义市七舍镇"七舍茶"产业园三年创建方案》，决定在2017年内新植茶园5000亩、2018年内新植茶园8000亩、2019年内新植茶园10000亩。

2017年3月9日，普安县在江西坡镇茶源文化广场举行2017年国际山地旅游暨户外运动大会重点项目集中开工仪式。集中开工项目4个，总投资18.48亿元，分别是世界茶源谷景区自行车营地建设项目、世界茶源文化广场景观雕塑建设项目、普安县城（核桃寨）至东城区（江西坡）旅游快速通道建设项目、浙江商会高端精品酒店（民宿酒店）建设项目。

2017年4月18日，由中共普安县委、县政府联合中央电视台品牌影响力栏目组、万里茶道国际文化带国际联合会、中国明星茶叶协会、中国明星乒乓球队共同举办的"中国古茶树保护行动暨中国'普安红'四球古茶树保护全球公益众筹启动仪式新闻发布会"在北京举行，活动以"可以喝的活化石，我们一起守护"为主题。新闻发布会上，黔西南州人民政府副州长郭峻，中共普安县委副书记、县长毛仕诚致辞，对黔西南州及普安县古茶树保护、茶产业发展情况进行介绍。中国古茶树保护行动由著名表演艺术家侯耀华等人率先发起，得到了众多名人明星的支持。当天，主办方正式发布了侯耀华、吴欢、于文华、刘仪伟等20位明星名人呼吁保护古茶树的宣传片和中国古茶树保护行动倡议书。中国"普安红"四球古茶树保护全球公益众筹正式启动，项目在京东众筹平台上线，开始接受大众认筹。众筹共6档，分别为"遇见爱""爱之初体验""爱之使者""爱之天使""爱之大使""爱之尊使"，最低只要1元即可参与。根据参与的档次，支持者可获得相应的普安红茶产品或高山生态茶园和古茶树认养权。中央电视台、人民日报（海外版）、新华社、农民日报、中国商报、中国报道等30余家媒体参加发布会。5月27日中午，实现100万元众筹标的；5月29日，"普安红"四球古茶树保护全球公益众筹活动结束，京东众筹平台网页数据显示，共有3277人参与众筹古茶树保护，众筹公益资金101.7万元。

2017年4月26日，普安县与中国明星乒乓球队举行战略合作签约仪式，在合作期内，中国明星乒乓球队授权"普安红"使用其相关一系列标识，以此来支持中国古茶树保护和"普安红"茶产业的发展。

2017年5月，"茶瑜普安，天人合一"2017全国健身瑜伽公开赛在普安世界茶源文化广场举行。

2017年6月1日，"中国'普安红'全球茶诗征集大赛"启动。

2017年6月21日，"公安部定点帮扶县中国古茶树之乡——贵州省普安县'普安红'公安大学展售店"在公安部挂牌，宏鑫茶业、富洪茶业、盘江源茶业、布依人家茶业、福娘茶业等5家茶叶企业入驻。

2017年7月8—9日，中国茶叶研究所研究员、中国国际茶文化研究会学术委员会副主任、浙江农林大学茶文化学院副院长姚国坤，中国茶叶研究所研究员、原育种研究室主任、著名古茶树专家虞富莲，浙江大学农业与生物技术学院副院长、中国茶叶研究所所长、教授王岳飞，中国国际茶文化研究会副秘书长、茶馆专业委员会主任、编审朱家骥，中国国际茶文化研究会、茶文化体验馆外联部经理杨霆，西南大学教授、重庆市古茶树研究院副院长李华钧，杭州市西湖区原商业局局长陈佩芳，中国国际茶文化研究会副秘书长、原杭州市人民政府副秘书长王祖文，上海久一文化传播有限公司总经理徐星海组成的专家组赴普安县对古茶树进行考察。专家组首先深入青山镇马家坪、托家地考察古茶树和体验古法煮茶，后深入江西坡镇茶源小镇观摩（图13-3），对普安县的古茶树保护、茶源小镇建设给予称赞，向本地茶叶产业企业解答了存在的相关疑难问题，对古茶树的保护、开发、利用提出指导性意见。

2017年7月20日，2017年黔西南州茶树病虫害绿色防控与统防统治融合发展现场暨第十四届系列作物解决方案会议茶叶论坛培训会在普安县召开。

图 13-3 普安茶源小镇（黔西南州农业农村局供图）

2017年7月25—27日，在普安县中等职业学校阶梯教室举行贵州省关心下一代工作委员会茶叶技术培训班。

2017年8月2日，国家质量监督检验检疫总局发布《关于核准132家企业使用和变更地理标志产品专用标志的公告》，核准普安县宏鑫茶业开发有限公司、贵州布依福娘茶业文化发展有限公司、普安县江西坡镇白水冲茶叶有限公司使用"普安红茶"地理标志产品专用标志。

2017年8月，普安县被中国国际茶文化研究会授予"中国茶文化之乡"称号，"普安红茶"被评为"中国文化名茶"。

2017年8月4—6日，以"天人合一·茶源普安·奇行圣境"为主题的2017国际山地旅游暨户外运动大会系列活动·中国山地自行车公开赛（普安站）在普安县东城区（江西坡镇）世界茶源文化广场举行，活动内容包括民族文化展演、普安国际山地自行车邀请赛、中国山地自行车公开赛（普安站）、全球寻找"红女郎"普安红形象代言人选拔总决赛、"普安红杯"红茶制作技能大赛、多彩贵州文化万里行·走进中国古茶树之乡·普安等。

2017年8月16日，全国政协常委、副秘书长、民革中央原副主席何丕洁，民革中央社会服务部副部长张长宏一行到普安县开展考察调研。对普安县实现茶旅一体化给予肯定。

2017年9月，普安县入选2017年度"全国十大魅力茶乡"，成为贵州省唯一入选县市。

2017年9月6—9日，2017中国—阿拉伯国家博览会在宁夏国际会展中心开幕，普安县组织宏鑫茶业、富洪茶业、布依人家茶业、盘江源茶业、南山春茶业在宁夏国际茶城举办"普安红"专场推介会，挂牌成立"普安红"销售中心，通过内蒙古当地企业家巴音宝和宝尔金引进，在内蒙古阿拉善左旗成立销售中心。

2017年9月30日，贵州省第十二届人民代表大会常务委员会第三十一次会议通过了《贵州省人民代表大会常务委员会关于批准<黔西南布依族苗族自治州古茶树资源保护条例>的决议》。

2017年11月1日，中共普安县委副书记、县长毛仕诚带领普安县农业局、县茶叶发展中心以及县内多家茶企业赴石阡县龙塘镇大屯村，考察该村在茶产业发展方面的经验，特别是大屯村村集体、茶叶企业、农户间保障茶农获得更大收益的链接机制。

2017年11月10日，普安县投资900万元，在打造的4A级世界茶源谷景区（东城区暨江西坡）钻探的温泉成功钻出。钻探深度2630m，水温51℃，日流量500~600m³。

2017年11月22日，中国"普安红"全球茶诗征集大赛颁奖典礼暨优秀作品集首发仪式在普安举行。

2017年11月30日，在普安县青山镇召开了"黔西南布依族苗族自治州古茶树资源保护条例"新闻发布会，并于12月1日起正式实施，继贵州省的条例颁布后，又一部专门针对古茶树的地方性法规诞生。

2017年11月30日，国家级贫困县望谟八步茶在贵州省秋季斗茶赛荣获"古树茶茶王"称号。

2018年1月22日，普安县委、县政府印发了《普安县"一红一白"（"普安红"茶、长毛兔）产业优惠政策》，对"普安红"茶的优惠政策有：一是种植茶叶每亩补助1800元。二是农户连片种植茶叶50亩（含50亩）以上的，奖励2000元。三是企业或合作社采取土地流转的方式，相对集中连片种植茶叶2000亩以上的，奖励1万元。四是新开设"普安红"专卖店的，经验收合格，县内补助5万元，州内其他县市补助8万元，省外补助10万元。补助经费用于店面建设和专场推介，所有专卖店实行门头统一。

2018年3月9日，2018中国·普安"黔茶第一春"授牌暨春茶交易大会在普安世界茶源谷景区举行。交易会上，来自北京、上海、广东深圳、浙江杭州、四川等地的近百名茶商签约普安春茶交易9280万元。

2018年4月，黄杜村20名农民党员给习近平总书记写信，汇报村里种植白茶致富的情况，提出捐赠1500万株茶苗帮助贫困地区群众脱贫。习近平总书记对此事作出重要指示强调，"吃水不忘挖井人，致富不忘党的恩"这句话讲得很好。增强饮水思源、不忘党恩的意识，弘扬为党分忧、先富帮后富的精神，对于打赢脱贫攻坚战很有意义。习近平总书记作出重要指示后，国务院扶贫办会同有关方面立即落实，确定贵州省普安县、沿河县和湖南省古丈县、四川省青川县等3省4县的34个建档立卡贫困村作为受捐对象。受捐4县均为国家贫困县和省定深度贫困县，受捐群众都是尚未脱贫的建档立卡贫困户。确定种植面积5000亩，实施种植指导、茶叶包销，通过土地流转、茶苗折股、生产务工等方式，预计带动1862户5839名建档立卡贫困人口增收脱贫。

2018年，七舍镇争取到"兴义·余姚"东西部协作扶贫项目资金150万元，在七舍镇侠家米村、糯泥村种植茶叶1000亩。项目覆盖建档立卡贫困户131户491人，在茶叶种植三年生长期中，采取固定分红模式保障贫困户收益，每年按照150万资金的5%固定分红，即年分红7.5万元，连续分红三年，户均年分红577元。

2018年7月7—8日，普安县对落实和推进安吉"白叶一号"茶叶援建项目进行部署，确定普安县受捐种植茶园面积2000亩，分别在地瓜镇（150亩）、白沙乡（500亩），共有10个村862户2577人受益。

2018年7月9日，"普安红"2018品牌推荐会暨普安红销售中心北京旗舰店、贵州布依福娘文创中心揭牌仪式在北京布依福娘文化创意中心举行。推荐会以"助推产业发展，助力脱贫攻坚"为主题，诠释黔茶"普安红"通过品牌引领，从简单的种茶、卖茶、喝茶向茶叶生产、加工、销售、茶旅一体化发展转变，顺应贵州转型发展的时代潮流。

2018年10月20日，浙江省安吉县溪龙乡黄杜村捐赠的"白叶一号"茶苗运送到普安县地瓜镇屯上村，由当地林业、农业、茶办等部门工作人员对茶苗进行专业检验后，现场举行交接仪式。

2018年10月22日，浙江省安吉县溪龙乡黄杜村向贵州普安、沿河和湖南古丈、四川青川3省4县捐赠的1500万株"白叶一号"茶苗首种仪式在普安地瓜举行。中共黔西南州委副书记、州人民政府常务副州长穆嵘坤宣布"白叶一号"茶苗首种仪式启动，黔西南州人民政府副州长滕伟华等出席。贵州省扶贫办产业处处长黎静河，安吉县农业局局长杨忠义，黄杜村党总支书记盛阿伟，屯上村党支部书记李贺成等发言。

2018年10月23日，中国红茶联盟在普安成立。该联盟由中国国际茶文化研究会、中国茶叶学会、福建省正山堂有限公司、安徽省天之红茶业有限公司、江西省宁红集团等20多家单位共同发起成立，是一个共创共享、互推互利合作体。成立后的中国红茶联盟将以"弘扬中国红茶文化、振兴中国红茶产业"为宗旨，围绕全国优质红茶发展开展经验交流、资源对接、战略研判、区域合作等工作，服务各红茶品牌的健康发展，推动各红茶品牌间的互惠合作，为红茶产业繁荣发展贡献力量。

2018年11月，中共普安县委副书记、普安县政府代理县长龙强和浙江省茶叶集团股份有限公司总经理吴骁，在浙江签订合作协议，共同出资2.8亿元，打造浙茶集团（普安）茶产业园，项目主要涉及茶叶及茶衍生品的生产、加工和销售，茶产业品牌的运营和推广，重点将在普安主攻名优茶、内销大宗茶、出口茶等经营。在名优茶中，将打造"白叶一号"茶基地茶园10万亩，年产量约100t；其他名优绿茶、红茶基地茶园1万亩，年产量约200t。打造内销大宗茶基地茶园1万亩，年产量约500t；打造出口茶基地茶园10万亩，年产量约1万t。名优茶、内销大宗茶、出口茶等年可实现产值4亿元，将提供工作岗位带动1000人左右就业，人均增收7500元，实现1.1万人脱贫。同时，该项目还将为普安打通茶叶产品上下游树立样板，使茶叶产业集群化；树立区域原产地茶叶品牌，辐射带动周边地区茶叶品牌齐头发展；为普安培育茶叶产业人才，为建立西南区域茶业交易市场打下基础；帮助引进各界茶叶产业链投资，如茶叶经销、茶苗培育销售、茶叶深加工、茶叶包装等；以茶为媒，助推普安及普安产品走向全国、走向世界，为普安扩大影响、招商引资创造条件。

2019年5月11日，黔西南州人民政府印发了《黔西南州茶产业发展实施方案（2019—2021年）》，明确提出：要按照"扩基地、强品质、树品牌、拓市场"的原则，狠抓落实，努力将茶叶产业打造成为"百姓富、生态美"的百亿级产业；要紧紧围绕生态茶、优质茶、高效茶发展定位，全力攻坚"规模化、集团化、标准化、品牌化、一体化、信息化"，推进茶叶产业提质增效。

第十四章　质量体系篇

农产品地理标志，是指标示农产品来源于特定地域，产品品质和相关特征主要取决于自然生态环境和历史人文因素，经审核批准以地域名称冠名的特有农产品标志。获得农产品地理标志保护，相当于拿到了国际市场的"通行证"，也进一步提升了城市特色农产品的品牌知名度和市场竞争力。

一、七舍茶及质量技术标准

2017年12月8日，"七舍茶"获国家质量监督检验检疫总局批准为国家地理标志保护产品，批准文件：国家质量监督检验检疫总局〔2017〕108号公告。保护范围：其保护范围为贵州省黔西南州兴义市七舍镇、捧乍镇、敬南镇、猪场坪乡4个乡（镇）现辖行政区域。保护品种：适宜加工制作七舍茶的当地中小叶群体种。

1. 品 种

保护范围内适宜加工制作七舍茶的当地中小叶群体种。

2. 立地条件

产地范围内海拔1500~2100m，土壤类型为黄壤或黄棕壤，土壤pH值4.5~6.5，土壤有机质含量≥1.0%，土层厚度≥40cm。

3. 栽培管理

① **育苗**：采用扦插育苗。

② **种植**：种植时间为9月上旬至翌年2月下旬。

③ **栽植密度**：3000~3500株/亩。

④ **施肥**：每年每亩施腐熟有机肥≥2t。

⑤ **环境、安全要求**：农药、化肥等的使用必须符合国家的相关规定，不得污染环境。

4. 采 摘

①**春茶采摘时间**：每年3月中旬至5月下旬，采摘单芽、一芽一叶初展、一芽二叶初展。

②**夏茶采摘时间**：每年6月中旬至8月上旬，采摘单芽、一芽一叶初展、一芽二叶初展及一芽三叶初展。

5. 加 工

① **工艺流程**：鲜叶→摊青→杀青→摊晾→揉捻→做形→干燥。

② **工艺要求**：摊青厚度1~5cm，时间4~10h；杀青温度140~160℃，时间2~6min，杀青叶"色泽由鲜绿转为暗绿，叶质变软，清香显露"为适度；摊晾厚度2~3cm，时间10~20min；揉捻时间12~25min；做形按要求进行，分为扁平茶、直条形毛峰、卷曲形茶；干燥分两三次干燥，至含水率≤7.0%。

6. 质量特色

① **感官特色**：外形紧细，匀整，显毫，色泽绿润；汤色嫩绿明亮；滋味甘怡醇厚，

口感清香。

② **理化指标**：水分（％）≤6.5；水浸出物（％）≥38.0；总灰分（％）≤7.0；粗纤维（％）≤14.0。

③ **安全及其他质量技术要求**：产品安全及其他质量技术要求必须符合国家相关规定。

二、普安红及质量技术标准

2016年7月4日，"普安红茶"被国家质量监督检验检疫总局批准为国家地理标志保护产品，批准文件：国家质量监督检验检疫总局〔2016〕63号公告《质检总局关于批准对麻江蓝莓等37个产品实施地理标志产品保护的公告》。保护范围：贵州省普安县楼下镇、青山镇、新店镇、罗汉镇、地瓜镇、江西坡镇、高棉乡、龙吟镇、兴中镇、白沙乡、南湖街道、盘水街道等12个乡镇街道现辖行政区域。保护品种：当地群体种及适宜加工为普安红茶的其他茶树品种。

1. 品　种

当地群体种及适宜加工为普安红茶的其他茶树品种。

2. 自然环境

普安红茶产区地处贵州省西南部，普安县现辖区域境内，海拔1000~2000m，属亚热带季风湿润气候，年平均降水量1395.3mm，年平均气温13.7℃，日照时数年均1528.3h，年平均无霜期290天。选择黄壤或黄棕壤种植，土壤pH值5.0~7.0，土壤有机质含量≥1.0%，土层厚度≥40cm。茶园环境符合国家环境保护的有关规定。

3. 栽培管理

① **育苗**：采用扦插育苗。

② **种植**：每年9月至次年2月种植。

③ **栽植密度**：≤4000株/亩。

④ **施肥**：每年每亩施腐熟的有机肥≥1667kg。

4. 采　摘

每年2月下旬至5月上旬，6月中旬至8月下旬采摘；采摘单芽或一芽一叶初展，一芽二叶初展，一芽二、三、四叶及同等嫩度对夹叶。

5. 加　工

1）鲜叶要求

鲜叶应符合表14-1的规定。

表 14-1 鲜叶要求

等级	要求	
	工夫红茶	红碎茶
特级	单芽至一芽一叶初展	一芽二叶至一芽三叶初展
一级	一芽一叶开展至一芽二叶初展	一芽三叶至一芽四叶
二级	一芽二叶至一芽三叶	一芽多叶、茎、叶

2）工夫红茶制作要求

工艺流程：鲜叶→萎凋→揉捻→发酵→干燥。

①**萎凋**：时间14~16h，摊叶厚度3~8cm，含水率（62±1）%，以叶色暗淡，手摸柔软，折而不断，不产生刺手叶尖为准。

②**揉捻**：以茶条圆紧，叶色黄绿，茶汁外溢，但手握紧不流汁，为揉捻合适，收汁；揉捻时间与加压方式技术要求参考表14-2的规定。

表 14-2 揉捻时间与加压方式（单位：min）

鲜叶等级	不加压时间	轻压时间	中压时间	重压时间	中压时间	不加压时间	全程时间
特级	5	15	20	0	0	5	45
一级	5	15	20	10	10	5	65
二级	5	15	25	20	10	5	80

③**发酵**：时间4~6h，温度28~35℃，厚度8~12cm，以发酵均匀，叶色铜红，散发花香为发酵适度；特级、一级茶的发酵叶叶色黄红，二级茶呈黄色或绿黄；发酵叶象四级为适度，三级不够，五级偏重，以观察叶色为主，兼闻香气；具体发酵叶象要求见表14-3。

表 14-3 红茶发酵叶象

项目	要求	项目	要求
一级叶象	青色，浓烈青草气	四级叶象	红黄色，花果香、果香明显
二级叶象	青黄色，有青草气	五级叶象	红色，熟香
三级叶象	黄色，微清香	六级叶象	褐红色，低香，发酵过度

④**干燥**：温度125~145℃，投叶均匀不叠层，12~15min；足火提香，90~110℃，30min。

3）红碎茶制作要求

工艺流程：鲜叶→萎凋→揉切→发酵→干燥。

①**萎凋**：时间14~16h，摊叶厚度3~8cm，含水率（61±1）%，以叶色暗淡，手摸柔软，折而不断，不产生刺手叶尖为准。

② **揉切**：装叶量以自然装满茶斗，颗粒紧卷为适度。

③ **发酵**：时间1~1.5h，温度保持在室温或约低于室温，厚度8~10cm，发酵室相对湿度≥95%，保持空气新鲜、流通，以发酵均匀，青草气消失，叶色黄红，散发花香为发酵适度。

④ **干燥**：分毛火和足火。毛火含水率18%~20%，颗粒收紧，有刺手感；足火含水率4%~6%，用手指捏颗粒即成粉末。

6. 质量要求

① **产品基本要求**：具有正常商品的色、香、味，不得含有非茶类物质和任何添加剂，无异味，无劣变。

② **感官要求**：普安红茶工夫红茶感官要求应符合表14-4规定。

表14-4 普安红茶工夫红茶感官品质要求

等级	项目							
	外形				内质			
	条索	整碎	净度	色泽	汤色	香气	滋味	叶底
特级	条索紧细	匀齐	净	红匀明亮，多峰苗	红艳明亮	花果香持久	醇滑	嫩匀红亮
一级	条索紧结	较匀齐	较净	红匀较明亮，显峰苗	红亮	蜜香持久	浓醇	红亮尚匀
二级	条索紧实	匀整	尚净	红匀，稍显	红尚亮	蜜香	尚浓醇	红尚匀亮

普安红茶红碎茶感官要求应符合表14-5的规定。

表14-5 普安红茶红碎茶感官品质要求

花色	要求				
	外形	内质			
		香气	滋味	汤色	叶底
碎茶2号	颗粒紧实、金毫显露、匀齐、色润	嫩香、强烈持久	浓强鲜爽	红艳明亮	嫩匀红亮
碎茶3号	颗粒紧结、重实、匀齐、色润	香高持久	浓强尚鲜爽	红艳明亮	红匀明亮
碎茶5号	颗粒尚紧、尚匀齐、色尚润	香浓	浓厚尚鲜	红亮	红匀亮
末茶1号	细砂粒状、重实、匀齐、色润	浓纯	浓强鲜	深红明亮	红匀亮
末茶2号	细砂粒状、较重实、较匀齐、色尚润	纯正	浓强尚鲜	深红尚明	红匀尚明亮

③ **理化指标**：普安红茶工夫红茶理化指标应符合表14-6的规定，其他指标应符合GB/T 13738.2的规定。普安红茶红碎茶理化指标应符合表14-7的规定，其他指标应符合GB/T 13738.1的规定。

表 14-6 普安红茶工夫红茶理化指标

项目	指标		
	特级	一级	二级
水分（质量分数）/%	≤ 6.5		
总灰分（质量分数）/%	≤ 6.5		
粉末（质量分数）/%	≤ 0.6	≤ 0.7	≤ 0.8
水浸出物（质量分数）/%	≥ 36.0		

表 14-7 普安红茶红碎茶理化指标

项目	指标
水分（质量分数）/%	≤ 6.5
总灰分（质量分数）/%	≥ 4.0；≤ 8.0
粉末（质量分数）/%	≤ 1.8
水浸出物（质量分数）/%	≥ 36.0
粗纤维（质量分数）/%	≤ 15.0

④ **安全指标**：污染物限量应符合 GB 2762 的规定；农药最大残留量应符合 GB 2763 的规定。

三、普安四球茶及质量技术标准

2016年7月4日，"普安四球茶"被国家质量监督检验检疫总局批准为国家地理标志保护产品，批准文件：国家质量监督检验检疫总局〔2016〕63号公告《关于批准对麻江蓝莓等37个产品实施地理标志产品保护的公告》。保护范围：贵州省普安县楼下镇、青山镇、新店镇、罗汉镇、地瓜镇、江西坡镇、高棉乡、龙吟镇、兴中镇、白沙乡、南湖街道、盘水街道等12个乡镇街道现辖行政区域。保护品种：四球茶（*Camellia tetracocca* Zhang）。

1. 品 种

四球茶（*Camellia tetracocca* Zhang）。

2. 自然环境

普安四球茶产区地处贵州省西南部，普安县现辖区域境内，海拔1000~2000m，属亚热带季风湿润气候，年平均降水量1395.3mm，年平均气温13.7℃，日照时数年均1528.3h，年平均无霜期290天。选择黄壤或黄棕壤种植，土壤pH值5.0~7.0，土壤有机质含量≥1.0%，土层厚度≥40cm。茶园环境符合国家环境保护的有关规定。

3. 栽培管理

① **育苗**：无性繁殖（古茶树除外）。

② **种植**：每年9月至次年2月种植。

③ **栽植密度**：≤4000株/亩。

④ **施肥**：每年每亩施腐熟的有机肥≥1667kg。

4. 采 摘

每年3月下旬至5月上旬采摘；采摘一芽二叶、一芽三叶。

5. 工 艺

① **工艺流程**：鲜叶→摊放→杀青→做形→干燥。

② **鲜叶**：为嫩、匀、鲜、净的正常芽叶。

③ **摊放**：摊青厚度3~6cm，摊放时间4~6h；嫩叶长摊，中档叶短摊，低档叶少摊；摊放至含水率65%~70%、芽叶稍软、色泽稍暗绿、微显清香为适度。

④ **杀青**：温度200~240℃，时间4~6min；杀青至叶色由鲜绿转为暗绿，叶质变软，手捏成团，稍有弹性，无生青、焦点、爆点，清香显露。

⑤ **干燥**：干燥至含水率≤7.0%，手捻茶叶成粉末即可。

6. 质量要求

① **产品基本要求**：品质正常，无劣变，无异味；不含非茶类夹杂物；不着色，不添加任何物质。

② **感官要求**：感官要求应符合表14-8的规定。

表14-8 感官要求

级别	外形	内质			
		汤色	香气	滋味	叶底
特级	条索重实，匀整绿润，无毫	淡绿明亮，耐泡	浓香馥郁高长	鲜醇、爽口、回味悠长	芽叶嫩匀、绿亮、鲜活
一级	条索较重实，匀整绿润，无毫	淡绿尚明亮	浓香高长	鲜醇，有回味	芽叶匀整，尚亮
二级	条索较匀整，绿，无毫	淡绿尚明亮	浓香持久	醇和尚鲜	芽叶完整，尚匀亮

③ **理化指标**：理化指标应符合表14-9的规定，其他指标应符合GB/T 14456.1的规定。

表 14-9 理化指标

项目	指标		
	特级	一级	二级
水浸出物（质量分数）/%	≥ 39.0	≥ 38.5	≥ 38.0
儿茶素类（质量分数）/%	≥ 6.5		
粗纤维（质量分数）/%	≤ 14.0		
粉末（质量分数）/%	≤ 1.0		
水分（质量分数）/%	≤ 7.0		
总灰分（质量分数）/%	≤ 6.0		

④ **安全指标**：污染物限量应符合GB 2762的规定；农药最大残留量应符合GB 2763的规定。

四、晴隆绿茶质量技术标准

2010年申报"晴隆绿茶"地理标识原产地商标获国家质量监督检验检疫总局认定。2017年11月3日，晴隆绿茶国家地理标志产品保护技术审查顺利通过。2017年12月8日，"晴隆绿茶"地理标识原产地商标获国家质量监督检验检疫总局认定。2018年，晴隆县政府发布《晴隆绿茶地理标志产品保护管理办法》的通知。

1. 品 种
福鼎大白、龙井43及当地传统茶树品种。

2. 立地条件
产地范围内海拔1100~1700m，土壤类型为黄壤或黄棕壤，土壤pH值4.5~6.5，土壤有机质含量≥1.5%，土层厚度≥50cm。

3. 栽培管理
① **育苗**：采用扦插育苗。

② **种植**：种植时间为10月至次年2月。

③ **栽植密度**：≤4000株/亩。

④ **施肥**：每年每亩施腐熟有机肥≥1667kg。

⑤ **环境、安全要求**：农药、化肥等的使用必须符合国家的相关规定，不得污染环境。

4. 采 摘
采摘单芽、一芽一叶初展、一芽二叶初展。每年2月上旬至4月下旬，7月上旬至9月下旬。

5. 加工（工艺流程）

① **扁平茶**：摊青→杀青→理条→做形→干燥→提香。

② **卷曲形茶**：摊青→杀青→揉捻→做形→干燥→提香。

6. 工艺要求

① **摊青**：厚度2~10cm，时间3~6h，摊青叶"芽叶柔软，色泽变暗，青气减退，略显清香"为适度。

② **杀青**：温度180~240℃，时间2~5min。

③ **理条**：温度120~150℃，时间2~5min。

④ **揉捻**：成条率≥80%。

⑤ **做形**：按要求进行做形，分为卷曲形茶、扁平茶。

⑥ **干燥**：分两三次干燥，至含水率≤7.0%。

⑦ **提香**：温度60~100℃，时间1.5~2.0h。

7. 感官特色

1）感官要求

① **卷曲形茶**：外形紧细卷曲，色泽匀整润绿；香气浓郁、持久；汤色黄绿明亮；滋味醇厚、鲜浓。

② **扁平茶**：外形扁平光滑，显毫、匀整，色泽润绿；香气纯正；汤色黄亮透明；滋味鲜醇、味甘、浓厚。

2）理化指标

水分（%）≤7.0；总灰分（%）≤7.0；水浸出物（%）≥38.0；茶多酚（%）≥13.0。

8. 安全及其他质量技术要求

产品安全及其他质量技术要求必须符合国家相关规定。

第十五章　茶产业与脱贫攻坚

近年来，黔西南州将茶产业作为农业产业结构调整的重要抓手，按照"强龙头、扩基地、创品牌、拓市场、增效益"的产业化发展思路，坚定不移走"绿水青山就是金山银山"的路子，做优做大做强茶产业，加快黔西南州贫困地区脱贫攻坚步伐。

茶产业是黔西南州贫困山区农民脱贫增收的重要产业，80%以上茶园都是在贫困乡镇发展。根据省茶产业助推脱贫攻坚行动方案，全州积极做好帮扶计划和措施的制定，编制了《黔西南州茶产业扶贫作战方案》，列入黔西南州脱贫攻坚产业扶贫子方案。统计数据显示，2018年全州茶园种植面积达到44.6万亩，投产面积28.1万亩，茶叶总产量1.52万t，产值10.01亿元；有茶叶企业（合作社）277家，种茶乡镇和街道办59个，其中贫困乡镇21个。涉茶人数14.33万人，其中涉茶贫困人数2.24万人，已脱贫人数0.726万人，按每人增收1174元计算，茶农增收约1.68亿元。

至2019年年底，全州茶园种植面积发展到51.8万亩，投产面积29.2万亩，茶叶总产量1.7万t，产值16.3亿元，茶叶出口额达0.32亿元。全州茶叶加工企业（合作社）405家，从业人员20.8万人，覆盖贫困户4605户13815人，茶产业成为贫困地区带动农民脱贫致富的主导产业。

在探索多种形式利益联结机制上，黔西南州各地大多采取入股分红、"公司+合作社+农户"和解决贫困户就业的经营模式，辐射带动周边贫困户增收。如作为助农增收的示范性茶企，普安县富洪茶叶有限公司采取"公司+合作社+农户"的模式，辐射带动普安县江西坡、白沙等1000多户农户和40多家合作社建设茶园2万余亩，其中贫困户117户，公司收购茶青的价格均比市场价高0.2元，当年贫困户仅销售茶青人均收入4000元，最高的达万元，茶产业已成为当地农户稳定的收入来源。贞丰县茶叶种植面积61040亩，投产面积39290亩，目前共有茶叶加工点129家，覆盖小屯、长田、龙场、珉谷、挽澜、北盘江等乡（镇、街道）的44个村829户贫困农户2172人贫困人口。通过发展茶产业，采取群众在种植茶叶基地务工或土地入股合作社（公司）利益分红、土地流转等多种利益联结方式，助推群众增收致富，目前茶产业带动农户9603人，其中贫困户4294人，带动贫困户人均增收1459元。

同时，全州在茶旅融合发展上下足功夫，自2017年在沪昆高铁上增设"普安红"茶叶广告及黔西南茶园观光宣传以来，晴隆沙子古茶镇、普安茶源谷、兴义白龙山杜鹃花茶山、贞丰县双乳峰茶园、安龙仙鹤坪、兴仁黔仁茶等与茶有关的景区景点逐渐被认知，去年州内各县市茶园景区接待游客万人以上，茶园体验、休闲、农家乐等成为茶区农民增收的新起点。其中，以山地户外运动文化、茶文化及康养文化等为主的兴义白龙山生态旅游度假区项目正在建设中，必将助推全州茶旅一体化快速发展，成为黔西南茶旅融合的新亮点。

黔西南具有"亲商、安商、富商"的良好社会氛围和"服务好、成本低、回报高"的优良环境，人民群众安全感、满意度高。特别在2019年5月，黔西南州人民政府出台了《黔西南州茶产业发展实施方案（2019—2021）》，制定一系列的扶持措施，推动茶产业发展，使茶产业发展迎来了春天。

第一节　普安县

2018年4月，浙江省安吉县黄杜村20名党员给习近平总书记写信，汇报村里种植白茶致富的情况，提出捐赠1500万株最好的白茶苗——"白叶一号"，帮助西部贫困地区群众脱贫。习近平总书记对此事作出重要批示，"吃水不忘挖井人，致富不忘党的恩"，这句话讲得很好。增强饮水思源、不忘党恩的意识，弘扬为党分忧、先富帮后富的精神，对于打赢脱贫攻坚战很有意义。

经过国务院扶贫办会同有关方面实地走访踏勘，最后确定湖南省古丈县（500亩）、四川省青川县（1500亩）和贵州省普安县（2000亩）、沿河县（1200亩）等3省4县的34个建档立卡贫困村作为受捐对象，共实施新植茶园5200亩。为了给"白叶一号"找到最佳种植区，浙江省安吉县、浙江茶叶集团、浙江省供销社、黄杜村党员代表及种茶专家，3次赶赴普安实地调研，认为200万年以前就有茶树生息繁衍的普安是最理想的地方之一，决定把5200亩中的2000亩在普安种植，使得"中国古茶树之乡""中国茶文化之乡"——普安，成为获得此次捐赠"白叶一号"扶贫苗最多的县份。

"白叶一号"感恩茶园的设计邀请了中国农业科学院茶叶研究所、贵州地矿测绘院等多方面专家，通过调研和论证，制定了《普安"白叶一号"工程施工方案》，在规划布局、建设标准、投资估算、资金筹措、招投标、实施计划、效益分析、利益联结、茶园管护等方面对全县白茶产业作了总体规划。按照"核心示范引领、多片联动推进、做大茶园规模"的总体要求，依托2000亩茶园核心区示范带动作用，拓展带动全县10751.7亩白茶产业发展，同时，在新店镇窑上500亩坝区茶叶育苗基地育苗500亩，每年培育6000万株茶苗，全力推动白茶、红茶、绿茶深度融合发展。

通过"请进来"和"走出去"的方式，邀请国务院扶贫办、中国农业科学院茶叶研究所、浙茶集团、贵州省茶叶办、贵州省农业科学院茶叶研究所等茶叶种植专家深入茶园开展技术指导30余次，主动邀请浙江省安吉县考察组、专家组到"白叶一号"感恩茶园对接考察12次，组织开展技术培训10期，培训茶农600余人次，组织相关人员到黄杜村考察学习3次，选派专门负责茶园后续管护的政府平台公司负责人到浙茶集团跟班学习1个月，特别是黄杜村技术指导人员自去年8月平整土地以来，长期派技术人员做技术指导，为2000亩感恩茶园建设和后续管护提供了强有力的技术支持。2018年10月22日，浙江省黄杜村捐赠"白叶一号"茶苗首种仪式在普安举行，捐赠茶苗种植工作全面铺开，11月22日全面完成2000亩茶苗种植任务。

为使茶苗捐赠到户，工作落实到位，制订了《普安白叶一号工程实施方案》，帮助拟定了真正让贫困户受益的"三建四享"利益联结机制，组建受益村合作社，通过制订相关政策措施，确保普安县2个乡镇10个村、社区862户2577人获捐赠茶苗贫困人口受益。严格按照"1亩白茶苗带动1个贫困人口，1户贫困户不超过5亩"的原则落实白茶产业扶贫利益联结，采取县级指挥部统筹、龙头企业链接合作社、合作社组织贫困户参与的方式，实施"龙头企业+专业合作社+贫困户"的利益联结机制，按照"3655"的方式进行利益分配（即企业共享30%、贫困户共享60%、合作社共享5%、土地流转共享5%），实现四方共享，2000亩茶园共计带动贫困户862户2577人。通过组织召开院坝会、座谈会等，积极组织发动贫困户参与茶山杂草清除、土地整理、茶苗种植、茶园管护等，确保贫困户、非贫困户持续增收。截至目前，地瓜镇、白沙乡种植基地各成立1家合作社，并实现所有贫困户入社，其中，440余户贫困户参与茶园杂草清除、土地整理、茶苗种植、茶园管护等工作，务工费约205万元，户均增收4659元，让贫困户迈出了向茶农转变的第一步。

自普安县被确定为浙江省安吉县溪龙乡黄杜村2000亩茶苗受赠方以来，黔西南州委、州政府高度重视，坚持以一县一业主推、一村一社带动、一户一人就业、一人一亩覆盖、一亩一万增收"五个一"为抓手，统筹推动荒山变茶山、贫困户变茶农、山区变景区"三个转变"。一年来，国务院扶贫办洪天云副主任、欧青平副主任、海波专员，浙江省省长袁家军、贵州省省长谌贻琴等领导先后赴普安考察调研，指导推动"白叶一号"茶园建设，高质量、高标准建成习近平总书记亲自关心的"白叶一号"感恩茶园2000亩，共覆盖10个村（社区）贫困户862户2577人，茶苗成活率达95%以上。2019年3月17日，国务院扶贫办在普安举办"白叶一号"茶苗捐赠后续管理现场推进会，对黔西南州和普安县的工作给予了充分肯定。

产业扶贫的本质是一种内生发展机制，可以促进贫困个体与贫困区域的协调发展，带动就业，促进内生性自主脱贫。普安县茶产业发展历史悠久，分布区域广，种类繁多，以茶产业进行扶贫具有得天独厚的优势。普安县通过"企业+合作社+农户"的经营方式，实现了茶产业与扶贫的有机融合，文化扶贫一方面补足了农民技术和管理的短板，增加了农户的资产性收益；另一方面，对贫困户进行培训后到企业务工的模式，可实现贫困户脱贫、企业增收，实现互利共赢。在当地政府大力动员下，2018年有超过900名农民工回乡创业，1085名群众从事茶产业工作，在地瓜、高棉、罗汉等地均有茶叶加工企业入驻，普安茶产业正迸发出生机和活力。截至2018年8月普安县茶园总面积达9533.3hm²，投产茶园面积达6066.7hm²，涉茶企业（合作社）151家，其中从事茶叶生产企业（合作社）共88家（公司18家，合作社35家，茶叶生产加工小作坊35家），同时具备食品和茶叶生产能力企业（合作社）63家。现有省级龙头企业2家，州级龙头企业9家，省级扶贫龙头企业2家，省级农民合作社示范社1家。涉茶群众人数为7022户26954人，其中惠及9766名贫困人口，扶贫效果明显。

截至2019年3月31日，完成县内春茶茶青产量5989.5t，实现产值2.5亿元；干茶产量1331t，实现产值2.87亿元；带动7022户茶农户均增收3.56万元，惠及贫困户2354户9766人。截至目前，已授权8家企业生产"普安红"，分为普安红特级、一级和二级，有黔小茶、普江、贵康源、深山隐士简能、曼河谷、布依福娘、娅雅洛等18个系列。举办茶事和各种推荐展销活动100余次，以"普安红"系列产品畅销至上海、北京、台湾等城市，出口至美国、英国、俄罗斯、澳大利亚、越南等多个国家，"普安红"的知名度和品牌效益明显提升。普安红碎茶作为全国维也纳酒店专用茶，全国有1800余家酒店，25万间房间，每月销售收入达500万元左右。

第二节　兴义市

兴义市茶叶主要分布在七舍、泥凼（主要为苦丁茶）、敬南、捧乍、清水河、乌沙、猪场坪、坪东街道办、雄武、木贾街道办、鲁布格等11个乡镇街道办村组。

茶叶种植带大多属喀斯特地形地貌的石山半石山区，区域内水、电、路等基础设施薄弱，文化经济相对落后，且多属老、少、边、穷山区，经济相对落后，脱贫攻坚任务十分繁重。

兴义市特殊的地形地貌环境发展茶产业，虽然具有高山云雾出好茶，无任何污染，茶叶品质最优良等优势，但在生产过程中，机械化程度低，大多属手工操作，整个生产环节中，特别是栽培、管理（水、肥、土、药）、茶青采摘等生产环节都属劳动密集型工序，需要投入大批量的人力。茶产业发展对于山区群众摆脱贫困有着十分重要的意义。

兴义市《"十三五"现代山地高效农业发展规划》明确提出，本市茶叶种植规模达10万亩以上，形成黔西南州规划中的兴义高山中小叶绿茶产业带。2019—2021年，本市每年以0.5万亩的新建茶园面积稳步推进。茶产业的发展对带动贫困山区群众脱贫致富成效显著。

2016 — 2018年三年中，兴义茶产业计涉及贫困村106个、涉及贫困户11804户、涉及贫困户人口48913人，计带动贫困户1784户、带动贫困人口6573人，三年贫困户种植茶叶计2284亩，参与茶叶生产、经营贫困户人数计9265人，三年参与生产经营贫困户人均增收27400元。

其中，2016年全市涉茶贫困村37个、贫困户4030户、贫困人口16316人，茶产业发展带动贫困户629户、带动贫困人口2441人，其中贫困户种茶683亩，参与茶叶生产经营贫困户人数2834人，人均增收6200元以上。

2017年全市涉茶贫困村35个、贫困户4050户、贫困人口16637人，茶产业发展带动贫困户527户、带动贫困人口1955人，其中贫困户种茶754亩，参与茶叶生产经营贫困户人数3165人，人均增收10600元以上。

2018年全市涉茶贫困村34个、贫困户3724户、贫困人口15960人，茶产业发展带动贫困户628户、带动贫困人口2177人，其中贫困户种茶847亩，参与茶叶生产经营贫困户人数3266人，人均增收10600元以上。

兴义市茶叶产业带动贫困户利益联结具体信息见表15-1。

表 15-1 兴义市茶叶产业带动贫困户利益联结统计表

序号	位置	年度	贫困村个数	贫困户数（户）	贫困人口（人）	茶产业带动贫困户（户）	茶产业带动贫困人口（人）	种植面积（亩）	参与生产经营加工贫困户人数（人次）	茶产业带动贫困户人均增收（元）
1	七舍	2016	4	290	1160	112	436	80	42	500
		2017	4	290	1160	230	892	160	123	800
		2018	4	290	1160	130	511	120	29	600
	合计		12	870	3480	472	1839	360	194	1900
2	捧乍	2016	8	258	1019	9	43	52	96	300
		2017	8	298	1206	9	43	52	96	500
		2018	8	233	924	9	43	52	96	600
	合计		24	789	3149	27	129	156	288	1400
3	猪场坪	2016	4	186	685	65	159	136	500	400
		2017	4	186	685	65	159	136	600	600
		2018	4	186	685	65	159	136	650	600
	合计		12	558	2055	195	477	408	1750	1600

序号	位置	年度	贫困村个数	贫困户数（户）	贫困人口（人）	茶产业带动贫困户（户）	茶产业带动贫困人口（人）	种植面积（亩）	参与生产经营加工贫困户人数（人次）	茶产业带动贫困户人均增收（元）
4	鲁布格	2016	3	292	1165	12	36	27	16	300
		2017	3	292	1244	12	70	27	24	400
		2018	3	292	1250	100	421	100	60	500
	合计		9	876	3659	124	527	154	100	1200
5	雄武	2016	3	306	1320	0	0	0	0	0
		2017	3	358	1588	0	0	0	0	0
		2018	3	357	1610	0	0	0	0	0
	合计		9	1021	4518	0	0	0	0	0
6	敬南	2016	7	1208	5273	357	1542	269	560	3000
		2017	7	1208	5273	54	251	0	602	3100
		2018	7	1208	5273	118	482	0	681	3300
	合计		21	3624	15819	529	2275	269	1843	9400
7	坪东	2016	2	258	1242	0	0	0	560	600
		2017	2	258	1277	0	0	0	600	700
		2018	2	258	1276	45	0	0	600	700
	合计		6	774	3795	45	0	0	1760	2000
8	木贾	2016	0	0	0	0	0	0	0	0
		2017	0	0	0	80	320	290	0	3000
		2018	0	0	0	80	320	350	0	3000
	合计		0	0	0	160	640	640	0	6000
9	乌沙	2016	3	312	1178	26	99	89	560	600
		2017	1	239	930	26	99	89	600	700
		2018	0	188	725	26	99	89	600	700
	合计		4	739	2833	78	297	267	1760	2000
10	清水河	2016	3	920	3274	48	126	30	500	500
		2017	3	921	3274	51	121	0	520	800
		2018	3	712	3057	55	142	0	550	600
	合计		9	2553	9605	154	389	30	1570	1900
11	兴义市	2016	37	4030	16316	629	2441	683	2834	6200
		2017	35	4050	16637	527	1955	754	3165	10600
		2018	34	3724	15960	628	2177	847	3266	10600
	合计		106	11804	48913	1784	6573	2284	9265	27400

兴义市茶产业扶贫模式主要有：一是贫困户自己种植茶园，出售茶青给企业（合作社）增加收入。二是贫困户定期或不定期到相关的茶企（合作社）从事茶叶生产、加工、销售直接打工，挣取劳务费。如兴义市绿茗茶叶公司茶叶基地靠近（坪东办洒金村）兴义市易地扶贫搬迁安置点，每年成千上万的搬迁贫困户到其基地进行除草、追肥、茶青采摘等工作，挣取劳务费。三是贫困户以茶山、土地或国家政策扶持资金就近在企业（合作社）入股并为茶企业（合作社）打工并进行分红。

兴义市茶叶企业（合作社）在脱贫攻坚的作用成效显著：黔西南州华曦生态牧业有限公司在兴义市七舍镇建设有茶园基地3000多亩，同时建有清洁化茶叶加工厂等附属设施，开展茶旅一体化产业，该公司多年来致力于脱贫攻坚，仅2018年就与当地村组建档立卡贫困户12户签订了长年用工合同协议，按月发放工资，使12户贫困户43个贫困人口稳定收入有了可靠的保障。兴义市绿茗茶业有限责任公司在坪东洒金村建有2000亩无公害生态茶园；同时还建有占地面积1500m²，建筑面积800m²，初制车间3间，精制车间、包装车间、名优茶车间各1间，现代化茶叶加工机械10套的茶叶清洁化茶叶加工厂1座；现有职工26人，专业技术人员6人，年产干茶100t，产值1000万元以上。

2016年参与公司茶产业生产经营贫困村1个、贫困户30户、贫困人口120人，茶产业发展带动贫困户10户、带动贫困人口40人，参与茶叶生产经营贫困户人数100人，人均增收3500元以上。

2017年参与公司茶产业生产经营贫困村1个、贫困户50户、贫困人口200人，茶产业发展带动贫困户20户、带动贫困人口80人，参与茶叶生产经营贫困户人数500人，人均增收4200元以上。

2018年参与公司茶产业生产经营贫困村1个、贫困户60户、贫困人口240人，茶产业发展带动贫困户25户、带动贫困人口100人，参与茶叶生产经营贫困户人数1200人，人均增收5300元以上。

敬南镇属于农业大镇，贫困户多。位于白河村的敬南镇大坡农民茶叶专业合作社，有96户贫困户在合作社入股打工，除有每天的打工收入100元外，在茶叶采摘季节合作社还会以高出市价价格收购贫困户采摘的茶青。入股合作社的贫困户每年有540元的子基金分红。近年来，合作社先后带动贫困户1800人次实现增收，茶叶产业扶贫效果显著。

第三节　安龙县

安龙县茶叶主要分布在洒雨、龙山、普坪、招堤、海子、笃山等乡镇街道办。

茶叶种植带大多属喀斯特地形地貌的石山半石山区，区域内水、电、路等基础设施薄弱，文化经济相对落后，且多属老、少、边、穷山区，经济相对落后，脱贫攻坚任务十分繁重。安龙县特殊的地形地貌环境决定了茶叶在生产过程中，机械化程度低，大多属手工操作，整个生产环节中，特别是栽培、管理（水、肥、土、药）、茶青采摘等生产环节都属劳动密集型工序，需要投入大批量的人力。茶产业发展对于山区群众摆脱贫困有着十分重要的意义，对带动贫困山区群众脱贫致富成效显著。

2016—2018年三年中，安龙茶产业计涉及贫困村22个、涉及贫困户184户、涉及贫困户人口836人，计带动贫困户2937户、带动贫困人口12402人，三年贫困户种植茶叶计2256亩，参与茶叶生产、经营贫困户人数计4967人，三年参与生产经营贫困户人均增收2033元。

其中，2016年全县涉茶贫困村19个、贫困户149户、贫困人口626人，茶产业发展带动贫困户874户、带动贫困人口3583人；其中贫困户种茶1813亩，参与茶叶生产经营贫困户人数1352人，人均增收1780元以上。

2017年全县涉茶贫困村19个、贫困户167户、贫困人口751人，茶产业发展带动贫困户983户、带动贫困人口4226人；其中贫困户种茶2014亩，参与茶叶生产经营贫困户人数1671人，人均增收2000元以上。

2018年全县涉茶贫困村22个、贫困户184户、贫困人口836人，茶产业发展带动贫困户1080户、带动贫困人口4593人；其中贫困户种茶2256亩，参与茶叶生产经营贫困户人数1944人，人均增收2320元以上。

2019年全县茶产业带动农民数1453人，其中带动贫困人口数418人，涉茶农民人均增收240元，其中涉茶贫困人口人均增收310元。

2020年全县涉茶人数5025人，茶产业带动农户3339户、带动农民数13371人，涉茶农户人均年收入3200元，带动农民人均增收1200元；产业带动贫困户834户、带动贫困户的涉茶人数3342人，涉茶贫困人口年均收入人均3200元，带动贫困人口人均增收1200元。

第四节　晴隆县

晴隆县把茶叶产业作为脱贫攻坚的主导产业，以晴隆县茶业公司、晴隆县鑫兴茶业有限公司为引领，至2019年，全县种植涉茶12个乡镇（街道办）49个行政村，辐射带动农户22978户114866人（其中贫困户15170户61971人）。截至2019年为止，全县生产干茶6850t，茶叶综合产值35508万元。

为了扩大茶园种植面积，积极发展地方优良茶树品种。2019年晴隆县委、县政府整合资金1500万元投入在沙子新建苗圃繁育基地750亩（量化到6个村集体），苗圃基地的建设，解决贫困户务工人员2万人次以上，实现贫困户增加收入。利用东西部协作项目资金700万元，在碧痕新庄村建设育苗基地400亩，覆盖350户贫困户，每户贫困户以2万元资金量化入股，每年保底分红1000元（三年，第一年按5%、第二年按6%、第三年按7%）。保证合格茶苗茶农在种植期间提供优质茶苗茶农种植，确保当地新建茶园种植的成活率。

2019年晴隆县利用石漠化治理项目资金250万元在全县涉茶乡镇实施低产茶园改造5000亩。整合资金2000万元在沙子新建年产3000t精制加工厂一座（量化到7个村集体），12月底完成3000t精制加工厂工程建设并投入使用，解决贫困户20人就业。投入资金3000多万元，在沙子、碧痕、鸡场、大厂、花贡、中营、安谷、莲城（街道办）新建初制加工厂12个，加工厂建成投入使用后，每个加工厂解决6~8人就业，每个加工厂的辐射点带动贫困人口100人以上人员临时务工6个月增加收入。

利用东西部协作项目资金1100万元，新建年产5000t茶叶加工厂（晴隆县鑫兴茶业有限公司）已投入使用，该公司覆盖550户贫困户，每户贫困户以2万元资金量化入股，每年保底分红1400元（三年，按7%）。

加工厂的建设是为了提升大宗茶加工能力，提高夏秋茶下树率，改变部分加工企业"一年生产一季春茶"现状，改变了过去夏秋茶原料无人收购的局面，扩大夏秋茶生产经营规模，努力提高茶叶产量产值，实现茶企增效茶农增收。

不断强化技术培训，提高茶叶产业管理水平，将新型农民职业技能培训、实用技术培训等与技术扶贫、茶产业项目实施培训等有机结合，着重在全县茶叶发展乡镇，重点是以茶叶产业为主导产业的贫困村开展茶叶种植、管理、加工等相关知识培训。截至2019年，共举办各类技术培训3场次，培训人员300余人次，发放茶产业茶叶种植、病虫害防治、绿色防控等技术资料400余份。努力提高茶企、茶农的生产技术管理水平，收到了较好的效果。

为了确保2020年如期脱贫，晴隆县茶叶局调整和充实了脱贫攻坚工作力量，茶叶局人员帮扶包保联系花贡社区，在中营、花贡、紫马、安谷、三宝驻村干部5人，鸡场、沙子、花贡、莲城（街道办）任网格员6人，其余人员在花贡社区每人包保有5户贫困户，按时到帮扶联系点开展脱贫攻坚工作，抓产业发展、易地扶贫搬迁，走进贫困户家中了解贫困户生产生活情况，对贫困户宣传党的扶贫政策，为贫困户送去党的温暖和关怀，帮助贫困户理清发展思路，到贫困户家中开展"四顺五清"工作。茶叶局部分干部在走访贫困户时做好微心愿工作，为年龄高的贫困户送去米、油等生活物资，为留守儿童送去衣物或学习用品，嘱咐她们好好学习，让她们在外务工的父母安心、放心。

按照脱贫攻坚指挥部要求，茶叶局做好脱贫攻坚各项工作2019年9月份全县举行"六比六评"过程中，茶叶局包保联系点花贡社区在评比过程中取得第四名的成绩。

第五节 兴仁市

兴仁市紧紧抓住产业扶贫关键，立足资源禀赋、发展条件和基础，充分发挥比较优势，坚持"一村一品""一户一策"原则，重点发展有利于贫困户增收致富的特色优势产业，培育村组专业合作经济组织，促进产业可持续发展，为贫困群众提供可持续致富途径。不断优化全县产业布局，制定《兴仁县"十三五"农业特色产业精准脱贫实施方案》，围绕"户户有增收项目，人人有脱贫门路"要求，大力发展茶叶等产业，全力打造山地特色高效农业示范区，以产业兴旺促进贫困户增收脱贫。

2017年，全县种植茶叶2.7万亩。加快推进农产品精深加工，积极探索企业、合作社与贫困户的利益联结机制，促进农村一二三产融合发展。培育壮大农产品加工企业500余家，其中省级龙头企业10家、州级龙头企业21家；成立16个扶贫开发公司和510个农民专业合作社、协会等农村合作经济组织，基本形成"一县一业""一乡一特""一村一品"产业格局，覆盖贫困户17876户73972人，有效助推贫困群众增收脱贫。

茶叶产业带动全市29个村贫困户300户699人，其中，真武山3个村79户188人、巴铃3个村44户90人、回龙12个村110户291人、城南5个村46户89人、东湖1个村2户2人，贫困户人均增收2670元。

参考文献

[1] 周润民，何积全.解析夜郎千古之谜[M].北京：中共党史出版社，2007：13.

[2]（晋）常璩.华阳国志校补图注[M].任乃强.上海：上海古籍出版社，2007.

[3]（明）杨慎.郡国外夷考[M].清光绪八年.

[4]（清）张瑛.兴义府志（上）[M].贵州省安龙县史志办公室.贵阳：贵州人民出版社，2009.

[5]《贵州六百年经济史》编辑委员会.贵州六百年经济史[M].贵阳：贵州人民出版社，1998.

[6]（清）纪昀，等.文渊阁四库全书[M].北京：人民出版社，2015.

[7] 贵州省文史研究馆.贵州通志土司土民志[M].贵阳：贵州人民出版社，2008：168.

[8] 肖礼华，陈禧武.黔西南布依族苗族自治州志·商务志[M].贵阳：贵州人民出版社，2008.

[9] 胡伊然，陈璐瑶，蒋太明.贵州晴隆茶籽化石的发现及其价值[J].农技服务，2019，（11）.

[10] 兴义市文化体育旅游和广播电影电视局.兴义风物之文物古迹[M].贵阳：贵州科技出版社，2014.

[11] 贵州省文管会，贵州省文化出版厅.贵州文物志稿[M].贵州省文化出版厅，1984.

[12] 蒙荣荣.贵州黔西南州的茶马古道[N].黔西南日报，2016-8-25.

[13] 田有才，倪德贵.普安古驿道上的1944年[OL].[2013-04-16].http://m.ldqxn.com/html/ShowInfo-30-111226.html..

[14] 兴义市文化体育旅游和广播电影电视局.兴义非物质文化遗产[M].贵阳：贵州科技出版社，2011.

[15] 贵州省地方志编纂委员会.贵州省志·文物志[M].贵阳：贵州人民出版社，2003.

[16]《中华传统食品大全》编辑委员会贵州分编委会.中华传统食品大全·贵州传统食品[M].北京：中国食品出版社，1988.

[17] 黔西南州科学技术委员，黔西南州科技情报所.黔西南州传统名特产[G].黔西南

州：黔西南州印刷厂，1985.

[18] 杨泳裳. 安南县乡土志[M]. 清宣统元年：35.

[19] 肖礼华，陈禧武. 黔西南布依族苗族自治州志·商务志[M]. 贵阳：贵州人民出版社，2008.

[20] 庹文升. 贵州茶百科全书[M]. 贵阳：贵州人民出版社，2012.

[21] 鄢东海. 贵州茶树种质资源研究进展及野生茶树资源调查[J]. 贵州茶叶，2009：2.

[22] 庹文升. 贵州茶百科全书[M]. 贵阳：贵州人民出版社，2012.

[23] （清）张瑛. 兴义府志（上）[M]. 贵州省安龙县史志办公室. 贵阳：贵州人民出版社，2009.

[24] （清）张瑛. 兴义府志（下）[M]. 贵州省安龙县史志办公室. 贵阳：贵州人民出版社，2009.

附 录

表1 1932—2005年黔西南州各县茶叶产量表（单位：t）

年份	兴义市	安龙县	贞丰县	晴隆县	普安县	年份	兴义市	安龙县	贞丰县	晴隆县	普安县
1932	—	—	50	—	—	1975	8	0.9	25	—	—
1939	—	—	20	—	—	1976	8	5.2	37.6	—	—
1941	—	—	49.25	—	—	1977	29	23.7	39	—	—
1943	—	—	34	—	—	1978	26	28.9	211	—	—
1947	—	—	19.5	—	—	1979	37	37	27.9	—	—
1948	—	—	20	—	—	1980	32	49.3	26.5	311.9	—
1949	1	7	—	—	—	1981	53	66.5	53.1	405.8	—
1950	1	7.1	7	—	—	1982	78	111	59.1	270.8	—
1951	1	7.2	7.1	—	—	1983	85	108	109.4	238.8	—
1952	6	7.5	7.1	—	—	1984	57	138	94.8	238.8	—
1953	7	7.8	7.2	—	—	1985	83	138	149.4	284	—
1954	8	7.5	13	—	—	1986	108	145	30	17	—
1955	4	7.5	15	—	—	1987	99	172	48	17.2	—
1956	12	24.9	35.8	—	—	1988	119	168	56	17.2	—
1957	30	20	42.7	—	—	1989	94	—	53.28	15	—
1958	30	16.6	25.5	—	—	1990	101	—	51.09	292.59	—
1959	39	31	44	—	—	1991	85	—	—	14.7	—
1960	23	18	35.7	—	—	1992	87	—	—	273.5	—
1961	10	16	36.8	—	—	1993	—	—	—	276	—
1962	15	1.5	30.8	—	—	1994	121	—	—	278	—
1963	23	25	47.4	—	—	1995	158	—	—	276	—
1964	22	27.5	50.7	—	—	1996	156	—	—	329	—
1965	17	20	53.6	—	—	1997	145	—	—	311	—
1966	4	18.7	44	—	—	1998	124	—	—	434	655
1967	—	19	39	—	—	1999	128	—	—	524	762
1968	1	25	35.2	—	—	2000	132	—	—	658	730
1969	9	8.7	29.7	—	—	2001	124	—	—	489	847
1970	—	4.4	32.5	—	—	2002	141	—	—	546	829
1971	—	1.5	26.8	—	—	2003	146	—	—	585	867
1972	5	3.9	32.7	—	—	2004	150	—	—	557	667
1973	6	6.5	29	—	—	2005	156	—	—	558	1099
1974	10	5.9	31.5	—	—						

表2 2006—2018年黔西南州茶叶基本情况统计表

年份（年）	茶园面积（万亩）							茶叶产量（t）						茶叶产值（万元）					
	总面积	投产面积	通过标准化认证茶园			无性系茶园	当年新增茶园	总产量	名优茶产量	春茶产量	春名优茶产量	获得认证无公害春茶产量	夏秋茶总产量	总产值	名优茶产值	春茶		获得认证无公害春茶产值	夏秋茶总产值
			获得认证无公害茶园	有机认证茶园	绿色食品茶园											春茶产值	春名优茶产值		
2006	7.3	0	2.47	—	—	0.725	—	1993	120	765	111.5	210	—	2326	734	1331	682.8	630	—
2007	7.3	5.05	2.47	—	—	0.73	0.2	1993	120	765	111.5	700	—	2326	734	1331	682.8	713	—
2008	8.5	5.09	2.47	—	—	1.025	0.5	2299	288	531	65	—	—	3301	1418	2251	1418	—	—
2009	—	—	—	—	—	—	—	—	—	—	—	—	—	—	—	—	—	—	—
2010	15.25	7.539	2.47	0.25	2.2	—	—	2792.8	164.6	866.7	—	—	2276.1	6966	2709	3069.4	—	—	3426.4
2011	19.39	9.88	2.47	0.2	2.2	—	—	3466.4	—	1413	536.6	—	2047.1	10654.4	6960.6	8694.4	—	—	2078
2012	26.56	14.8	12.4	502	4.5	—	—	5490	—	1679	560	—	2936.1	17860	10701	13788	1418	—	3198.8
2013	30.03	15.73	3.77	0.45	2.2	—	—	6638	—	—	—	—	—	28160	—	—	—	—	—
2014	38.435	18.2	2.6	0.716	2.2	—	—	8574.3	898.1	3321.6	—	—	5280	39675.7	12638.7	—	—	—	—
2015	40.2745	22.07	19.3337	1.116	2.2	—	—	10514	1431	4600	—	—	5800	43494	26355	—	—	—	—
2016	36	23.87	19.3337	1.116	2.2	—	—	11923.8	2382.4	2205	—	—	9718.8	50800	20400	28000	—	—	22800
2017	42.7429	23.8839	24.2365	1.22	7	—	—	10528	1144.4	3943	—	—	6799	78100	47600	5400	—	—	22900
2018	39.64	25.8525	22.3673	1.815	2.6	—	—	15215.5	4907	5346	—	—	9869	100200	65270.3	70620.86	—	—	29598.9